가/축/질/병
모니터링 시스템과
혈청역학조사

가/축/질/병
모니터링 시스템과
혈청역학조사

박선일 · 박최규 · 문운경 지음

한국학술정보㈜

머리말

국가 방역사업은 가축의 위생 상태를 정확히 파악하고 질병 발생 시 적절한 관리대책을 적기에 투입함으로써 축산농가의 안정적 성장을 도모하고 궁극적으로 국민의 건강을 보호하는 정책 사업이다. 특히 혈청검진사업은 그 특성상 막대한 재원과 인력이 소요되므로 한정된 자원을 효율적으로 집행하면서 소기의 목적을 달성해야 한다. 이를 위해서는 혈청검진사업이 가축 질병의 발생양상을 주기적으로 평가하는 감시활동 시스템과 통합되어야 하며 시스템을 구성하는 모든 요소가 효율적으로 작동될 때 사업의 성공을 담보할 수 있다. 국가 방역사업이 실패하는 일차적인 원인은 감시활동 시스템이 충분하지 않거나 구조적인 결함과 직접적인 관계가 있다.

본 교재는 가축 질병에 대한 혈청·역학 조사를 계획하고 분석하는 업무에 종사하는 연구자들을 위하여 표본조사와 검진두수 산정과 관련된 통계적 원리를 소개하는 데 중점을 두고 있다. 제Ⅰ부에서는 표본조사와 감시활동 시스템을 구축할 때 고려해야 할 사항을 기술하였고, 제Ⅱ부에서는 다양한 목적으로 혈청학적 조사를 계획할 때 검진두수를 산정하는 통계적 접근방법을 설명하였다. 제Ⅲ부에서는 혈청역학조사에 필요한 검진두수 산정에서 통계적 원리가 어떻게 활용되는지 학습할 수 있도록 본문에서 설명된 내용 위주로 실습예제를 구성하였다. 본문에 수록된 내용은 수의역학, 역학연구방법론 및 초청 세미나를 통하여 지속적으로 수정하였지만 탈고하는 순간까지 발견하지 못한 오류가 있다면 전적으로 저자의 책임이다. 집필 과정에서 가능한 우리말 작업을 하였으나 영문을 사용하는 것이 정확한 의미를 전달하는 경우에는 혼용하였으며 전문용어의 통일화 작업은 개정판에서 보완할 예정이다.

하루가 다르게 성장하고 있는 아이들과 함께 놀아 주지 못하는 안타까움을 달래면서 예쁘게 커 가는 예서와 승주 그리고 언제나 참고 기다려 준 아내 지숙에게 사랑과 존경의 마음을 전한다. 본 교재가 관련 연구자에게 작은 도움이 되기를 바라며 교재의 출판을 위하여 수고하여 주신 한국학술정보(주) 관계자 여러분께 사의를 표한다. 본 교재는 국립수의과학검역원의 2009, 2010년도 학술연구사업(Project Code No. Z-AD21-2008-08-01, Z-AD17-2009-09-01)의 결과에 근거하였으며 강원대학교 동물의학종합연구소의 지원으로 발간되어 감사의 말씀을 드린다.

대표저자 박선일
강원대학교 수의과대학 수의학관 204호

목 차 Contents

제Ⅱ부 혈청역학조사 계획

제Ⅲ부 혈청역학조사 계획 실습예제

제 I 부

감시활동 시스템

제1장 감시활동 시스템 구축

1.1 감시활동의 개념

동물 집단에서 질병 발생상황을 관찰하고 분석하는 일차적인 이유는 조기검출과 확산 방지에 있으며 그 중요성은 국내에서 구제역, 돼지열병, 조류인플루엔자 등의 사례에서 경험한 바 있다. 이러한 목적을 달성하기 위한 수단으로 조사(survey), 모니터링(monitoring), 감시활동(surveillance)과 같은 다양한 역학연구 방법을 사용하고 있으며, 흔히 이들 용어를 혼용하여 사용하고 있지만 그 내용에 있어서는 분명한 차이가 있다. 넓은 의미에서 볼 때 가축질병에 대한 감시활동의 목적은 모집단에서 동물의 위생상태를 평가하는 것으로 신종 질병 검출, 벡터(Vector) 모니터링, 토착성 질병의 유병률 변화 파악 등은 이러한 범주에 해당한다. 두 번째 목적은 질병관리 목적으로 투입한 정책이나 전략의 효과를 평가하는 것으로 도축장 검사, 백신접종, 검사 후 도태 등은 이 범주에 포함된다.

조사는 특정한 목적이나 가설검정을 위하여 관련 정보를 체계적으로 수집하는 정밀조사(investigation)나 연구로 기간이 짧은 것이 특징이다. 모니터링이나 감시활동에서는 관련 정보를 얻는 과정이 지속적이지만 조사는 특정한 연구가설에 대한 해답을 찾기 위하여 일시적으로 수행하는 경우가 많다. 모니터링은 모집단에서 선발한 표본을 대상으로 장기간에 걸쳐 반복적으로 평가한다. 여기에서 모집단은 국가, 지역, 축군(herd) 단위로 다양할 수 있고, 모니터링 대상은 전염성 질병뿐만 아니라 번식, 증체, 생산량 등의 건강상태를 모두 포함한다. 감시활동은 질병 발생 상황을 파악하는 가장 적극적인 방법으로 유병률이나 발생률이 역치수준 이상으로 나타날 때 간섭행위(intervention)를 전제로 수행되며, 접근 방법은 모니터링과 동일하지만 감시활동에서는 일반적으로 특정한 질병을 대상으로 한다. 따라서 유효한 감시활동이 되기 위해서는 모니터링 시스템 구축, 간섭행위가 시작되는 역치수준 설정, 긴섭행위에 대한 세부 전략 등 세 가지 요소가 필수적으로 요구된다.

감시활동 시스템을 구축하기 이전에 시스템의 목표를 분명하게 정의하는 것이 중요하다. 감시활동의 목표는 질병 발생상황에 따라 질병검출(detection), 유병률(prevalence) 추정, 질병 관리정책(management) 투입, 유병률 추이(trend) 평가, 정책의 효과(effectiveness) 평가, 발생률(incidence) 추정, 비발생(disease freedom) 증명 등 상황에 따라 다르게 설정한다. 이를 테면 토착성으로 발생하고 있는 질병에 대해서는 유병률 추정을 목표로 하고, 질병이 효과적으로 관리되어 발생률이 매우 낮아진 경우에는 질병 비발생 증명으로 전환된다. 목적이 분명하면 기대되는 결과를 구체적으로 확인할 수 있고 감시활동으로 수집된 정보의 활용과 질병을 관리하기 위한 대응방안을 수립하는 것이 용이하다. 또한 감시활동 시스템을 개발할 때 시스템의 목적과 무관하게 결과와 관련된 불확실성을 어느 정도로 수용할 것인지를 고려해야 한다. 불확실성의 정도는 진단시설과 능력, 인력, 재원, 표본추출방법, 시료검사를 위한 진단검사의 특성, 이용 가능한 자원의 양에 따라 다르다.

1.2 감시활동 시스템의 형태

국가 단위에서 질병발생 상황에 대한 정보를 수집하는 감시활동은 그 기능과 자료 수집방법에 따라 수동형(passive)과 능동형(active)으로 구분된다(Christensen, 2001, Doherr와 Audigé, 2001). 수동형은 시스템의 하부구조를 담당하는 조직이나 인력이 자료수집, 분석 및 정보전파의 주체가 되며, 질병발생 보고는 전형적인 예다. 수동적 감시활동에서는 감수성 모집단에서 토착성 질병 발생상황을 관찰함으로써 발생수준이나 양상의 변화를 파악하여 신속하게 중앙으로 보고하게 된다. 정밀조사를 필요로 하는 질병 증후군의 역치수준을 결정하기 위하여 실험실의 검사자료를 사용할 수 있다. 예를 들어 특정 질병이 통상적인 유병률 수준을 초과하여 발생한다는 정보가 있다면 이는 신종 질병 여부를 판단하기 위한 정밀 역학조사의 단초가 된다. 반면에 능동형은 체계화된 틀을 사용하여 질병 관련 자료를 능동형으로 수집하는 방법으로 특정한 병원체나 질병을 목표로 하는 경우가 많기 때문에 목표(targeted) 혹은 특이(specific) 감시활동이라고 한다. 이를테면 목표 감시활동에서는 특정한 질병에 대한 정보를 수집함으로써 한정된 모집단에서 질병이 존재하는지를 평가하여 청정상태를 증명하는 것을 목표로 한다.

감시활동은 관찰단위를 선택하는 방법에 따라 확률표본추출(probability, random)과 비확률표본추출(non-probability, non-random)로 구분할 수 있다. 전자는 모집단의 모든 관찰단위가 표본으로 선발될 확률이 0이 아닌 동일한 값을 갖는 경우이고, 후자는 연구자가 조사의 목적을 달성할 수 있도록 특정한 관찰단위를 의도적으로 선발하는 형태로 랜덤화 기법이 사용되지 않고 선발확률도 알 수 없다. 목표 감시활동이나 위험 위주(risk-based) 감시활동은 능동형 범주에 해당한다.

1.2.1 수동 감시활동

수동시스템은 흔히 농장주가 동물의 위생 관련 정보를 상위기관에 보고하는 형태로 이루어지며 많은 국가에서 감시활동의 일차적인 수단으로 사용하고 있다. 외래성 질병이나 신종질병을 검출함에 있어 발생사례를 수집하기 위하여 흔히 수동형 시스템을 사용한다. 관심을 두고 있는 질병의 임상증상이 분명하고 적절한 검사가 이루어지는 절차가 확립되어 있다면 비발생 혹은 청정 증명의 목적으로 수동형 자료를 사용할 수 있다.

수동시스템이 유효하기 위해서는 시스템의 목적을 달성할 수 있도록 보고내용, 관심을 두고 있는 대상 질병, 가축의 생산시스템, 모집단(야생, 사육)의 특성 등을 분명히 설정해야 한다. 보고해야 할 자료의 내용은 폐사 개시일, 일자별, 폐사 양상, 산란율, 유량 감소 등의 생산 감소, 임상증상, 축산물의 품질 변화, 환경변화, 시료채취, 보관 및 이송방법 등을 포함한다. 질병 관련 자료에 접근하는 모든 인력과 기관 간의 역할과 책임을 분명히 설정하고, 시스템의 모든 수준에서 인적자원에 대한 교육훈련 방안을 고려해야 한다. 수동시스템을 통한 보고수준은 질병에 대한 농장주의 관심도, 수송과 통신의 이용 가능성 등에 영향을 받기 때문에 보고율의 저하나 기피(under-reporting)로 질병발생 상황이 과소평가될 수 있다. 또한 자료원에 따라 선택성 편견(selection bias)이 작용하여 모집단의 특성을 정확히 반영하지 못할 가능성이 높다. 따라서 모집단에서 동물의 위생문제를 상세히 알고자 할 경우에는 수동형과 능동형을 적절히 조합하거나 질병이 검출되었을 때 보고가 제대로 이루어질 수 있도록 엄격한 정도관리가 요구된다. 수동감시활동에서는 다른 목적으로 수집된 자료(통상적인 실험실 검사자료)를 사용할 수 있다는 점에서 능동형에 비하여 자원이 덜 요구되지만 위생문제가 과소평가될 수 있기 때문에 이해당사자 특히 농장주의 협조를 극대화할 수 있는 방안과 보고에 대한 보상으로 인센티브를 고려할 필요가 있다.

1.2.2 능동 감시활동

능동 감시활동에서는 모집단의 특성을 파악하기 위하여 다양한 역학 연구방법을 사용한다. 능동시스템이 유효하기 위해서는 통계학적으로 타당한 검진두수(표본크기)와, 표본추출 전략을 사용하여 감시활동에서 얻는 결과에 적절한 신뢰수준을 부여할 수 있어야 하고, 표본은 모집단의 대표성을 유지할 수 있어야 한다. 또한 능동 시스템은 수동형에 비하여 비용과 시간이 소요되므로 목적을 달성하기 위해서는 감시활동과 관련된 이해당사자의 협조가 필수적이다. 따라서 능동시스템에 관계되는 다양한 이해당사자들의 역할과 책임, 표본추출방법, 시료채취 및 보관, 검사방법 등에 대하여 상세한 절차를 마련해 두어야 한다. 자원이 한정된 경우 능동 감시활동은 임상증상이나 설문지에 근거한 조사를 통하여 수행될 수 있다. 임상증상을 관찰함으로써 질병발생 양상에 대한 정보를 추정할 수 있기 때문에 설문지에 의한 조사는 관리대상 질병의 우선순위를 결정하는 데 특히 유용한 방법이다. 시스템의 목적이 경시적으로 질병발생의 변화양상을 파악하는 것이라면 조사자에 대한 교육이 필요하다. 질병에 대한 정의나 임상증상 등을 표준화하여 조사를 통하여 질병발생에 대한 정확한 추정치를 얻을 수 있는 방법을 강구하는 것도 중요하다.

능동시스템에서는 모집단에서 표본을 선발하는 경우가 많은데 이 과정에서 항상 오차가 발생하며 오차의 정도는 모집단과 표본추출 단위의 특성에 영향을 받는다. 모집단의 특성이 변하지 않으면 표본크기를 증가시킴으로써 신뢰수준을 향상시킬 수 있지만 모집단은 항상 변하기 때문에 능동 시스템을 구축할 때 시스템의 목적에 따라 수용할 만한 오류의 수준을 결정해야 한다. 이러한 오류의 수준은 시스템에서 유도된 결과를 해석할 때 중요하기 때문이다. 이를테면 완벽하지 않은 진단검사를 사용하여 모집단의 청정상태를 증명할 때 100% 확실성을 보장할 수는 없지만 청정상태에 대한 통계적 신뢰수준을 파악할 수 있게 된다.

1.2.3 증후군 감시활동

수동형과 능동형 감시활동에서는 병원체, 질병, 임상증상 등을 대상으로 할 수 있는데 증후군 감시활동(syndromic surveillance)은 모집단에서 질병 발생상황을 파악하는 수단으로 최종 진단명이 아니라 임상증상에 근거한 감시활동이다. 즉 유사한 임상증상 사례들이 누적되면 질병으로 의심할 수 있는 충분한 단서가 되며, 임상증상과 관련된 정보들은 정확한 진단이 이루어지기 전에 수집되기 때문에 의사사례(suspected case)에 대하여 보다 신속하게 검출할 수 있게 된다. 증후군 감시활동으로 수집된 다양한 분석기법이 보고되어 있다(Dafni 등 2004, Alton 등, 2010). 임상증상을 계통별(소화기, 호흡기, 순환기 등)로 구분하여 분석한 결과 보고된 증상들이 사전에 설정한 역치수준(threshold)을 초과하면 정밀조사를 수행하고, 법정전염병으로 의심되는 경우 추정 진단명을 함께 보고하도록 함으로써 조사의 신속성을 높일 수 있다.

증후군 감시활동은 가축의 위생문제를 검출하는 데 보다 유연성이 있어 최근 들어 이에 대한 연구 사례가 점차 증가하고 있으며(Van Metre 등, 2009, Del Rocio Amezcua 등, 2010) 수의학 분야에서도 증후군 감시활동 시스템이 개발되어 운용되고 있다(Vourc'h 등, 2006, Glickman 등, 2006, van Metre 등, 2009, Alton 등, 2010). 일반적으로 증후군 감시활동의 특이도는 상대적으로 낮지만 신속성과 민감도가 높아 특히 외래성 질병이나 신종 질병을 조기에 검출하고 의사사례를 보고하는 시스템으로 매우 유용하다(Borchardt 등, 2006). 증후군 감시활동이 효과적으로 운용되기 위해서는 질병에 대한 사례정의(case definition), 보고내용과 신속성, 추가 정밀조사의 근거가 되는 역치수준 등을 정확하게 설정하고 있어야 한다.

1.2.4 위험 위주 감시활동

위험 위주 감시활동(risk-based surveillance)은 자원할당의 우선순위를 결정할 때 위험의 개념이 통합된 감시활동으로 투자비용 대비 효율성을 극대화하기 위하여 질병발생 확률과 발생에 따른 경제적 피해의 중요성을 우선적으로 고려한다. 즉 전체 모집단 중 목표모집단(target population)을 대상으로 선정하고 이 중 질병발생 확률이 높은 고위험군(high risk group)에 대하여 집중적으로 감시활동을 수행하게 된다. 일반적으로 고위험군을 전수조사하지 않고 먼저 축군(herd)을 무작위로 선발하고 선발된 축군에서 개별 동물을 선발하여 검사한다(Snow 등, 2007, Schwermer 등, 2009, Benschop 등, 2010). 이러한 감시활동은 위해요소 확인, 모집단에서 위험수준이 다른 층(stratum) 선발, 표본크기 계산, 자료 분석과 해석 등 다양한 수준에서 위험에 대한 개념이 적용되며(Knopf 등, 2007, Hadorn 등, 2002) 시스템 운용에 필요한 관련 정보를 입수하고 이를 처리할 수 있는 능력이 담보된다면 다른 감시활동에 비하여 비용을 절감할 수 있다.

1.2.5 도축장 감시활동

가축의 위생 상태를 평가할 목적으로 도축장 감시활동(abattoir surveillance)을 사용하는 경우가 많다. 이러한 감시활동은 다양한 지역에서 유래한 많은 개체를 한곳에서 시료를 채취할 수 있고 비교적 저렴한 비용으로 신속히 수행할 수 있는 장점이 있다. 그러나 도축장 조사는 편의적 표본추출(convenience sampling)이므로 모집단을 정확히 확인할 수 없고 도축장으로 이동한 개체는 전체 모집단을 대표한다고 보기 어렵기 때문에 유병률 추정치가 왜곡될 가능성이 높은 단점이 있다. 그러나 발생수준이 매우 낮은 질병을 주기적으로 모니터링하는 목적으로 흔히 사용된다(Mellau 등, 2010, Ortiz 등, 2010, Okura 등, 2010).

1.2.6 Sentinel 감시활동

이 시스템은 특정 지역을 대상으로 조사대상 축군(herd)을 지정하고 이들을 주기적으로 검사함으로써 질병발생에 대한 정보를 수집하고 분석하기 때문에 능동 감시활동이면서, 질병발생 위험이 높은 고위험군에 대하여 집중적으로 검사하기 때문에 비확률표본추출법을 사용하는 감시활동이다. 이 시스템은 질병발생 지역에서 인근으로 확산되는 것을 차단하고 피해를 최소화하기 위하여 질병을 조기에 검출하거나 토착성 질병이나 전염성 병원체의 유병률(발생률)의 변화추세 파악, 질병 관리 프로그램의 효과 평가, 전염성 병원체의 역학적 특성(이환율, 폐사율) 파악, 특정한 역학적 가설(질병발생 위험이나 발생양상 등)에 대한 해결책 탐색 등의 목적으로 사용한다(McCluskey, 2003). Sentinel 감시활동의 전형적인 예는 호주의 Arbovirus 모니터링 프로그램(National Arbovirus Monitoring Program, NAMP)으로 Akabane, 블루텅, 소유행열 바이러스를 대상으로 하고 있다. 호주 전역에 sentinel 우군을 지정하여 혈청양전 개체를 검출하기 위하여 각 sentinel 지역에서 최소 10두 이상을 채혈하도록 규정하고 있다. 이 시스템을 이용한 역학연구 사례는 저병원성 조류인플루엔자 바이러스(AIV)에 감염시킨 조류를 이용하여 고병원성 AIV 검출을 위한 연구(Verdugo 등, 2009), arbovirus 검출을 위한 연구(Condon 등, 2009), 저병원성 AIV 검출을 위한 연구(Marcus 등, 2007), 웨스트나일 바이러스 검출을 위한 연구(Rizzoli 등, 2007), 말의 사양관리 및 위생 상태 조사(Mellor 등, 2001), 외래성 뉴캐슬병에 감염된 사육시설에 대하여 감시계군을 사용하여 소독의 효과를 평가한 연구(McCluskey 등, 2006) 등 매우 많다.

우군을 지정하는 방법과 질병검사용 시료를 채취하는 주기는 감시활동의 목적이나 질병발생 분포에 따라 다르다. 이를테면 질병 발생위험이 높은 지역과 낮은 지역의 경계에 지정하거나, 정보가 전혀 없을 경우 해당 지역 전체에 고르게 분포하도록 지정할 수 있다. 이러한 형태의 감시활동에서 sentinel site가 모집단의 특성을 대표하지 못하는 경우, 즉 모집단에 근거한 조사가 아닌 경우가 대부분이기 때문에 유병률이나 발생률의 크기를 정량화하는 데 유용성이 제한되며, 정확한 추정치를 얻기 위해서는 위험모집단(population at risk)에 대한 정보를 사전에 알고 있어야 한다. Sentinel 감시활동은 흔히 토착성 질병에 대하여 사용하지만 왜래성 혹은 신종 질병의 유입 가능성을 조기에 검출하는 목적으로도 사용된다. <표 1-1>은 sentinel 감시활동의 사례를 정리한 것이다.

〈표 1-1〉 Sentinel 감시활동의 예(Racolz 등, 2006)

질병	국가	대상축종
아까바네병	호주	소, 양, 염소
조류인플루엔자	프랑스, 폴란드	조류
블루텅	호주	소
소유행열	호주	소
소바이러스성설사병	캐나다	소
기생충성 질병	뉴질랜드	사슴
라임병	미국	개
리프트계곡열	아프리카	양, 염소
수포성구내염	미국	말
웨스트나일병	미국	까마귀
서부말뇌수막염	미국	닭
이종장기이식	미국	돼지
타일레리아	잠비아	소

1.3 질병 선정과 표본추출 계획

1.3.1 표본추출 계획의 중요성

모든 질병에 대하여 감시활동 시스템을 개발하는 것은 불가능하기 때문에 시스템에 포함할 대상 질병의 우선순위를 결정하게 되며 흔히 다음과 같은 사항을 고려한다.

첫째, 세계동물보건기구(OIE) 등재 질병

둘째, 발생 상황을 OIE에 보고해야 할 질병

셋째, 국제교역의 목적으로 질병 청정상태를 보증해야 할 필요성

넷째, 국가의 감시활동 역량과 자원

다섯째, 질병발생에 따른 경제적 영향과 위협 정도

여섯째, 질병관리 프로그램이 관련 산업에 미치는 중요성

표본추출 계획(sampling design)은 모집단설정, 표본크기 산정, 표본추출방법, 표본추출분율, 표본추출구조 작성 등을 총칭하는 것으로 감시활동의 목적을 달성하는 데 필수적인 요소다. 완벽한 진단검사를 사용한다고 하더라도 표본추출 계획이 적절하지 못하면 진양성(true positive) 개체를 검출하는 시스템의 정확도는 100%를 유지하기 어렵기 때문이다. 표본추출 계획은 통계적 요소와 비통계적 요소로 구분할 수 있으나 일반적으로 후자는 분석의 대상이 아니다. 대부분의 감시활동 시스템은 표본을 대상으로 하기 때문에 표본추출 계획을 잘 세우는 작업은 매우 중요하다. 왜냐하면 표본추출의 목적은 궁극적으로 모집단의 특성을 파악하기 위한 것이므로 계획된 표본추출 방법을 사용하지 않는다면 통계적 추론, 즉 일반화에 문제가 발생하기 때문이다. 모집단에서의 사건을 기술하기 위해 전수조사를 수행하는 경우에는 표본추출 과정이 없고 집단의 부분집합을 선택함으로써 초래되는 정보의 손실도 없기 때문에 모집단을 추론하기 위한 가설검정도 생략된다. 그러나 대부분의 연구에서는 모집단의 부분집합인 표본으로부터 자료를 얻기 때문에 표본추출 방법에 따라 다양한 크기의 정보손실이 발생한다는 점을 염두에 두어야 한다.

1.3.2 표본조사에서의 고려사항

전술하였듯이 모집단에서 표본을 추출하는 이유는 질병이나 생산수준의 빈도와 분포와 같이 모집단의 특성을 기술하기 위함이다. 이를테면 어느 집단에서 준임상형 유방염의 크기를 추정하기 위하여 비유기 젖소의 표본을 추출하거나 광견병의 예방접종률을 추정하기 위하여 표본을 추출하는 경우다. 이와 같이 모집단의 일부인 표본을 대상으로 하는 기술적 연구를 표본조사(sample survey)라고 한다. 집단의 모든 동물을 대상으로 조사하는 전수조사는 관심을 두고 있는 사안에 대한 분포를 정확하게 측정하는 유일한 수단이지만

비용이 많이 소요되고 불가능한 경우가 많다. 따라서 완벽한 조사계획에 따라 모집단의 일부인 표본을 검사함으로써 모집단의 특성을 대표할 수 있는 추정치를 얻게 된다. 또한 표본추출은 집단에서 사건과 요인 간의 잠재적인 연관성(association)을 평가하기 위함이다. 예컨대 착유장비의 형태와 착유절차가 유방염의 수준 간의 연관성을 조사하는 경우, 특정 품종이 다른 품종에 비해 암 발생의 위험이 높은지를 검정하는 연구는 이러한 예다. 모집 단에서 표본이 어떠한 절차로 선발되었는지에 따라 표본조사 결과가 모집단의 특성을 잘 반영하는지를 결정하기 때문에 표본추출 전략은 표본조사를 계획할 때 매우 중요하게 고 려해야 할 사항이다. 비록 표본추출 그 자체는 분석연구에서 작은 부분만을 차지하지만 대부분 분석연구의 명칭이 각각의 표본선택 전략에 근거하여 명명되었다는 사실만 보아 도 그 중요성을 이해할 수 있다.

　표본추출 과정에서 첫 번째로 고려해야 할 사항은 연구의 목적을 정확하게 기술하는 것이다. 연구목적은 표본조사에서 얻고자 하는 추정 모수와 표본추출 방법을 선택하는 판 단기준이 되기 때문이다. 두 번째는 표본추출 이전에 관심을 두고 있는 모집단을 구체적 으로 정의하는 것이다. 모집단은 조사에 의해 밝혀질 특성을 가진 개체의 집합체이고 실 제로 분석 대상이 되는 대상은 표본이기 때문에 이들 표본은 모집단의 대표성을 유지하 여야 한다. 이를테면 몇 개 도축장이나 농장에서 얻은 혈청검사 성적, 일부 실험실로 의뢰 된 시료에 대한 진단 결과나 병성감정 보고서는 모집단의 대표성을 부여하기 어렵기 때 문에 이러한 표본 추정치에 근거하여 국가 전체 모집단으로 확대하여 추론하는 것은 매 우 위험하다. 또한 모집단을 정의할 때 유입 및 배제 기준(inclusion & exclusion criteria)을 사 용하는 것이 바람직하다. 이러한 기준은 모집단에서 어느 개체를 표본추출구조에 포함할 것인지를 결정하는 것으로 모집단의 경계를 분명히 설정하는 것이다. 어떠한 기준을 사용 하든 일정성과 투명성이 보장되어야 하며 이러한 기준이 분명하지 않으면 일반화에 왜곡 을 초래할 수 있다. 예를 들어 유방염에 이환된 젖소를 대상으로 조사한 결과를 다른 축 종에 적용하거나 소 전체 모집단으로 확대하는 것이다. 세 번째는 수집될 자료의 형태와 양을 구체적으로 명시하는 것이다. 흔히 연구자는 연구의 목적을 여러 개로 설정하려는 의지를 보이는데 연구의 목적이 분명하고 수가 적을 경우 계획수립이 용이하다. 예를 들 어 젖소에서 유방염 발생빈도를 추정하기 위한 연구에서 유방염에 대한 사례정의(case definition)를 분명히 규정함으로써 연구의 정확도를 높이고 다른 연구자들의 연구결과와 비교가 가능하게 된다. 이는 자료 수집방법과도 관련된다. 표본에서 얻은 결과는 표본추출 변동에 의한 불확실싱에 빠지기 쉽기 때문에 얼마나 정확하게 측정할 것인가를 고려해야 한다. 서로 다른 표본에서 얻은 결과는 결과가 일치하지 않기 때문에 비교를 위해서는 적절한 표본크기가 확보되어야 한다. 네 번째로 표본추출단위를 명확하게 규정하는 것이다. 추출 단위는 개별 동물에서부터 우군에 이르기까지 다양할 수 있으며 조사결과를 해석하는 범위와 직접적으로 관련되기 때문에 매우 중요하다. 다섯 번째로 본격적인 연구를 수행하기 이전에 표본추출계획, 설문지 작성, 접근성, 진단검사 특성 등 조사방법론에 대해 사전 예비시험(pilot study) 과정을 거치는 것이 중요하다. 예비시험은 연구계획에서 잘못된 부분이 없는지를 발견할 수 있도록 본조사와 마찬가지로 엄격하게 이루어져야 한다.

1.4 감시활동 시스템 구축 시 고려사항

시스템 구축의 첫 단계는 감시활동의 구체적인 목적을 규정하는 것이다. 이를테면 토착성 질병에 대해서는 질병 발생상황이나 역학적 특성을 파악할 수 있는 모니터링, 투입된 질병관리 전략 평가, 고위험군 파악 등이 되며, 외래성 질병의 경우 질병의 유입 가능성 평가, 청정상태 유지, 조기경보(early warning) 등으로 설정할 수 있다. 이러한 구체적인 목적을 설정한 후 관심을 두고 있는 질병, 병원체, 벡터(vector) 등에 부합하는 대상지역과 감시대상 축종을 선정하고 개체 선발방법 등을 포함하는 표본추출계획을 작성한다.

지역설정은 해당 질병이 유행하고 있는 지역을 결정하고 이들 지역에서 감시대상 우군이나 개체를 선발하게 되며 시스템이 조기검출을 목적으로 한다면 질병 유입위험이 가장 높은 지역을 우선적으로 선정하는 것이 바람직하다. 고위험 지역에서 첫 번째 사례를 검출하지 못한다면 질병 유입 후 확산되어 심각한 피해를 초래할 위험이 높아 시스템 자체가 효과적이지 못할 수 있기 때문이다. 벡터 매개성 질병이라면 기후 및 기상조건, 지리적 요인, 벡터 존재 유무, 질병의 역학적 특성 등을 고려하여 지역을 선정할 수 있다. 대상지역에 따라 감수성 집단이 질병에 노출되는 위험수준이 다를 수 있기 때문에 감시대상 우군을 결정할 때 시스템의 특성과 사양관리 특성 등 다양한 요인을 고려하는 것이 중요하다.

감시활동 대상 축종을 결정할 때 질병에 대한 감수성이 높은 전염성 질병이라면 임상증상이 분명하고 혈청학적 진단이 가능한 축종을 선정하고, 질병에 따라 감수성 연령이 다를 수 있으므로 발생률을 추정하는 시스템에서는 가능한 어린 개체를 대상으로 하는 것이 바람직하다. 기타 계절성, 전파방법, 질병의 중증도, 진단검사 전략(검사의 종류와 판정방법) 등을 고려한다. 외래성 질병이나 병원성이 매우 높은 질병에 대해서는 표본추출 주기를 단축할 필요가 있으며, 벡터 매개성 질병에 대해서는 수죽의 검사 시기, 벡터의 생활사나 밀도(abundance), 계절성 등을 평가할 수 있는 조사계획을 수립해야 한다.

1.4.1 모집단

목표모집단(target population)은 조사결과 궁극적인 추론의 대상이 되는 집단으로 질병으로 직접적인 영향을 받는 위험모집단(population at risk)이다. 연구모집단(study population, sampled population)은 조사를 위하여 실제로 표본이 추출되는 모집단이다. 예를 들어 목표모집단을 특정 지역의 구제역 감수성을 보이는 동물로 정의하면 모든 야생동물을 포획하여 검사하는 것이 불가능하기 때문에 실질적인 연구모집단은 구제역에 감수성을 보이는 사육 동물로 한정할 수 있다. 이러한 의미에서 볼 때 대상모집단과 연구모집단이 동일할 때 가장 이상적이다. 연구모집단이 목표모집단과 다르다면 연구에서 얻은 결과가 목표모집단의 실제 상황을 정확히 반영하지 못하는 위험이 초래될 수 있다. 예를 들어 어느 병원체가 다양한 축종을 감염시키지만 임상증상을 유발하는 축종은 매우 한정적이고 여름철에 주로 발생한다고 가정하자. 이 경우 목표모집단은 모든 감수성 축종으로 연중 발생 양상을 감안하여 사계절을 포함할 수 있다. 한편 연구모집단은 임상증상을 보이는 축종과 여름철로 한정한다면 감염이 존재할 경우 이를 검출할 확률이 높아진다. 반면에 무작위 축종을 대상으로 연중 검사하는 전략을 사용할 경우 감염상황(유병률)이 과소추정될 수 있다. 따라서 연구모집단을 별도로 지정하는 경우 이 모집단을 분명히 정의하고 목표모집단과 어떠한 차이가 있고 이러한 차이가 결과에 어떠한 영향을 미치는지에 대하여 문서화하는 것이 중요하다. 흔히 두 모집단을 일치시키는 것이 현실적으로 어려울 수 있기 때문에 조사대상 질병의 역학적 특성에 따라 적절한 가정을 전제로 수행되는 경우가 많다.

1.4.2 전수조사와 표본

대상모집단과 연구모집단이 확인되면 이들 모집단에 대하여 관련 자료를 수집하게 되며 연구모집단의 모든 개체로부터 자료를 얻는 조사계획을 전수조사(census, enumeration)

라고 한다. 전수조사에서는 표본을 선발하는 과정이 없으므로 표본추출오차(sampling error)와 관련된 불확실성이 없다는 점이 가장 큰 장점이다. 이를테면 10,000두의 말에 대한 조사에서 345두가 특정 질병에 양성으로 확인되었다면 유병률의 참값은 3.45%이다. 이러한 유병률은 정확하며 의심의 여지가 없기 때문에 모집단에 대하여 별도의 추론과정이 필요하지 않다. 그러나 전수조사를 위해서는 비용과 시간을 희생해야 하므로 경제적인 측면에서 비용−효과적인 방법은 아니다.

표본은 연구모집단에서 선발된 요소의 집합체로 정의할 수 있으며 전수조사에 비하여 신속하고 저렴하게 모집단에 대한 정보를 얻을 수 있다는 것이 장점이다. 모집단을 대표하는 표본으로부터 얻은 정보는 모집단에 대하여 신뢰할 만한 추정치를 제공하지만 이러한 추정치 자체가 모집단의 특성을 완벽히 반영하는 것은 아니다. 예를 들어 10,000두로 구성된 우군에서 100두의 표본을 선발하여 검사한 결과 3두가 양성으로 확인되었다면 표본의 3%가 감염되어 있거나 모집단의 3%가 감염되어 있을 것이라는 두 가지 해석이 가능하다. 첫 번째 주장에는 의심의 여지가 없지만 두 번째 주장은 표본검사의 결과를 모집단으로 일반화하는 것으로 반드시 그렇다고 확신할 수 없기 때문에 모집단의 특성을 대표할 가능성이 가장 높은 확률적인 방법으로 표본을 추출하는 것이 중요하다.

좋은 표본(good sample)은 표본조사에 근거하여 가능한 정밀하게 모집단에 대하여 추론이 가능한 표본을 의미하며 정밀도(precision), 효율성(efficiency) 및 정확도(accuracy)로 평가한다. 정밀도는 표본에서 얻은 통계량과 모집단의 모수가 일치하는 정도로 이는 표본추출오차로 측정하고 표본추출오차가 작을수록 표본의 정밀도는 높아진다. 효율성은 서로 다른 표본추출방법 간 비교를 통하여 평가할 수 있다. 즉 동일한 정밀도에서 보다 신뢰할 수 있고 경제적인 결과를 제공하거나, 동일한 비용에서 보다 정밀한 결과를 제공할 때 다른 방법에 비하여 특정한 방법의 효율성이 더 높다고 할 수 있다. 정확도는 표본에서 비표본추출오차(non−sampling error)가 없는 상황으로 과소 혹은 과대추정치를 제공하지 않을 때 정확한 표본이라고 할 수 있다.

표본추출구조와 표본추출단위: 무작위 표본추출에서 모집단의 모든 관심단위가 표본으로 선발될 확률이 동일해야 하므로 이들 단위에 대한 리스트가 작성되어 있어야 한다. 이와 같이 유입 및 배제기준을 사용하여 확정된 연구모집단 내 모든 추출단위에 대한 리스트를 표본추출구조(sampling frame)라 하며 표본추출구조에 근거하여 표본을 선발된다.

표본추출구조에는 중복이나 누락개체가 없이 정확하게 모든 개체를 포함해야 하며 개체의 리스트가 부정확하면 왜곡된 표본이 선발되어 모집단을 대표할 수 없다. 표본추출구조의 각 구성원을 표본추출단위(sampling unit)라 하며 1두의 동물(기초단위), 우군, 농장 혹은 행정지역과 같은 집합체 등 다양하게 정의될 수 있다. 관심을 두고 있는 단위가 개체라고 할지라도 개체들의 집합, 즉 축군(herd)을 일차 표본추출단위로 사용할 수 있다. 예를 들어 연구목적이 소에서 브루셀라에 대한 항체 유병률을 추정하는 경우 특히 대단위 우군에서 모든 소의 리스트를 작성하는 것은 현실적으로 어렵기 때문에 이 경우 일차 추출단위로 우군(herd)을 선택하는 것이다. 어류 양식용 탱크나 수조, 우유의 체세포를 집합유(bulk tank milk)에서 측정하는 경우 등은 집합체가 표본추출단위가 되는 예다.

표본조사 결과 해석: 모집단의 일부인 표본조사 결과를 해석할 때 매우 신중해야 한다. 특히 조사의 목적이 비발생 증명이라면 전수조사를 수행하는 것이 가장 이상적이지만 비용과 시간을 고려하여 표본조사를 수행하는 경우 그 이유는 분명해진다. 예를 들어 어느 지역(혹은 우군, 계군)에 10,000두의 개체가 있고 이 중 100두를 선발하여 특정 질병 'X'에 대한 감염여부를 민감도와 특이도가 매우 높은 진단법으로 검사한 결과 전 두수 음성이라고 할 때 이 집단이 질병 'X'에 대하여 비발생(disease freedom)이라는 결론을 내릴 수 있는가? 비발생은 유병률이 매우 낮은 상황에서 적용되므로 이 경우 일부 개체만을 선발하여 조사하면 감염군을 비감염군으로 판정할 가능성이 매우 증가한다.

<표 1-2>는 100,000두로 구성된 모집단에서 100두에서 50,000두의 표본을 선발하여 검사한 결과(민감도=특이도=100%) 전 두수 음성일 때 모집단에서 감염된 개체의 수를 추정한 것이다. 100두의 표본에 대한 검사에서 전 두수일 때 95% 신뢰수준에서 모집단에서 양성 개체의 최대 수는 2,950두이고, 1,000두 검사에서는 298두로 감소한다. 이러한 결과는 표본추출분율(sampling fraction)이 증가할수록 전 두수 음성일 때 비발생이라는 결론을 얻기가 용이하며 표본추출분율이 작으면 전 두수 음성일지라도 비발생이라는 확신을 얻기 어렵다는 것을 의미한다. 본 예에서는 검사의 민감도와 특이도를 100%로 가정하였지만 완벽하지 않은 검사를 사용하거나 단순무작위추출법 대신에 이단계표본추출을 사용한다면 모집단에 대한 추론은 더 복잡해지며 자세한 내용은 질병 청정 증명(제12장 참고)에서 설명한다.

<표 1-2> 표본검사에서 전 두수 음성일 때 모집단(𝑁=100,000)에서 감염개체의 기대두수

표본검사 두수	신뢰수준		
	90%	95%	99%
100	2,276	2,950	4,499
200	1,144	1,486	2,275
500	459	596	915
1,000	229	298	458
2,000	114	149	228
5,000	45	59	90
10,000	22	29	44
50,000	4	5	7

1.4.3 관찰단위

개별단위(unit)가 모여 모집단을 구성하기 때문에 표본추출의 직접적인 대상이 된다. 관찰단위(observational unit) 혹은 역학적 단위(epidemiological unit)는 한정된 지역에서 질병에 노출될 위험이 동일한 특성을 공유하는 개별동물이나 이들의 집합이다. 관찰단위가 개별동물이 아닌 경우는 예를 들어 어류질병에 대한 조사에서 모집단은 양식농장, 사육조(tank), 사육조 내 개별 물고기를 가정할 수 있다. 이 경우 질병발생 여부를 모든 개별 물고기를 대상으로 하는 것은 현실성이 없기 때문에 농장수준이나 사육조 수준에서의 발생여부에 관심을 갖는 것이 타당하므로 분석단위는 개별 어류가 아니라 양식농장이나 사육조가 된다. 마찬가지로 질병 비발생을 위한 조사에서도 양식농장 수준(establishment-level)과 농장 내 사육조 수준(tank-level)에서의 질병 비발생에 관심을 갖는다.

1.4.4 표본추출분율

모집단크기에 대한 표본크기의 비를 표본추출분율(sampling fraction)이라 하며 1,000두 중 10두를 선발하면 표본추출분율은 1%이다. 표본추출분율이 높다는 것은 검사건수가 증가한다는 의미와 동일하며, 검사건수가 증가하면 병원체 검출 가능성이 높아지므로 표본추출분율은 시스템의 민감도에 영향을 미친다. 표본추출의 목적은 모집단에서 측정하려고 하는 변수에 대한 불편추정치(unbiased estimate)를 표본에서 얻는 것이다. 표본추출구조로 도축장 자료를 사용하는 경우 모집단의 특성을 정확히 반영한다고는 보기 어렵기 때문에 다른 집단으로 일반화할 때 세심한 주의가 필요하다. 또한 표본추출구조의 리스트가 불완전하거나 오래된 경우, 표본추출구조의 리스트를 추적하지 못하는 경우, 표본추출구조의 구성원 간 협조가 이루어지지 못한 경우, 표본추출절차가 랜덤화를 만족하지 못한 경우 추정치는 왜곡될 수 있으며, 이러한 왜곡은 표본크기를 증가시킨다고 해도 줄일 수 없기 때문에 비표본오차(non-sampling error)에 해당한다.

표본추출분율은 질병의 종류, 진단검사의 특성, 질병의 진행단계, 전파율, 표본추출 시점 간 감염의 위험 정도, 검사비용 등에 좌우된다. 잠재기(latent period)가 짧은 질병일수록 보다 일찍 병원체를 배출하고 전파 역시 빠르게 이루어지기 때문에 표본추출분율이나 검사빈도를 늘려야 감염개체를 검출할 가능성이 높아진다. 진단검사의 민감도는 질병의 진행경과에 따라 변하는데 민감도가 낮을수록 감염개체를 검출하기 위해서는 검사빈도를 증가시켜야 한다. 또한 우군 내 전파 가능성이 낮은 집단에 비하여 질병이 급속도로 전파되는 집단(즉 R0가 높은 경우)일수록 검사빈도를 늘려야 한다. 따라서 표본추출분율은 관심을 두고 있는 집단에서 감염의 위험이 어느 정도인지에 따라 전략적으로 조정할 필요가 있다. 예컨대 질병이 존재할 때 질병을 가진 개체가 표본에 포함될 확률을 최대화되도록 위험이 높은 집단을 의도적으로 표본추출하는 비례위험 표본추출(proportional risk sampling)은 이러한 예다. 이 방법은 질병의 위험도에 따라 층화하여 표본을 추출하는 층화추출법과 유사하다. 감염된 동물이 표본추출구조에 포함되지 않는다면 시스템의 민감도는 당연히 감소한다.

1.4.5 표본크기, 신뢰수준, 검정력

감시활동 프로그램에서 검사두수(표본크기)는 모집단에서 감염된 개체를 검출할 확률에 결정인 영향을 미친다. 표본크기가 너무 적으면 모집단에서 감염이 높은 수준으로 존재하더라도 감시활동에서 이를 검출하지 못한다. 반면에 표본크기가 매우 크면, 매우 작은 유병률도 검출하지만 비용이 증가하고 효율적이지 못하다. 감시활동 시스템에 필요한 표본크기는 통계학적 타당성이 있어야 하며, 유병률, 검사의 민감도와 특이도, 기대정밀도, 검정력, 표본추출방법, 모집단크기 등에 따라 결정되므로 이러한 정보의 이용 가능성과 시스템의 목적에 따라 다양한 방법으로 계산된다(제4-13장 참고). 시스템의 민감도는 표본크기의 함수이므로 표본크기를 증가시키면 감염개체를 검출할 확률이 높아진다. 예를 들어 어느 모집단에서 감염된 개체 1두를 검출하는 것을 95% 신뢰하는 데 필요한 표본크기는 유병률이 1%일 때 약 300두, 유병률이 20%일 때 14두로 계산된다.

질병 비발생(disease freedom) 증명을 위한 조사에서 시스템의 신뢰수준은 모집단이 감염되어 있을 때 감염의 존재를 검출하는 시스템의 능력, 즉 민감도를 의미하며 이는 모집단의 유병률에 영향을 받는다. 시스템의 신뢰수준에 대한 절대적인 기준은 없지만 적어도 95% 신뢰할 수 있는 수준을 사용하는 것이 일반적이다. 특히 비발생 증명을 위한 시스템에서 귀무가설은 질병이 존재한다는 것이므로 신뢰수준이 높다는 것은 실제로 질병이 있을 때 비발생 상태를 선언할 위험(즉 제1종 오류)을 최소화한다는 것으로 이 경우 신뢰수준을 높게 설정하지 않으면 비발생으로 잘못 선언하게 되고 국가 간 감염이 전파될 위험이 초래될 수 있다. 제2종 오류는 실제로 질병이 발생하지 않지만 발생 상황으로 잘못 판정하는 경우이다. 이러한 오류는 국가 간 감염이 전파될 위험과는 무관하지만 해당 국가는 국제교역의 기회를 상실하기 때문에 중요한 사안이 아닐 수 없다. 검정력(statistical power)은 제2종 오류를 회피할 확률이다. 검정력을 높게 설정하는 것은 감염이 존재하는 것으로 잘못 판정할 위험을 최소화하지만 비용이 증가하는 문제가 있다. 한편 특이도가 낮은 시스템에서는 표본크기가 증가하는 희생을 감수하고라도 검정력을 높게 설정하는 것이 중요하다.

1.4.6 표본추출 방법

질병발생 빈도를 추정하는 감시활동에서 관심을 두고 있는 특성에 대하여 모집단을 대표하는 표본을 선발하는 것이 중요하며 확률표본추출을 사용하는 경우에만 대표성이 유지되는 표본을 얻을 수 있다. 질병청정이나 신종질병 검출을 목표로 하는 감시활동은 표본추출 방법에 따라 검출능력이 왜곡될 수 있는데 이를테면 해당 병원체를 보유하고 있을 가능성이 높은 동물로 특이 증상을 보이거나 이환된 동물을 선택적으로 선발하는 경우는 이러한 예다. 따라서 표본추출 단위를 올바르게 추출하는 것은 감시활동 프로그램을 계획함에 있어 매우 중요한 요소이며 표본으로부터 모집단을 추론함에 있어 결정적인 영향을 미친다.

표본추출 방법은 모집단의 크기와 구조에 따라 결정되는 경우가 많다. 이를테면 모집단의 규모가 작고 감염의 위험이 전체 모집단에 균질하게 분포하는 경우 단일 단계 조사

(single stage sampling)로 수행한다. 반면에 모집단의 규모가 매우 커 표본추출구조를 이용할 수 없거나 질병 발생 양상이 집락성(disease clustering)을 보이는 경우에는 다단계 표본추출(multistage sampling) 기법을 사용한다. 이를테면 집락추출(cluster sampling)에서는 집락 내의 모든 구성원을 조사하기 때문에 시간과 비용이 많이 소요되므로 이러한 단점을 보완하기 위하여 2개 이상의 다단계에 걸쳐 표본을 추출한다. 다단계 추출에서는 1단계로 축군(1차 단위)을 선발하고, 2단계에서는 축군 내에서 개별 동물(2차 단위)을 선발한다. 이 방법의 장점은 모집단의 모든 구성원에 대한 리스트가 완벽하지 않을 때 사용할 수 있다는 점이다. 즉 1차 단위의 리스트는 반드시 필요하지만 2차 단위의 리스트는 선발된 1차 단위 내의 구성원에 대한 리스트만 있으면 된다. 따라서 완전한 표본추출구조를 필요로 하지 않기 때문에 비용과 시간이 절약되는 장점이 있다. 두 번째는 1차 단위와 2차 단위를 표본추출하는 데 소요되는 비용을 고려하여 1차 단위와 2차 단위의 수를 적절히 조절할 수 있다는 점이다. 즉 1차 단위 내 2차 단위에 대한 정보를 알고 있다면 1차 단위의 크기에 비례하여 표본을 추출한 후 각각의 1차 단위에서 고정된 수의 2차 단위를 선발하는 것이 추정치의 오류를 최소화하고 표본크기를 안정화시키는 최적의 방법이다(Martin, 1984). 한편 층화(stratification)는 조사를 수행함에 있어 편리성을 제공할 뿐만 아니라 표본추출 계획을 보다 탄력적으로 운용할 수 있도록 해 준다. 즉 행정구역, 축종, 생산시스템 등으로 층화하는 경우 층 간 질병 발생 위험이 서로 다른 특성을 고려한 표본추출 전략을 사용할 수 있다. 감시활동을 위한 표본추출 방법은 비확률적 표본추출과 확률적 표본추출 방법으로 구분된다.

1.4.6.1 비확률적 표본추출

비확률적 표본추출법은 신속하고 저렴하게 수행할 수 있지만 표준오차와 신뢰구간을 계산하지 못하기 때문에 추정치의 정밀도와 정확도를 평가할 수 없다. 이러한 편견의 정도는 표본크기를 증가시킨다고 해서 감소하지 않는다.

판단성 표본추출(judgment sampling, expert sampling): 조사자의 의견이나 판단에 근거하여 목표모집단에서 표본을 선발하는 방법이다. 예를 들어 외부기생충 감염률에 대한 추정치를 얻기 위하여 최악의 조건에 있는 개체를 선발한다고 할 때 최상과 최악의 조건을 구분하는 판단은 조사자에 따라 다를 수 있다.

편의적 표본추출(convenience sampling, availability sampling): 시료수집의 용이성에 근거하여 표본을 추출하는 방식으로 목표모집단이 질병발생 양상에 영향을 미치는 모든 특성에 대하여 동질하다는 가정이 유효하면 어느 정도 대표성을 유지할 수 있다. 그러나 이러한 동질성에 대한 가정이 성립되는 상황은 매우 드물기 때문에 표본이 모집단을 대표할 가능성은 낮다.

목적표본추출(purposive sampling): 특정한 속성을 갖는 개체(특정 질병에 대한 발생 상황이나 위험요인에 대한 노출수준이 동일한 경우)를 선발할 때 사용된다. 목적표본추출로 선발된 집단에서 표본을 랜덤으로 선발한다면 목표모집단의 부분집합에서 확률적 표본추출하는 것과 동일하지만 이러한 이단계랜덤화는 표본의 대표성을 저하시킬 수 있다.

할당표본추출(quota sampling): 어떤 특성을 가지고 있는 층(quota)을 대상으로 표본을 추출하는 방식으로 기본적으로 층화추출의 형태이지만 각 층 내에서 최종 표본추출 단위를 비확률적으로 선택한다. 이 방법은 연구자가 해당 층에서 일정한 크기를 사전에 결정하여 지정한 크기를 달성할 때까지 표본을 추출하며 이 경우 표본추출구조에 대한 정보를 필요로 하지 않고 표본의 랜덤성도 보장할 수 없다. 각 표본 추출단위가 선택될 확률을 알 수 없기 때문에 비확률적 표본추출로 분류되며 비용과 시간이 많이 소요되거나 확률적 표본추출이 불가능한 경우 이 방법을 사용하기도 한다.

Snowball sampling(chain referral sampling, network sampling): 연구자가 관심을 두고 있는 어떤 속성을 가지고 있는 첫 번째 개체를 선발하고 이로부터 두 번째 개체를 확인하고, 두 번째 사례로부터 목표두수가 충족될 때까지 지속적으로 사례를 수집하는 방식이다.

축차표본추출(consecutive sampling): 특정한 조사기간이나 관심을 두고 있는 질병에 감염된 환자 중에서 연구자가 설정한 선발기준을 충족하는 모든 대상자를 선발하는 방법이다. 이 방법은 일정한 기간 동안 연구 가능한 모집단을 전부 조사할 수 있으므로 비확률 추출법 중에서 가장 우수한 방법이지만 짧은 기간으로 한정하는 경우 참값을 제대로 반영하지 못할 수 있다.

이 외에도 다양한 비확률적 표본추출법이 있으며 전술하였듯이 비용과 시간이 절약되는 장점이 있으나 모집단을 대표하는 표본이 아니라는 점에서 결과를 일반화하고 추론하는 데 어려움이 있다.

1.4.6.2 확률적 표본추출

단순무작위추출: (simple random sampling): 모집단의 모든 구성원에 대한 표본추출구조에 근거하여 난수표나 컴퓨터를 이용하여 랜덤으로 개체를 선발하는 방식이다. 모집단의 규모가 방대하고 모든 구성원을 일일이 확인하기 어려운 경우 이 방법을 사용하기 어렵다.

계통추출: (systematic sampling): 이 방법은 표본추출 구간 k에 따라 시작점 j에서부터 일정한 간격 j, $j+k$, $j+2k$, …… 으로 표본을 선발하는 방식이다. 단순무작위추출법과 비교할 때 계통표본추출은 현장에서 적용하기 용이하다는 장점이 있다. 그러나 추정해야 할 특성이 표본추출 간격 혹은 표본추출구조와 밀접한 관련이 있는 경우에는 추정치가 왜곡될 수 있고 표준오차의 정확성이 저하된다. 특히 모집단의 규모가 작아 표본추출 간격이 마지막 개체에서 종료되지 못하는 경우 표본으로 선발된 기회가 동일하지 못할 수 있다. 이러한 편견은 모집단이 크거나 표본추출 간격이 작은 경우에는 큰 문제가 되지 않는다.

층화추출(stratified sampling): 분석의 대상은 아니지만 결과 변수의 변동(variation)에 영향을 줄 수 있는 요인에 따라 모집단을 상호 배타적인 층(strata)으로 구분한 후 각 층에서 단순무작위추출이나 계통추출법으로 표본을 선발하는 방법이다. 예를 들어 육류 생산량을 조사할 때 모집단에 두 품종의 비육우가 사육되고 있다면 모집단을 품종에 따라 2개의 층으로 구분하고 각 층에서 표본을 선발하여 육류 생산량을 추정한다면 전체 모집단에서 단순무작위추출로 선발한 표본에서 얻은 추정치에 비하여 더 정확한 값을 얻을 수 있다. 즉 층화추출은 추정치의 총변동을 줄이는 장점이 있는데 이러한 효과를 최대로 하기 위해서는 층 내(within stratum)에는 동질하고(homogeneous), 층 간(between stratum)에는 이질적으로(heterogeneous) 구성해야 한다. 여기에서 동질과 이질이라 함은 본 예의 경우 육류 생산량에서 동일 품종일 경우 생산량이 유사하지만 품종 간에는 차이가 있다는 것을 의미한다. 단순무작위추출에서는 층 내와 층 간 변동이 합하여 총변동에 기여하지만 층화추출에서는 층 내 변동만이 총변동에 기여하기 때문에 층화추출에서 정밀도가 높다. 층화추출에서는 각 층에서 개체의 분산이 모집단 분산보다 작아 표준오차가 감소하기 때문이다. 층을 보다 정밀하게 설정할수록(층의 개수 증가, 층 내 동질성 유지) 정밀도는 증가한다. 층은 우군크기, 지리적 위치, 항체 유병률, 사육단계[닭의 경우 산란계(layer)와 육계(broiler), 돼지의 경우 포유돈(sucker), 이유돈(weaner), 육성돈(grower) 등] 등 연구의 관심사에 영향을 미치는 모든 요인이 가능하지만 주요 요인만을 고려하는 것이 바람직하다.

또한 단순무작위추출과 비교할 때 층화추출에서는 표본추출분율(sampling fraction)을 층 간에 서로 다르게 할당함으로써 추정치의 변동을 줄일 수 있다(즉 정밀도 향상). 광범위한 지역의 모든 우군을 대상으로 단순무작위추출로 선발하는 경우 우군크기가 소규모인 동물은 1두도 선발되지 않을 가능성이 있다. 따라서 이 경우 층별로 일정한 표본추출분율을 배정하면 이러한 문제를 어느 정도 극복할 수 있으며 이를 비례층화추출(proportionate stratified sampling)이라고 한다. 즉 각 층에서 선발되는 표본 수가 전체 모집단에 대하여 각 층의 개체 수와 비례하도록 선발하는 방법으로 예를 들어 2종의 어류가 있고 A종이 전체의 40%, B종이 60%를 차지하는 경우 비례층화추출에서는 표본의 40%는 A종, 60%는 B종이 차지하도록 무작위로 선발한다.

층화추출에서 표본크기는 각각의 층에 대하여 적용되기 때문에 총 표본크기는 층의 수에 좌우된다. 즉 각 층에서 표본을 무작위로 추출하기 때문에 결과적으로 표본추출해야 할 개체 수가 증가하여 조사비용도 증가한다. 따라서 조사비용을 고려하는 경우 층의 개수를 적절히 결정해야 하며 너무 적으면 층화의 효과를 기대하지 못할 수도 있다.

집락추출(cluster sampling): 예를 들어 어느 지역에서 개업하고 있는 수의사의 평균 수입을 알고자 한다고 하자. 이 지역을 100개의 행정구역 단위(집락, cluster)로 구분하고 이 중 20개를 단순무작위추출로 선발하여 각 집락 내의 모든 수의사를 대상으로 조사하는 방식을 취할 수 있다. 여기에서 행정구역은 결과변수인 수입과 관련이 없는 요인(층화추출과 반대)으로 이를 집락(cluster)이라고 하고, 일단계집락추출(single-stage cluster sampling)에서는 집락이 일차추출단위(primary sampling unit)가 된다. 집락추출에서 집락 내의 구성원이 너무 많아 모두 선발하지 못하는 경우 집락 내에서 일부 개체를 표본으로 선발하는 다단계집락추출을 사용할 수 있다. 집락추출은 전체 모집단에 대한 표본추출구조를 작성할 필요가 없고 각 집락 내 표본추출구조에 대한 정보만 알면 되기 때문에 조사의 시간과 비용이 절감된다.

집락은 농장 혹은 돈군과 같이 자연적으로 이루어진 단위나 행정구역과 같이 인위적인 단위를 사용할 수 있으며 어느 경우이든 각 집락 내(within-cluster)의 표본추출단위가 이질적이고 집락 간(between-cluster)에는 동질적으로 유지하는 것이 집락추출법의 핵심이다 (Martin, 1992). 집락과 층(stratum)은 반드시 구분되어야 한다. 예를 들어 연구자가 우유에서 체세포 수나 우유생산량을 조사한다고 할 때 이를테면 토착성 소 백혈병 감염 여부는 집락으로 사용할 수 없다. 왜냐하면 소 백혈병 감염 여부는 결과변수인 체세포 수나 우유 생산량에 영향을 미치기 때문에 층으로 간주해야 한다.

다단계추출: 관심단위가 개별 동물이고 비교적 소규모 모집단에서 표본을 추출한다면 단순무작위추출이나 계통추출법으로도 충분하지만 모집단이 매우 크다면 광범위한 지역에 사육되는 모든 개체에 대한 표본추출구조를 작성하는 것이 현실적으로 불가능하고 조사에 소요되는 비용도 증가하기 때문에 이 방법은 적절하지 않다. 이러한 문제를 극복하기 위하여 표본추출 전략에 유연성을 유지하면서 비용을 최소화하는 방법으로 다단계집락추출법(multistage cluster sampling)을 사용한다(Martin, 1992). 즉 집락추출에서 집락 내의 구성원이 너무 많아 각 집락 내에서 일부 개체를 표본으로 선발하는 방식이다. 이를테면 일차추출단위(primary sampling unit)로 축군(herd)을 선발하고 이차추출단위(secondary sampling unit)로 선발된 각 축군 내에서 개체를 선발한다. 1차 단위를 추출하는 방법은 표본추출구조가 정확하지 않을 때 각 고정 분율(constant sampling fraction)을 사용하거나 축군 내 개체 수에 대한 정보를 알 때 선발확률이 동일하게 유지하기 위하여 사육두수에 비례하는 확률로 선발할 수 있다. 고정 분율은 예를 들어 집락크기가 각각 100두와 200두인 경우 5%를 추출한다면 각 집락에서 5두와 10두를 선발하는 방식이다.

다단계집락추출법의 장점은 모집단의 모든 구성원에 대한 표본추출구조를 필요로 하지 않는다는 점이다. 즉 1차 단위에 대한 표본추출구조는 반드시 필요하지만 2차 단위에서는 선발된 1차 단위 내의 구성원에 대한 표본추출구조만 있으면 되므로 비용과 시간이 절약된다. 두 번째는 1차 단위와 2차 단위를 표본추출하는 데 소요되는 비용을 고려하여 각 단위에서의 선발두수를 조절할 수 있다는 점이다. 즉 1차 단위 선발에 소요되는 비용이 2차 단위를 선발하는 비용보다 상대적으로 더 큰 경우 총비용을 줄이기 위해서 1차 단위 수를 줄이고 2차 단위 수를 증가시키면 된다. 다단계집락추출을 효과적으로 사용하기 위해서는 집락에 대한 성보(집락크기, 집락 내 유병률)를 필요로 하기 때문에 국가적으로 이러한 자료를 축적하는 것이 필수적이다. 다단계추출에서는 각 단계에서 표본조사의 오차가 발생하므로(특히 1차 단위 선발과정에서 발생함) 단순무작위추출과 동일한 정확도를 달성하기 위해서는 집락추출이나 다단계추출에서 더 많은 개체를 필요로 한다. 즉 전염성이 매우 높지 않거나 1차 단위 내 상관계수가 작을 경우 2~3배 증가시키고, 전염성이 매우 높을 경우에는 5~7배 증가시키는 방안이 보고된 바 있다(Martin 1984; Martin 등, 1992; Leech와 Sellers, 1979). 이에 대한 자세한 내용은 집락성을 고려한 표본크기(제11장 참고)에서 설명한다.

1.4.7 편견과 정확도

능동 감시활동의 한 부분으로 조사를 수행하는 경우 분모에 근거한 질병발생 정보(발생률, 유병률)를 계산하는 것은 쉽지만 분모에 대한 정보를 알지 못하는 수동시스템에서는 이러한 통계량을 계산하는 것이 쉽지 않다. 설령 이러한 정보를 파악하고 있더라도 표본이 모집단을 완전히 대표한다고 보기 어렵기 때문에 계산결과는 큰 의미를 갖지 못한다. 따라서 분모에 근거한 정보를 생산하기 위한 노력이 필요하며 결과를 해석할 때 분모를 항상 염두에 두어야 한다. 또한 표본조사에서는 표본추출과정에 기인된 불확실성에 노출될 수밖에 없다는 점을 고려해야 한다. 표본조사에서 유병률을 얻었다면 이 값은 모집단의 유병률에 대한 추정치가 된다. 만일 동일한 모집단에서 다른 표본을 선발하여 조사한다면 기존의 결과와는 다른 유병률을 얻게 되므로 표본을 선발할 때마다 유병률은 차이를 보인다. 추정치의 질은 편견(bias)과 정밀도(precision)로 표현되며 표준오차로 크기를 정량적으로 평가한다.

편견: 모집단에서 표본을 반복적으로 선발하여 각 표본으로부터 유병률을 계산한다면 추정치의 범위와 평균을 계산할 수 있다. 표본추출기법이 적절하다면 반복 추정치의 평균은 참값에 매우 근사하지만 표본추출기법이 적절하지 못하다면 추정치의 평균은 모집단의 참값과는 동떨어진 결과를 얻는다. 반복 추정치의 평균과 참값의 차이를 편견(왜곡)이라 하고 이러한 편견의 크기는 모수를 과소 혹은 과대추정한다. 정책결정자가 이러한 왜곡된 조사결과를 인지하지 못한 상태에서 정책적인 판단을 내린다면 질병관리 과정이 왜

곡되고 이에 따른 예산을 낭비하게 되는 부작용이 초래된다. 표본추출 편견(sampling bias)과 관련된 문제의 크기는 참값을 얻기 위하여 전수조사를 수행하거나 모집단을 반복추출하는 경우 평가가 가능하지만 대부분의 경우 편견의 정도를 평가하는 것이 쉽지 않다. 따라서 편견을 회피하는 가장 좋은 방법은 모집단을 대표하는 표본을 선발하는 것으로 대표성(representativeness)이라 함은 표본의 특성이 모집단의 특성과 동일하다는 것이다. 예를 들어 성별에 대하여 모집단을 대표하는 표본은 모집단의 성별 비율과 동일하다는 것을 의미한다. 그러나 성별 비율이 동일하다고 해서 반드시 모집단을 대표하는 것은 아니고 체중, 품종, 생산성, 사양관리, 유전적 특성 등이 모집단과 다를 수 있다. 이러한 모든 요인들에 대하여 모집단의 특성과 동일한 분포를 보이는 표본을 선발할 수 있다면 조사 결과는 편견이 없는 추정치를 제공하지만 이러한 조건을 모두 충족하는 표본을 선발하는 것이 간단하지 않다.

정확도: 정확도는 반복추출된 표본으로부터 얻은 추정치가 어느 정도의 변동을 갖는지를 평가하는 수단이다. 서로 다른 표본에서 얻은 추정치는 변동성을 내재하고 있지만 이들 추정치가 서로 근사하다면 추정치가 참값을 잘 반영할 것이라는 확신을 가질 수 있다. 그러나 이들 추정치의 변동성이 매우 크다면 추정치가 참값을 반영한다는 확신을 갖기 어렵다. 정확도는 흔히 95% 신뢰구간으로 표현된다. 이는 표본을 반복하여 추출하면 각 표본에서 추정치의 95% 신뢰구간을 계산할 수 있고, 각 표본에서 계산된 신뢰구간이 참값을 포함할 가능성이 95%(100개 중 95개)라는 것을 의미한다.

1.4.8 표본조사의 오차

표본조사에서는 표본추출오차(sampling error)와 비표본추출오차(non-sampling error)가 발생한다. 전자는 목표모집단의 표본추출하는 과정에서 발생하는 오차이고, 후자는 조사의 어느 단계에서도 발생하는 오차로 전수조사에서도 발생할 수 있다. 표본추출오차의 크기는 수리적으로 측정할 수 있지만 비표본추출오차는 매우 어렵기 때문에 이러한 오류의 원인에 대하여 충분히 이해하여 조사에서 오차를 최소화하거나 제거하는 노력을 기울여야 한다.

1.4.8.1 표본추출오차

아무리 랜덤표본을 추출한 조사라고 하더라도 표본 통계량은 모집단의 모수와 어느 정도의 차이는 보이는데 이러한 차이를 표본추출오차(sampling error)라고 한다. 즉 표본조사에서 유도된 추정치와 전수조사를 수행할 때 얻을 수 있는 참값 간의 차이를 의미한다. 표본추출의 방법과 원칙을 충실히 준수한다면 이러한 오차는 최소화할 수 있지만 이러한 노력에도 불구하고 표본조사에서는 오차를 수반하게 된다. 표본추출오차의 크기에 영향을 미치는 요인은 다음과 같다.

① 표본크기: 표본크기가 클수록 표본추출오차는 감소한다. 그러나 이러한 오차의 크기를 절반으로 줄이기 위해서는 표본크기를 4배 증가시켜야 하는데 이 경우 조사에 따른 비용이 현저히 증가한다.
② 표본조사계획: 층화추출은 각 층 내에서 모집단의 변동성을 줄임으로써 표본추출오차를 줄이지만 집락추출에서는 이러한 오차가 증가한다.
③ 표본추출분율: 모집단크기에 비례하여 표본크기가 클수록 표본추출오차는 감소하지만 표본크기가 증가할수록 비표본추출오차는 증가할 수 있다.
④ 모집단 변동성: 모집단의 구성원이 조사에서 관심을 두고 있는 특성에 대해 매우 다양한 개체들로 구성되어 있다면 구성원들이 유사할 때에 비하여 표본추출오차는 증가한다. 따라서 모집단을 특성을 보다 정확히 반영하기 위해서는 표본크기를 증가시켜 표본추출오차를 줄여야 한다. 특히 집락추출에서 측정하고자 하는 어떤 특성이 특정 집락에 집락성(clustering)을 보일 때 표본추출오차는 증가한다.

1.4.8.2 비표본추출오차

비표본추출오차는 조사의 모든 단계에서 발생하며 계통적(systematic) 오차와 랜덤(random) 오차로 구분된다. 계통적 오차는 조사결과에서 얻은 추정치가 어느 한 방향으로 왜곡됨으로써 조사결과가 목표모집단의 특성을 제대로 반영하지 못하는 경우이다. 예를 들어 목표모집단이 반추동물이고 표본추출구조가 젖소로 국한하면 표본추출구조가 계통적으로 편견되어 있기 때문에 조사결과는 목표모집단의 대표성을 유지하지 못할 수 있다. 랜덤 오차는 조사결과를 어느 방향으로든지 왜곡시키지만 평균에 근사하는 경향이 있는 오차이다. 비표본추출오차의 발생원인은 매우 다양하며 그 크기를 정량화하기 어렵기 때문에 가능한 최소화시키는 것이 중요하다. 비표본추출오차의 원인은 다음과 같다.

① 목표모집단 확인 실패: 표본추출구조나 모집단과 표본에 대한 실행적 정의(definition)가 부적절하여 목표모집단과 실제로 조사대상이 되는 모집단의 특성을 반영하지 못하는 경우이다.

② 무응답 편견: 특히 설문조사에서 응답자로부터 자료를 얻지 못한 경우 무응답(non-response)이 발생하며, 무응답자의 비율을 무응답률(non-response rate)이라고 한다. 무응답자는 응답자와 어떤 속성에서 상당한 차이를 보일 수 있기 때문에 조사에서 응답률을 최대화하는 노력이 필요하다. 무응답은 부분(partial) 혹은 완전(total) 무응답으로 구분된다. 부분무응답은 피면접자의 기억의 문제, 질문에 대한 이해도 부족, 정보부족 등으로 응답자가 설문항목의 일부에 대해서만 응답한 경우이다. 설문내용이 민감하거나 설문내용이 너무 많으면 답변을 거부할 수 있다. 완전무응답은 표본추출구조가 부정확하여 조사대상자를 확인하지 못하거나 자발적 의사로 모든 설문항목에 대하여 응답을 거부하는 경우이다. 무응답을 최소화하기 위해서는 조사계획의 완벽성, 설문내용의 간결성과 설문기법의 적절성, 조사의 목적과 활용도에 대한 충분한 설명, 응답자에 대한 비밀보장, 반복적인 방문, 추적조사, 국가기관에 대한 협조요청, 조사자 교육 등의 방법으로 응답률을 최대화하는 노력이 필요하다.

③ 설문지: 설문지의 내용이나 단어가 혼돈을 유발하거나 모호하여 피면접자가 정확한 응답을 하지 못할 수 있다. 따라서 설문지의 내용을 신중하게 작성해야 하며 본조사에 앞서 예비조사를 통하여 설문항목의 문제점을 개선하는 노력이 필요하다.

④ 조사자 편견: 조사자의 태도, 복장, 성별, 발음, 인터뷰 방법이나 응답자가 질문을 정확히 이해하지 못한 경우, 면접자의 암시 등에 의해 응답자가 질문에 답하는 방법이 영향을 받을 수 있다(interviewer bias).

⑤ 응답자 편견: 질문에 대하여 응답을 거절하거나 기억의 불확실, 부정확한 정보 등은 추정치를 왜곡시킬 수 있다(respondent bias). 조사를 계획하는 단계에서 응답자의 입장에서 민감할 수 있는 내용으로 신상정보 등을 보호할 수 있는 방안, 설문항목이 지나치게 많아 응답자로 하여금 부담을 주는 경우, 모호한 설문으로 부정확한 응답을 유발할 수 있는 내용 등을 충분히 검토해야 한다.

⑥ 선택성 편견: 선택성 편견(selection bias)은 연구 대상자 선정과정에서 계통적인 오차

가 있을 때 발생한다. 예를 들어 미끼사료를 이용하여 개체를 선발하는 경우 상대적으로 건강한 개체가 미끼를 섭취하게 되고 포획된다고 하더라도 건강한 개체는 벗어날 노력을 취하기 때문에 포획된 개체의 상당수는 건강하지 못한 개체들로 구성될 수 있다. 이 경우 표본의 대표성이 저하되므로 유병률 추정치나 청정화 증명에서 왜곡된 결과를 초래할 수 있다.

⑦ 처리오차: 자료 수집 후 정리, 입력, 편집, 분석 등의 단계에서 오차가 발생할 수 있기 때문에(processing error) 이러한 오류가 없도록 자료입력과 처리를 담당하는 직원에 대한 교육이 필수적이다.

⑧ 자료수집 오류: 자료수집 단계에서 직접적으로 참여하지 않은 연구자나 분석자는 조사내용이나 자료수집 과정을 충분히 이해하지 못할 수 있다. 이를테면 농장의 연간 수입액을 조사할 때 낮에 방문하여 얻는다면(가정주부의 경우 정확한 수입액을 잘 모를 수 있음) 추정치는 왜곡될 수 있다. 따라서 연구자는 조사에 사용되는 방법론을 충분히 검토하고 분석자와 협의하는 것이 중요하다.

⑨ 시간 편견: 조사가 대표성이 없는 기간 동안 수행된다면 오차가 발생할 수 있다. 이를테면 농가당 여가에 지출하는 금액을 조사할 때 연휴기간에 조사한다면 과대추정될 수 있다(time period bias). 따라서 여가패턴에 대한 정보를 수집하는 경우 특정 요일이나 월 등 조사시기를 염두에 두어야 한다.

1.4.9 진단검사

대부분의 감시활동 시스템에서는 실험실 검사가 포함되며 진양성(true positive) 개체와 진음성(true negative) 개체를 올바르게 구분하기 위한 정보를 얻는 중요한 수단이다. 진단검사의 능력은 민감도(sensitivity)와 특이도(specificity)로 결정되며 완벽하지 않은 진단검사를 사용하는 경우 조사결과를 해석할 때 주의해야 한다. 조사의 목적이 질병 비발생을 증명하고자 할 때 특히 중요하다. 예를 들어 민감도가 99%이고 특이도가 99.8%를 갖는 검사는 정확도가 매우 높은 수준이지만 질병 비발생을 증명하는 경우 이를테면 10,000두를 대상으로 검사할 경우 실제로 비발생이라고 하더라도 적어도 20두는 양성으로 진단될 수 있다. 마찬가지로 진양성과 가음성 개체들이 혼합되어 있는 집단을 대상으로 조사하는 경우 완벽하지 못한 검사는 가양성과 가음성 결과를 초래하므로 조사 결과로 얻은 현성 유병률(apparent prevalence)은 적절한 방법으로 보정하여 유병률의 참값을 추정하는 것이 바람직하다. 또한 민감도가 99%에서 98%로 약간 감소할지라도 조사방법이나 모집단크기 등의 상황에 따라 표본크기는 매우 증가할 수 있기 때문에 표본크기 계산에 사용한 진단검사의 특성에 관한 근거 자료는 반드시 문서화해야 한다.

민감도의 경시적 변화: 경시적 민감도(temporal sensitivity)는 주어진 시점 혹은 기간에서 감시활동 시스템이 질병을 얼마나 조기에 검출하는지를 나타낸다. 일반적으로 경시적 민감도는 검사빈도가 많고, 감염의 진행단계가 초기이고, 고위험군을 대상으로 하고, 표본크기가 크고, 검사빈도가 많을 때 증가한다. 예를 들어 민감도가 90%인 검사법을 이용하여 젖소를 대상으로 마이코플라즈마에 의한 유방염을 검사하기 위해 3개월과 6개월 간격으로 검사하는 전략을 가정하자. 첫 3개월간 감염된 소를 검출할 확률을 90%라고 하면, 6개월 간격으로 검사하는 경우 다음 6개월 시점까지 검사를 받지 못하기 때문에 3개월 이후 감염개체를 검출할 확률은 0%(나머지 3개월간의 경시적 민감도=0)가 된다. 누적 경시적 민감도는 반복검사를 통하여 질병을 검출할 확률로 검사빈도가 많을수록 높아진다. 예를 들어 마이코플라즈마 유방염을 6개월 간격으로 검사하는 경우 6개월 누적 감염검출할 확률은 90%이다. 만일 3개월 간격으로 2회 검사한다면 첫 3개월 동안 감염을 검출할 확률은 90%(10%는 감염을 검출하는 데 실패함)이고, 3개월 후 이들을 대상으로 다시 검사할 때 감염 검출확률은 9%(0.1*0.9)이므로 누적 경시적 민감도는 99%가 된다. 따라서 2회 검사에서 감염 검출확률(P)은 $P = 1 - (1 - Se)^2$가 된다. 전술한 예의 경우 $P = 1 - (1 - 0.9)^2 = 99\%$ 가 되므로 검사빈도를 증가시키면 시스템의 전체적인 경시적 민감도는 증가한다. 경시적 민감도는 감염의 진행단계와 관련이 있다. 예를 들어 구제역에 대하여 임상증상을 검출하는 시스템과 바이러스 검출을 목적으로 하는 시스템을 비교하면 전자에서 경시적 민감도는 낮은데 그 이유는 구제역의 경우 바이러스를 배출한 수일 후에 임상증상이 나타나기 때문이다. 따라서 구제역의 경우 임상증상보다는 감염 초기에 바이러스 검출을 목적으로 하는 시스템이 적절할 수 있음을 의미한다.

1.4.10 집락성

질병발생 위험과 관련된 생물학적, 경제적, 환경 및 사양관리 등의 요인은 동물 모집단에서는 군(herd, flock) 단위로 집락성(clustering)을 보이는 경향이 있다. 즉 동일한 군(집락)

에 속한 개체는 다른 군의 개체에 비하여 영양, 환경 등의 특성을 공유하기 때문에 질병에 대한 감염확률이 집락 내에서는 유사하지만 집락 간에는 차이를 보인다. 이러한 특성은 특정 집락에 속한 개체들은 다른 집락에 속한 개체들과 서로 다른 속성을 보이지만 집락 내 개체 간에는 동일한 속성을 보이기 때문에 집락 간 유병률의 차이는 집락 내 개체 간 유병률의 차이보다 크게 나타나는 것이 일반적이다. 따라서 유병률을 추정하는 연구에서 농장 수준의 집락성을 고려하지 않는다면 유용한 정보를 제공하지 못하고, 집락성을 고려하여 세밀히 기술하고자 한다면 농장 수준의 유병률(between-farm prevalence, farm prevalence)과 농장 내 동물 수준의 유병률(within-farm prevalence, animal prevalence)을 동시에 평가하는 것이 바람직하다. 한편 이러한 집락성은 다양한 수준에서 발생할 수 있다. 예를 들어 국가단위에서 볼 때 돼지는 지역, 농장, 돈사, 돈군, 분방(pen) 단위로 세분화할 수 있는데 이러한 계층적 구조(hierarchy)를 갖는 조사에서는 집락 간 질병발생 위험이 다르다는 것을 고려하기 위하여 반드시 집락성을 반영해야 한다.

1.4.11 자료 검증과 분석

자료가 분석하기 용이한 형태로 수집되는 것을 보장하기 위해서는 지원체계와 인력을 필요로 한다. 특히 수동 감시활동에서는 이용 가능한 정보를 다양한 자료원으로부터 입수하는 것이 중요하다. 질병정보가 데이터베이스에 보관되어 있지만 국가수준에서 사용할 수 있도록 수집되고 통합되어 있지 않으면 정보로서의 가치가 상실되고 시스템의 성능은 저하된다. 따라서 질병 발생기록이 지역수준(local level)에서 보관된 경우 시기적절한 수단으로 이들 자료가 중앙부서로 송부될 수 있도록 유기적인 절차를 수립하여 관리하는 것이 중요하다. 서로 다른 행정구역이나 다양한 감시활동 수준에서 자료입력을 필요로 하는 시스템에서는 기록내용, 시점, 수준 간 자료공유에서 오차가 발생할 수 있기 때문에 입력된 자료를 검증하는 절차를 마련해야 한다. 검증이 완료된 자료를 분석할 때 이상값(outlier)이 존재하는지 확인하고 필요하다면 역추적하여 확인해야 한다. 간혹 이상값이 오류가 아니라 특히 신종 질병을 검출하는 출발점으로 중요한 의미를 가질 수도 있기 때문이다.

질병발생 빈도를 추정하기 위해서는 위험모집단에 대한 정확한 기록을 필요로 한다. 질병으로 영향을 받는 역학적 단위(감염 농장 수)와 관련된 정보를 수집하는 것은 감시활동에 필수적이다. 흔히 실험실 기록에는 양성이나 음성결과에 대해서만 기록이 유지되고 표본이 유래한 모집단의 크기에 대한 정보는 없다. 따라서 감시활동 시스템에는 모집단의 크기, 검사건수, 양성건수에 대한 정보를 관리하고 있어야 분모와 분자의 값을 사용하여 위험모집단에 근거한 추정치를 유도할 수 있게 된다. 또한 위험모집단의 특성과 관련하여 연령, 종, 지역적 특성, 육안 병변 등과 같은 많은 정보를 함께 수집하여 질병발생의 위험 요인을 분석하고 최적의 방역조치를 개발하는 데 활용할 수 있어야 한다.

신종 질병을 수동적으로 검출하는 시스템에서는 통상적인 수준 이상으로 발생하거나 임상증상이 매우 특이한 의심사례에 대한 기록을 확인하고 분석할 수 있어야 한다. 이를 위해서는 개별 사례에 대한 정밀조사 결과를 시스템에 입력하도록 한다. 조사결과 전염성 질병에 대한 증거가 충분하지 못한 경우 음성결과가 나올 수 있는데 이 경우에도 조사기록을 유지하는 것이 바람직하다. 왜냐하면 특정한 질병을 찾고자 반복된 노력에도 불구하고 이를 검출하지 못한다면 이는 청정상태를 증명하는 하나의 증거가 될 수 있기 때문이다.

자료를 직접 수집하고 기록하는 지역단위의 관계자가 자료 분석단계나 심지어 분석된 결과를 활용하지 못하는 상황은 없어야 한다. 자신이 입력한 자료에 접근이 가능하고 분석된 결과를 지역단위에서 해석하고 활용할 수 있는 절차를 마련하여 참여도를 높이는 것이 중요하다. 가능하다면 감시활동의 모든 수준에서 자료수집과 입력을 담당하는 인력에 대한 인센티브 제공방안을 검토하여 감시활동에서 획득하는 모든 자료를 신뢰하고 프로그램의 정확도를 보장하는 것이 중요하다.

1.5 감시활동 시스템 평가

감시활동의 결과가 질병관리 측면에서 유용하기 위해서는 감시활동 시스템으로 입수된 정보가 관련 기관에 보급되기까지의 시간을 최소화하는 것이 필수적이다. 조기검출 역시 이러한 시스템의 경시적 민감도(temporal sensitivity)를 반영하는 용어로 특정 시점에서 질병을 정확하게 확인하는 능력이다. 따라서 감시활동 시스템은 질병이 존재할 때 조기검출확률을 최대화하고, 질병이 없을 때 가양성 검출확률을 최소화되도록 확률-기반 시스템으로 계획하는 것이 중요하다. 감시활동 프로그램은 특별한 목적을 위하여 수행되며, 수집된 자료는 동물 집단의 위생상황을 문서화하고 이에 상응하는 조치를 수립하거나 동, 축산물의 국제교역을 촉진하는 목적으로 사용된다. 이러한 의미에서 시스템을 통하여 수집된 자료는 사용 목적과 교역 상대국의 요구를 충족할 수 있도록 질적 측면이 반드시 보장되어야 한다. 이러한 품질보증 문제는 감시활동 프로그램을 계획하는 시점에서부터 고려하고 이와 동시에 결과물을 활용하는 사용자의 요구도 반영되어야 한다.

1.5.1 평가목적

감시활동 시스템은 개별적으로 평가되기도 하지만 다른 시스템과 비교의 목적으로 평가할 수 있기 때문에 세부내용을 평가하기 이전에 품질평가의 목적을 분명히 정의해야 한다. 일반적으로 품질평가는 새로운 시스템을 구축하거나 기존 시스템을 개선하는 경우, 시스템이 제공한 자료의 적절성, 국제교역 측면에서 감시시스템 간 동등성 유지 등을 목적으로 수행된다. 품질을 평가할 때 시스템이 의도하는 목적을 충분히 달성하였는지, 시스템이 제공하는 자료와 결과가 품질 면에서 충분한지, 시스템을 개선할 필요성이 있는지, 동일한 목적으로 운영되는 다른 시스템에 비하여 적어도 동등하거나 우수한지를 평가하게 된다. 세계무역기구의 위생 및 식물위생협정(SPS 협정)하에서 동등성의 문제는 수입국은 자국의 적절한 위생 보호수준을 설정할 권리가 있고, 수출국으로 하여금 수입국과 동등한 위생조치를 적용할 것을 요구할 수 있다는 점이다. 이러한 동등한 보호수준이 달성되는 방법은 국가별로 다를 수 있다. 국제식품규격위원회(Codex Alimentarius Commission)는 이 문제에 대하여 '객관적이고 일정성이 있는 투명한 분석과정'을 사용할 것을 권고하고 있으며 평가의 목적이 무엇이든 체계적이고 객관적이고 투명한 접근법을 사용하는 것이 중요하다. 또한 품질평가에서는 추후평가를 위해 평가의 모든 부분을 문서화(documentation)해야 하며, 방법과 절차에 대한 모든 프로토콜, 표본추출, 시료처리, 자료보관, 실험실분석, 통계분석, 시스템 운용 매뉴얼 등 모든 내용을 포함한다. 시스템의 수행능력은 문서에 제시된 통상적인 절차를 사용하여 의도하는 목적을 달성하였는지에 대하여 시스템 운용자와 사용자는 주기적으로 모니터링해야 한다.

1.5.2 평가방법

평가의 첫 단계는 시스템의 목적과 운용방법(세부목표, 사례정의, 법적근거, 관계자와 책임, 시스템의 구성요소 등)에 대하여 그림이나 도표 등을 이용하여 시스템을 개괄적으로 기술하는 것이다. 평가의 객관성과 신뢰성을 담보하기 위해서는 이 분야의 전문적인 경험과 지식을 필요로 하며 중요한 것은 시스템의 성능을 나타내는 증거를 수집하는 것이다. 감시시스템에 대한 평가방법을 제시한 문헌이 보고된 바 있으며(WHO, 1997, German 등, 2001; Stärk, 2003), Dufour(1999)는 모니터링 시스템의 품질을 점수로 평가하는 방안을 제시한 바 있다(<표 1-3>). 관계자 면접, 문서검토, 현장점검 등을 통하여 관련 자료를 수집하여 분석한 최종결과는 보고서와 권고사항으로 제출해야 한다.

〈표 1-3〉 외래성 질병에 대한 모니터링 및 감시시스템의 품질평가 예(Dufour, 1999)

항목	내용	점수
1	목적	15
2	표본추출	20
3	협조체계 및 인지도	15
4	환경적 요인	4
5	스크리닝 및 진단검사	20
6	자료수집 및 전송	10
7	자료처리 및 분석	10
8	정보전파	6
합계		100

평가의 핵심은 관련 정보를 체계적으로 분석함으로써 중요한 소견을 확인하는 것으로 fault tree, event tree 등 시나리오 구조를 이용한 방법을 사용한다. Fault tree는 바람직하지 못한 결과(fault)를 초래할 수 있는 일련의 사건을 확인하는 방법이다. 이 방법은 시스템의 모든 성분과 이들 성분 간의 상호 작용을 분석함으로써 특히 시스템의 약점을 확인하는 데 매우 유용하다. Event tree는 주어진 사건에 대하여 발생 가능한 사건을 시간적 순서로 배열한다. 예를 들어 시스템에 특정한 사건이 등록된 경우 사례정의, 표본추출, 확진검사, 사례보고 등과 같은 일련의 사건들을 결정하고 통합하게 된다. 이 방법은 각각의 사건에 대한 이용 가능한 자료가 있을 때 시스템을 분석하는 데 유용하다. 간혹 정량적 정보를 필요로 하는 평가에서는 점수를 사용할 수 있으며, 이 방법은 시스템에서 주요 성분을 확인하여 이들 성분에 대하여 각각 점수를 부여하고 점수를 모두 합하여 총점을 계산한다. 점수가 높을수록 상대적으로 더 좋은 시스템으로 평가한다. 한편 수행지표(performance indicator)를 사용하여 정량적 정보를 유도할 수 있으며 우역(rinderpest)의 감시시스템에 대한 지표가 제시된 바 있다(IAEA, 2001). 흔히 수행지표는 계량화가 가능한 비(ratio)나 비율

(proportion)로 설정하며 다양한 시스템의 성능을 상호 비교하는 목적으로 유용하다.

1.5.3 평가내용

감시활동 시스템의 능력은 (1) 정확도(accuracy) (2) 정밀도(precision, repeatability, reproducibility) (3) 신속성(rapidity) (4) 효율성(efficiency) 혹은 효용성(utility) (5) 순 가치(net value) 등의 요소로 평가할 수 있다(Thurmond, 2003). 정확도, 정밀도, 신속성 및 효율성은 모집단에서 위험을 확인하는 직접적인 수단이고, 순 가치는 감시활동 시스템이 없을 때 질병에 기인된 비용에 대하여 동물의 위생을 유지하고 보호하는 데 필요한 가치를 의미한다. <표 1-4>는 감시시스템의 능력을 평가할 때 고려해야 하는 항목을 예시한 것이다(WHO, 1997).

〈표 1-4〉 감시시스템의 능력 평가 시 고려해야 할 항목 예시(WHO, 1997)

항목	내용	정의
1	민감도 (sensitivity)	① 모집단에서 관심을 두고 있는 사건을 검출하는 정도. 관심을 두고 있는 사건의 총 발생건수 중 감시시스템이 검출한 발생건수의 비율로 측정 ② 민감도가 낮으면 미검출된 사건으로 인해 집단발생이 초래될 수 있으며 수동시스템에서는 보고율이 낮음을 의미함
2	특이도 (specificity)	① 시스템이 얼마나 드물게 가양성 건수를 검출하는지의 정도 ② 관심을 두고 있는 사건이 아닌 총 발생건수 중 시스템이 검출한 관심을 두고 있는 사건이 아닌 발생건수의 비율로 측정 ③ 흔히 가양성 건수를 계산함으로써 시스템이 진정한 사건을 잘못 분류하는 실패율로 평가함 ④ 특이도가 낮으면 가양성(false alarm)이 증가하여 비용이 증가하며 의심되는 사건검출에 대해서도 무시하는 위험이 초래될 수 있음
3	양성예측도 (positive predictive value)	① 관심을 두고 있는 진정한 사건(true health event)과 가양성 발생을 감별하는 시스템의 능력 ② 시스템이 검출한 총 발생건수에서 관심을 두고 있는 진정한 사건이 검출된 비율로 측정 ③ 사례정의를 명확히 설정하여 오분류율을 최소화하는 것이 중요함
4	대표성 (representativeness)	모집단에서 발생한 위생 관련 사건의 시간과 공간적 분포를 대표성이 있도록 정확하게 관찰하는 감시활동 시스템의 능력
5	적시성 (timeliness)	① 관심을 두고 있는 사건의 발생에서부터 관계당국에 보고되는 시간, 관계당국에 의한 확인, 방역대책 이행에 이르는 속도 ② 적시 시스템(timely system)은 사건발생에서부터 관련 정보를 수집하고 분석한 결과를 관계기관에 보고하기까지의 기간이 짧음
6	단순성 (simplicity)	① 시스템의 구조가 단순하여 수행하기 간편하며 비용이 저렴하고 시스템 운용 관련 당사자가 이해하기 용이함 ② 정보의 양, 자료형태, 자료원, 수집방법, 분석, 인력, 정보전달 방법 등을 포함함
7	유연성 (flexibility)	질병의 특성이나 중요성, 자료수집 방법, 시스템의 목적 등이 변하는 상황에서 경제적 측면에서 비교적 용이하게 적응할 수 있는 감시활동 시스템의 능력
8	수용성 (acceptability)	감시활동 시스템에 참여하는 인력이나 기관이 감시활동 결과를 제공하는 의지로 정확성, 일정성, 시기적절성 등으로 평가함
9	유용성 (usefulness)	감시활동 시스템이 예방이나 관리를 유도하거나 위생 관련 사건에 대한 이해를 증진시키는 정도

1.5.3.1 정확도

감시활동 프로그램이 모집단에서 질병발생 빈도(예: 청정증명 등)를 측정하는 모든 과정을 시스템의 진단과정으로 간주할 수 있다. 따라서 감시활동 시스템은 양성사례를 올바르게 검출하고 음성사례를 올바르게 검출하는 능력이 적정수준으로 유지되어야 한다. 검출확률을 평가하는 방법은 특히 방대한 자료원이 존재하고 모집단에서 질병발생 상태를 알지 못한다면 매우 복잡해지지만 이러한 상황에서도 진단능력을 반복적으로 평가하는 과정은 필수적이다. 평가대상 시스템에 관여하는 이해당사자가 많다면 감시활동 시스템의 각 요소에서 발생할 수 있는 잠재적인 오류와 변동성이 증가할 수 있고 이 경우 각각의 요소에 대하여 경시적으로 재평가하며 평가주기를 단축할 필요가 있다.

감시활동의 정확도를 최대화하는 확률적 성분은 두 가지로 구성된다. 첫째는 질병이 존재할 때 이를 검출하기 위해서 대상이 되는 표본을 대상으로 어느 시점에서 검사할 것인지에 대한 표본추출 계획에 관한 것이다. 둘째는 이러한 표본에서 병원체를 검출하기 위해 사용하는 진단검사의 정확도이다. 감시시스템의 민감도는 질병이 실제로 존재할 때 시스템을 통하여 모집단에서 질병을 올바르게 검출할 확률이고, 감시시스템의 특이도는 질병이 실제로 존재하지 않을 때 시스템을 통하여 모집단에서 질병이 없다는 것을 올바르게 제시할 확률이다. 감시시스템의 양성예측도는 시스템이 양성결과를 제시할 때 모집단에서 질병이 실제로 존재할 확률이고, 음성예측도는 시스템이 음성결과를 제시할 때 모집단에서 질병이 실제로 존재하지 않을 확률이다.

1.5.3.2 정밀도

정밀도는 시스템을 반복하여 평가할 때 동일한 결과를 보이는 능력으로 두 가지 성분으로 구성된다. 첫째는 시스템의 작동과 관련된 분석(assay) 정밀도로 이는 기술자, 환경, 실험실에 기인한 검사결과의 변동성으로 동일한 시료를 다른 사람이나 실험실에서 검사할 때 일정한 결과를 보이는 정도를 나타낸다. 둘째는 실제로 감염된 동물을 일정하게 검출하는 표본추출계획의 신뢰도로 표본추출을 반복할 때 감염된 동물을 검출하는 데 실패하는 경우가 발생한다면 이 시스템은 정밀도가 낮다는 것을 의미한다. 예를 들어 어느 우군으로부터 임상형 유방염에 소의 10%를 무작위로 추출한 표본검사에서 *Mycoplasma bovis*에 감염된 소를 검출하는 표본추출계획을 가정하자. 무작위 표본을 반복적으로 추출하면 각각 다른 소들이 선발되며, 이들에 대한 검사결과 감염된 소가 검출되는 표본과 검출되지 못하는 표본이 있다면 이는 표본추출계획의 정밀도가 낮다는 것을 의미한다. 이러한 반복추출 표본에서 감염된 동물을 일정하게 검출하는 능력은 표본추출계획의 정밀도를 평가하는 수단이다. 정밀도를 평가하고 측정하는 과정은 변동성(variation)과 오차(error)의 크기를 확인하기 위하여 실험실 내 및 실험실 간 반복검사를 수행하게 된다.

1.5.3.3 신속성

감시시스템은 조기검출과 이에 관한 정보를 신속히 전파함으로써 질병확산을 차단하고 질병관리 대책을 수립하는 용도로 활용되기 때문에 질병검출과 보고의 신속성은 중요한 평가항목이다. 시간 속성은 시료 수집, 수송, 처리, 검사, 보고서 작성, 승인, 정보교환에 이르는 전체 과정을 포함한다. 실시간(real-time) 감시활동은 시료수집과 보고에 이르는 과정이 실시간으로 이루어지는 경우이다. 신속검출 능력은 특정 지역으로 유입되는 질병의 종류와 이들의 위험수준, 전파확률, 질병의 특성, 질병 유입 시 임상증상을 발현하는 정도 등에 따라 다를 수 있다. 감시활동 프로그램은 지역적, 국가적 및 국제적 수준에서 질병검출과 질병발생 양상의 변화를 감지하는 데 시기적절한 결과를 제시할 수 있어야 한다. 양성결과에 대한 정보전달이 지연되면 심각한 결과가 초래될 수 있기 때문에 의심사례에 대한 경보발령은 확진 이전에 매우 유용한 절차로 결과를 생산하는 속도에 대한 평가는 프로그램의 성공을 촉진하는 데 필수사항이다. 감시활동 프로그램이 현장 상황을 정확하게 반영하는지를 평가하는 것도 중요하다. 예를 들어 감시활동 프로그램에 관여하는 직원이 시스템에 대한 평가가 진행되고 있다는 사실을 알게 되면 정보를 생산하고 결과에 대한 반응속도에 의도적인 관심을 두게 되므로 정확히 평가하기 어렵다. 이 경우 실제 질병발생 상황을 가정한 모의시험을 통하여 시스템을 평가하는 대안을 강구할 수도 있다.

1.5.3.4 효율성과 효용성

감시시스템의 효율성과 효용성은 감시활동에 대한 투자를 정당화하고 총체적인 가치와 비용-효과 혹은 비용-효율을 최대화하는 데 필수적인 요소다. 예를 들어 어느 지역에서 특정한 질병에 대한 청정상태를 선언할 경우 청정수준에 대한 신뢰성이 담보되어야 한다. 조사의 강도와 노력을 증가시킴으로써 신뢰성을 향상시킬 수 있지만 이에 따라 비용도 증가한다. 따라서 청정화에 대한 과학적인 판단이 가능하도록 수용할 수 있는 신뢰성의 수준을 결정할 때 비용-효율적인 측면을 고려해야 한다. 질병발생이 보고된 사례가 없는 어느 모집단에 대하여 특정한 1개의 질병을 대상으로 하는 시스템에 자원을 할당하는 것이 정당화되는지를 판단하는 것은 어려운 문제이나 여러 가지 질병을 대상으로 하는 시스템의 지분(nested)으로 포함한다면 자원할당 문제가 용이할 수도 있다. 예를 들어 우유 성분과 유질을 평가할 목적으로 수집된 우유시료에 대하여 식품안전, 유방염, 대사성 질병, 체세포 수, 외래성 병원체, 잔류물질 등 다양한 병원체나 물질에 대하여 검사함으로써 시료 수집과 처리에 대한 투자로부터 편익을 최대화할 수 있다. 이와 같이 시스템의 효율성은 다양한 병원체에 대하여 동시에 검사함으로써 향상시킬 수도 있는데 이를테면 다양한 병원체를 동시에 검출하기 위하여 multiplex PCR 기법을 사용하는 것은 전형적인 예다. 또한 시료확보에 많은 인력과 시간을 요구하는 동물 유래 시료보다는 물, 환경 등과 같은 환경에서 시료를 확보하는 방안, 유병률이 낮은 질병에 대해서는 분변이나 혈액시료를 합병하여(pooled sample) 검사하는 방안은 시스템의 효율성을 높이는 유용한 수단이다.

1.5.3.5 순 가치

시스템의 가치는 질병이 발생하지 않을 때 정치, 경제, 사회적으로 얻게 되는 직접적인 편익과 국제적인 교역과 관련하여 해당 질병이 발생하지 않는다는 것을 보증함으로써 얻는 간접적인 편익 등 다양한 요인으로 평가된다. 이러한 편익은 시스템에 투자되는 비용과 적절한 균형이 이루어져야 한다. 시스템에 대한 투자 여부는 편익을 얻는 집단과 비용을 부담해야 하는 집단을 확인하고, 적절한 시스템이 가동됨으로써 질병을 조기에 검출함으로써 얻는 혜택에 대한 가치를 평가하여 결정한다.

1.5.3.6 유연성

질병 발생과 관련된 역학적 상황은 수시로 변하기 때문에 이러한 변화가 시스템에 새로 도입될 필요가 있다면 변화된 상황에 순응이 용이하도록 감시활동 프로그램이 설계되어야 한다. 따라서 장기적인 관점에서 볼 때 시스템의 최적화를 유지하기 위해서는 시스템의 장점과 단점을 지속적으로 재평가해야 하며 환경변화에 유연하게 대응할 수 있는 시스템을 구축해야 한다. 또한 질병을 진단하는 기술이나 지식이 축적되는 경우 시스템이 이를 적절히 반영할 수 있어야 한다. 시스템에 대한 외부평가를 통하여 외국의 사례나 한 국가 내 다른 기관에서 사용하고 있는 유사 시스템과 비교하여 시스템의 능력이 적어도 동등한 수준을 유지하는지를 평가하는 것도 중요하다. 방역사업으로 토착성 질병 발생률이 감소하는 경우 표본추출계획은 이러한 상황에 부응하도록 적절히 조정되어야 한다. 이러한 조정과정이 원활하지 못하여 기존의 프로토콜을 그대로 사용한다면 고위험 지역의 표본크기는 감소하고 오히려 비발생에 근사한 지역에서 대규모의 표본이 추출될 소지가 있다. 감시활동 시스템은 질병 발생위험도를 평가하는 데 중요한 정보를 제공하므로 주기적으로 재평가되고 필요하다면 수정 및 보완되어야 한다.

1.5.3.7 외부감사와 검증

감시활동 프로그램에 대한 평가는 관심을 두고 있는 병원체를 검출함에 있어 장점과 단점을 충분히 평가되도록 외부의 전문기관으로부터 감사를 받는 것이 중요하다. 이를 위해서는 프로그램의 각 단계에 대한 방법론을 문서화하고, 프로그램을 운용하는 책임자는 감시활동 결과와 프로토콜, 자료 생산과 관리, 의사결정 과정 등 모든 자료를 제시할 수 있어야 한다. 또한 감시활동 프로그램의 요약보고서, 시스템의 각 요소를 담당하는 관리자의 명단, 질병발생 위험이 높은 모집단의 규모와 소재지 등에 대한 정보도 외부감사에 필요한 사항이다.

제2장 우리나라의 혈청검진사업

2.1 가축방역사업 개괄

우리나라의 가축방역사업은 가축전염병예방법에 의거하여 주요 가축전염병의 근절 및 발생 최소화를 목표로 첫째, 가축전염병 발생·만연 방지로 축산농가의 경제적 손실예방 및 경쟁력 제고, 둘째, 구제역 및 고병원성조류인플루엔자 재발방지, 돼지열병, 돼지오제스키병, 닭뉴캣슬병 등 주요 가축전염병의 조기 근절을 통한 축산물 수출 촉진, 셋째, 안전하고 위생적인 축산물 공급기반 구축으로 소비자 만족도 제고, 넷째, 브루셀라병, 결핵병 및 광견병 등 인수공통전염병의 전파 방지를 중점사업으로 설정하고 있다. 방역사업의 추진 방향은 예방주사, 농장 간 차단방역 등은 농가 또는 민간방역단체(가축위생방역지원본부) 주도로 추진하고, 정부는 농가 자율방역을 위한 예방약·검진약품 등의 공급과 감염개체 검출과 살처분을 위한 예찰활동 강화, 국경검역 강화에 주안점을 두고 있다.

가축방역사업은 투자재원에 따라 '가축방역사업'과 '가축질병근절대책사업'으로 구분된다(<표 2-1>). 가축방역사업은 국비(농특회계)와 지방비를 재원으로 하여 가축방역기관(시도·시군·가축위생시험소, 국립수의과학검역원)을 주관기관으로 긴급방역재료비(전염병 발생지역 방역비용 및 일제소독에 소요되는 소독약품 공급 등), 예방약품 등 공급(예방주사, 검진·기생충구제 약품 및 진단키드 등 공급), 예방접종 시술비(정부지원 예방약 접종시술비 지원), 수의사 연수교육(대한수의사회의 수의사 교육 실시비용 지원), 살처분보상금 및 도태장려금(구제역, 조류인플루엔자, 돼지콜레라, 브루셀라병 등), 시·도 가축위생시험소 지원(방역보조원, 방역장비 등) 등의 세부사업을 추진하고 있다. 가축질병근절대책사업은 축발기금, 지방비와 단체·업체·농가의 재원부담으로 운영주체는 가축위생방역지원본부, 농협중앙회, 관련협회 등 민간단체가 담당하고 있으며, 민간 방역기관의 기능 활성화를 통해 민·관 공동방역 체계를 확립하여 정부 주도의 방역활동을 보완하는 역할을 한다. 구제역, 소브루셀라병, 돼지콜레라, 돼지오제스키병 및 닭 뉴캐슬병 등에 대한 가축전염병 방역사업을 지원하고 있으며 세부사업 내역은 가축위생방역지원본부 농가별 시료채취사업, 가축위생방역지원본부 운영비 및 방역장비 구입비 지원, '전국 일제소독의 날' 공동방제단 운영 및 소독약품 지원, 양축농가 가축방역 교육 및 홍보, 가축전염병 발생 및 방역관리 위반농가 신고포상금 지급, 가축방역 및 브루셀라병 방역 특별포상제사업 등을 수행하고 있다.

〈표 2-1〉 우리나라 방역정책의 투자재원별 세부사업내용

내용	투자재원	
	가축방역사업	가축질병 근절 대책사업
재원	국비(농특회계)와 지방비	축발기금, 지방비, 기타(단체·업체·농가)
주관기관	국가 가축방역기관(시도·시군·가축위생시험소, 국립수의과학검역원)	민간단체(가축위생방역지원본부, 농협중앙회, 관련협회 등)
기능	정부 주도의 국가방역사업 총괄	민간 방역기관의 기능 활성화를 통해 민·관 공동방역 체계를 확립하여 정부 주도의 방역활동을 보완
사업	-긴급방역재료비(전염병 발생지역 방역비용 및 일제소독에 소요되는 소독약품 공급 등), 예방약품 등 공급(예방주사, 검진·기생충구제 약품 및 진단킷트 공급) -예방접종 시술비(정부지원 예방약 접종시술비 지원) -수의사 연수교육(대한수의사회의 수의사 교육 실시비용 지원) -살처분보상금 및 도태장려금(구제역, 조류인플루엔자, 돼지콜레라, 브루셀라병 등) -시·도 가축위생시험소 지원(방역보조원, 방역장비 등)	-구제역, 소브루셀라병, 돼지열병, 돼지오제스키병 및 닭 뉴캐슬병 등에 대한 가축전염병 방역사업 지원 -가축위생방역지원본부 농가별 시료채취사업 -가축위생방역지원본부 운영비 및 방역장비 구입비 지원 -'전국 일제소독의 날' 공동방제단 운영 및 소독약품 지원 -양축농가 가축방역 교육 및 홍보, 가축전염병 발생 및 방역관리 위반농가 신고포상금 지급 -가축방역 및 부루세라병 방역 특별포상제사업

〈표 2-2〉 2005~2009년도 가축방역사업 소요예산(국비기준, 1,000원)

사업구분	2005년	2006년	2007년	2008년	2009년
시도 가축방역사업(%)[1]	20,480,372 (38.4)	21,590,099 (28.9)	22,090,000 (15.3)	24,562,016 (20.4)	30,107,000 (27.0)
가축질병근절사업	22,881,537	23,095,706	22,636,000	20,300,462	23,388,265
살처분 보상금(%)[1]	10,000,000 (18.7)	30,000,000 (40.2)	100,000,000 (69.1)	70,000,000 (58.1)	50,000,000 (44.8)
기타 사업	0	0	0	5,719,014	8,172,465
합계	53,361,909	74,685,805	144,726,000	120,581,492	111,667,730
총 사업비[2]	70,987,813	101,749,194	163,270,164	146,918,000	149,562,380
총 사업비 중 국비 점유율[4]	75.2%	73.4%	88.6%	82.1%	74.7%

시도 가축방역사업비 세부내역							
예방 주사	소, 돼지, 닭, 개, 기타 (%)[4]		10,449,476 (51.0)	10,864,030 (50.3)	11,566,547 (52.3)	11,731,050 (47.8)	14,491,350 (48.1)
검진 사업	소	젖소결핵 PPD	286,440	284,340	270,393.8	270,800	278,800
		한육우결핵 ELISA	0	0	0	0	480,000
		브루셀라(MRT)	19,380	19,680	19,680	19,680	29,520
		브루셀라(RB)	114,800	180,000	178,221	705,000	769,500
	닭	추백리(평판)	4,139	8,214	7,437	8,140	8,140
		추백리(ELISA)	22,010	37,466	24,693.5	25,545	25,545
		AI	0	0	0	0	464,000
	돼지	오제스키	296,000	296,000	136,800	146,800	161,480
	소계(%)[4]		742,769 (3.6)	825,700 (3.8)	637,225.3 (2.9)	1,175,965 (4.8)	2,216,985 (7.4)
혈청검사/병성감정(%)[4]			526,917 (2.6)	658,728 (3.1)	656,768.6 (3.0)	743,767 (3.0)	786,196 (2.6)
기타			8,761,210	9,241,641	9,239,558	10,911,234	12,612,469

1) 합계 금액 중 해당 항목의 비율.
2) 총 사업비: 국비, 지방비, 자부담.
3) 총 방역사업비 중 시도 가축방역사업, 가축질병근절사업, 살처분 보상금의 국비 비율.
4) 시도 가축방역사업비 중 검진사업 배정 비율.
출처: 가축방역사업계획 및 실시요령(농림수산식품부, 각 연도) 수정.

방역예산의 세부항목별 구성비를 보면 연간 총 사업비(국비, 지방비, 자부담 포함)는 2005년 700억 원에서 2009년 약 1,500억 원으로 이 기간 동안 방역비용은 214% 증가하였다(<표 2-2>). 총 사업비에서 시도가축방역사업, 가축질병근절사업, 살처분 보상금에 할당된 비용 중 73.4~88.6%(2005~2009년)는 국비가 대부분을 차지하고 있다. 살처분 보상금은 2005년 18.7%, 2006년 40.2%, 2007년 69.1%, 2008년 58.1%, 2009년 44.8%를 차지하고 있다. 한편 시도 가축방역사업비를 예방주사, 검진사업, 혈청검사 및 병성감정 항목으로 구분하면 예방주사 사업으로 약 50%(범위 47.8~52.3%), 검진사업 2.9~7.4%, 혈청검사 및 병성감정 사업 2.6~3.1%로 배정되어 있다.

방역사업 계획의 세부항목 중 총 사업비의 50%가 살처분 보상금을 차지하고 있는데 이는 조류인플루엔자, 브루셀라, 우결핵 등과 같은 가축 전염병이 지속적으로 발생하고 있기 때문이다. 특히 과거에 비하여 최근의 전염병 발생 양상은 비교적 단시간에 방대한 공간으로 확산할 가능성이 높기 때문에 향후 질병 발생 시 보상금은 더욱 증가할 것으로 예상되므로 전염병 발생을 억제할 수 있는 근본적인 대책이 필요함을 시사한다. 한편 시도 가축방역사업비 중 검진사업으로 배정된 금액은 2.9~7.4%에 불과하여 현장에서 발생하고 있는 질병발생상황을 정확히 추정하는 데 충분한지에 대해서는 검토할 필요가 있다.

2.2 혈청검사와 병성감정

2.2.1 혈청검사

가축전염병에 대한 혈청학적 검진사업과 병성감정은 가축전염병예방법 및 동법 시행규칙에 의거하여 방역사업계획 및 실시요령(가축전염병예찰실시요령, 농림수산식품부고시 제2007-12호)에 따라 실행계획을 수립하고 있다. 돼지열병, 돼지오제스키병, 우결핵, 브루셀라병, 뉴캐슬병, 가금인플루엔자, 추백리 등 7종의 질병에 대해서는 개별 방역실시요령에 따라 혈청검사가 이루어지고 있다.

2009년도 가축방역사업계획 및 실시요령에 의하면 소 질병 8종[모기매개 질병 5종(아까바네병, 소유행열, 이바라기병, 츄잔병, 아이노바이러스감염증), 구제역, 소류코시스, 브루셀라병, 병성감정 3종], 돼지 질병 3종[(돼지일본뇌염, 돼지열병 항원 및 항체, 돼지오제스키병), 병성감정 12종], 닭 질병 5종[(뉴캐슬병, 추백리-가금티푸스, 조류인플루엔자, 마이코플라즈마병 MG), 병성감정 6종] 등 16종의 질병에 대하여 혈청검진 사업을 시행하고 있다(<표 2-3>). 축종별 검진사업 내용을 정리하면 <표 2-4>(소), <표 2-5>(돼지), <표 2-6>(닭)과 같다. 2009년도 AI 예찰검사계획을 정리하면 <표 2-7>과 같다.

<표 2-3> 우리나라의 주요 축종에 대한 검진사업 및 병성감정 프로그램 현황

축종	검진사업	병성감정
소	모기매개질병 5종(아까바네병, 유행열, 이바라기병, 츄잔병, 아이노바이러스감염증), 브루셀라병, 소류코시스, 구제역	전염성해면상뇌증, 광견병, 바이러스설사병, 코로나바이러스설사병, 로타바이러스감염증, 우결핵, 요네병, 탄저, 기종저, 렙토스피라, 캠필로박터, 수포성구내염, 블루텅병, 우폐역, 리프트계곡열
닭	뉴캐슬병, 조류인플루엔자, 마이코플라즈마병(MG), 추백리, 가금티푸스	닭전염성비기관지염, 산란저하증, 닭전염성F낭병, 마이코플라즈마병(MS)
돼지	돼지일본뇌염, 돼지열병	톡소플라즈마, 오제스키병, 뇌심근염, 돼지파보, 돼지생식기호흡기증후군, 돼지유행성설사, 돼지전염성위장염, 로타바이러스감염증, 돼지인플루엔자, 써코바이러스감염증, 이유후전신소모성증후군, 돼지브루셀라병, 위축성비염, 돼지마이코플라즈마병, 돼지파스튜렐라폐렴, 돼지흉막폐렴(2종), 글래서병, 살모넬라, 아프리카돼지열병, 구제역

* 소류코시스는 2005년도부터 검진사업에 포함

〈표 2-4〉 소 질병에 대한 가축방역사업 내용

구분	결핵병	아까바네병	소류코시스
목적	감염우 색출 및 도태	항체양성률 파악	항체양성률 파악
검사대상	① 젖소 1세 이상 전 두수(제주도는 한·육우 포함) ② 1세 이상 한육우(번식농가의 암소 중점검사)	① 대상: 영세농가 ② 가입암소(한우, 젖소)	종축장(국립·도립)의 종모우 및 보종모우 선발 대상인 모든 소, 도축장의 젖소 암소
예찰기준 및 방법	① 과거 발생농장 및 결핵병 의심 소 ② 종축기관 검사의뢰 ③ 전년도 검사 누락 소 ④ 검사: 젖소(PPD), 한·육우(ELISA)	① 시군별 물량 배정에서 과거 발생 시군 및 인접 시군에 집중 배정 ② 모기 출현 이전 예방접종 완료 (1회 접종, 전년도 감염우 제외) ③ 검사: 혈청중화시험	① 시험소장은 배정된 검사 물량을 범위 내에서 종축장과 도축장 검사물량을 구분하여 연간 계획 수립 －종축장: 반기별로 종축장과 협의하여 검사 －도축장: 매월 1~2회 검사 ③ 검사: AGID
사업물량 (2009)	① 젖소: 400,000 ② 한·육우: 300,000	① 백신접종: 500,000 ② 혈청검사: 1,000	① 혈청검사: 14,670
검사기관	시·도 가축위생시험소	검역원	시·도 가축위생시험소
고시	결핵병 및 부루세라병 방역실시요령	가축방역사업계획 및 실시요령	가축방역사업계획 및 실시요령

* 출처: (1) '08년도 가축방역사업계획 및 실시요령(2008. 12).
(2) '08년 시·도 가축혈청검사 결과 및 '09년 추진계획(역학조사과, 2009. 1). * 요네병은 세부계획 없음

〈표 2-5〉 돼지 질병에 대한 가축방역사업 내용

구분	구제역	돼지콜레라	돼지오제스키병
사업목적	① 질병현황의 지속적인 확인 및 신속한 검색을 위한 예찰체계 유지 ② 국내 청정화 증명을 위한 예찰자료 확보		① 감염농장 검출 ② 감염 및 항체양성 돼지의 살처분 및 도태
검사대상	전국의 소, 염소, 돼지 무작위 표본추출	① 항체 고역가 농가 및 항체양성률 80% 미만 농가 ② 기타 무작위 표본추출	① 50두 규모 이상의 양돈장의 번식돈 위주 ② 종돈장(AI센터 포함) 후보모돈 연간 분양물량의 5% 이상
예찰기준 및 방법	① 농장예찰(통계예찰·목적예찰) ② 도축장·종돈장 예찰	① 항체 및 항원검사 ② 각각 농장예찰(양돈장, 종돈장)과 도축장 예찰로 구분 ③ 농가당 비육돈 10두 이상, 번식돈 2두 이상	① 50두 규모 이상 농가를 대상으로 연 2회(1회 12두 이상 시료 채취) 채취
사업물량 (2008)	농장: 21,082 도축장: 52,328 종돈장: 20,372	항체: 210,000 항원: 50,000	양돈장: 80,000 종돈장: 20,000
검사	시도 시험소 및 검역원	검역원	시·도 가축위생시험소
고시	구제역방역실시요령 (고시 제2010-79호)	돼지열병방역실시요령 (고시 제2009-153호)	돼지오제스키병방역실시요령(고시 제2009-139호)

〈표 2-6〉 닭 질병에 대한 가축방역사업 내용

구분	뉴캐슬병(산란계)	뉴캐슬병(육계)	LPAI*
목적	항체양성률 파악	항체양성률 파악	감염계군 색출
검사대상	① 부화장→② 육계농장(겸용계>백세미>기타)→③ 산란계농장(중추>산란계)→④ 종계농장		원종계장에 대한 LPAI 감염 조기 검색, 질병 확산 방지, 국내 AI 방역에 대한 검사자료 확보(2007)
예찰기준 및 방법	① < 10,000: 계군당 > 20수 ② ≥10,000: 계군당 > 30수 ③ 검사(육계: ELISA, 산란계: HI)		AGP, HI, ELISA
사업물량 (2009)	① 백신접종(부화장: 720,000, 농가: 650,000) ② 혈청검사(HI: 127,700건, ELISA: 342,200건)		① 혈청검사(HI: 90,200, AGP: 36,000)
검사기관	시·도 가축위생시험소		시·도 가축위생시험소
고시	뉴캐슬병 방역실시요령, (고시 제2009-148호)		가축방역사업계획 및 실시요령

* AGP(AI 바이러스의 matrix protein에 반응), HI(AI 바이러스의 H9에 반응), ELISA(오리 AI 바이러스 혈청검사는 2008년 시행). 뉴캐슬병 항체양성가 판정 기준(정밀진단과): (1) 산란계: 4단위의 혈구응집 항원을 사용하는 검사에서 검사수수의 10% 이상이 항체가 22(4배) 이상으로 판정된 계군 (2) 육계: 제조사의 양성/음성 판정기준에 따라 판정하여 검사수수의 10% 이상이 항체양성으로 판정된 계군

〈표 2-6〉(계속)

구분	추백리·가금티프스
목적	① 종계장의 모니터링을 통한 국내 양계 농가의 피해 최소화 ② 발생현황 파악 및 전파양상 분석을 통한 효율적인 방역조치 및 근절대책 수립을 위한 기초자료 활용
검사대상	부화 목적의 종란을 생산하는 종계. 부화 후 120일령부터 산란개시 전의 닭
예찰기준/ 방법	① 계사당 30수 무작위 채취. 300수 이상 무작위 채취(2차 검사) ② 검사: 평판응집반응(1차), ELISA(2차)
사업물량 (2009)	① 평판: 110,000 ② ELISA: 15,000
검사기관	검역원(원종계장), 시·도 가축방역기관(종계장)
고시	종계장·부화장방역관리요령, 가축방역사업계획 및 실시요령

〈표 2-7〉 2009년도 AI 예찰검사계획

구분	검사대상	검사시기	검사횟수	검사물량	검사항목	검사기관	비고
관리지역 임상예찰	집중관리지역 (9시도 22시군)	3~4월/10~11월 5~9월/12~2월	주 1회 격주 1회	전 해당 농가	임상예찰 전화조사	시·군 주관	
종오리농장 임상예찰	종오리 농가 (109개소)	연중	매일	전 해당 농가	전화조사	한국오리협회	
종오리 검사	종오리농장 (109개 637계군)	3~4월, 6~7월, 9~10월, 12월	연 4회	5,096점(항원) 50,960점(항체)	항체검사 항원검사	시도방역기관, 검역원(확인)	
육용오리 검사	오리농가(20수 이상) 1,112호 (4,168계사)	3~4월, 6~7월, 9~10월, 12월	연 4회	33,344점	항원검사	시도방역기관, 검역원(확인)	
야생조류분변 검사	철새도래지 41곳 농장인근 하천 22곳	1~5월 9~12월	월별(9개월)	11,955점 (철새 9,975, 집중관리 1,980)	항원검사	수의과대학 검역원(확인)	

재래시장가금 류검사	전국상설재래 시장(약 160개소)	2~4월 9~11월	연 2회 (반기별)	3,200점(항체) 1,280점(항원)	항체검사 항원검사	수의과대학 검역원(확인)	
관상조류사육 농가검사	관상조류사육농가 (20수 이상) 142곳	3~4월 9~10월	연 2회	1,136점	항원검사	수의과대학 검역원(확인)	주 1회 전화예찰 (1!5월/ 9~12월)
친환경 이용 오리예찰	오리농법 이용농가 (사육통계 파악 중)	오리농법 끝나기 2~3주전	연 1회	도별 3농가 항원54 항체540	항원항체 검사	수의과대학 검역원(확인)	농가자체 임상예찰
야생조류포획 검사	철새도래지 41곳 (야생조류 31종)	연중	—	1,500수	항체검사 항원검사	검역원	
AI위험지역 돼지검사	철새도래지(41)/집 중관리지역(22) 인근양돈장	1~5월 9~12월	연 1회	1,260두	항원검사	검역원	
수입사료원료 검사	수입사료원료 하역업체(16곳) 사료공장(28곳)	5~6월 9~12월	연 1회	300점 (수입원료 250점)	항원검사	검역원	
H5/H7형 LPAI 항체검사	원종계장 12호 (농가당 4동)	120일령~산란 전 (1년 내 추가검사)	2회(계군당)	3,200점	항체검사	검역원	
	종계장 334호 (반기별 균등분할)	〃	2회(계군당)	39,620점	항체검사	시도방역기관	
	산란계농장 1,866호 중 280호	연중 (3천 수 이상 농가 우선)	연 2회 (반기별)	11,200점	항체검사	시도방역기관	
	육계 농가	연중	—	—	—	—	임상 예찰
	토종닭 농가	연중	연 2회 (반기별)	11,600점	항체검사	시도방역기관	
계	임상예찰 2, 모니터링 10						

2.2.2 병성감정

병성감정은 가축전염병예방법 제12조 및 동법 시행규칙에 의거하여 시행하고 있으며, 농림부 고시(제2008-24호) 가축질병병성감정실시요령개정전문에 의하면 병성감정은 "죽 거나 질병이 의심되는 가축에 대하여 임상·병리·혈청검사 등의 방법을 통하여 가축질 병 감염여부를 확인하는 것"으로 규정하고 있다. 이 규정에 의거 병성감정은 가축전염병 예방법에서 규정하고 있는 가축을 대상으로 하며, 민원인 또는 국가기관(지방자치단체 포 함)의 의뢰가 있거나 가축방역상 필요한 경우에는 가축 이외의 동물에 대하여도 병성감정 을 실시할 수 있고, 가축병성감정실시기관의 장은 판명결과를 해당 정보통신망에 입력하 도록 명시하고 있다. 농림부 고시에 의한 병성감정 검사방법과 시료의 종류를 요약하면 <표 2-8>과 같다.

〈표 2-8〉 질병별 병성감정 검사항목

가축 전염병	검사방법	검사시료
결핵병	원인체 동정	결핵병변(복강 내 장기·폐·기관지·중천골과 배후두 임파절·유선·간·비장), 우유(분방별)
	혈청학적 검사	혈청
요네병	원인체 동정	회맹판·장간막 림프절·결장·직장의 병변부위, 분변
	혈청학적 검사	혈청
소류코시스	원인체 동정	림프조직, 전혈(항응고제)
	혈청학적 검사	혈청
소아까바네병	원인체 동정	유산태아의 뇌·뇌수·근육·태반
	혈청학적 검사	혈청(초유 섭취전의 신생자우)
뉴캐슬병	원인체 동정	폐·기낭·장·비장·뇌·간·심장 기관과 총배설강 면봉 채취
	혈청학적 검사	급성기 및 회복기의 혈청(2~3주 간격)
고(저)병원성 조류인플루엔자	원인체 동정	폐·기낭·장·비장·뇌·간·심장 기관과 총배설강 면봉 채취, 신선한 분변
	혈청학적 검사	급성기 및 회복기의 혈청(2~3주 간격)
추백리, 가금티푸스	원인체 동정	감염 조직, 총배설강 내용물 면봉 채취, 분변·깃털부스러기·먼지 등 부화 후 남은 부산물
	혈청학적 검사	혈청

출처: 가축질병 병성감정 실시요령(농림부고시 제2008-24호)

국립수의과학검역원에서는 병성감정자료 중 법정전염병은 AIMS(Animal Information Management System)에 등록하고 있고 기타 질병은 별도의 데이터베이스를 구축하여 관리하고 있다. 2000~2008년 기간 동안 소, 돼지, 닭의 질병(법정전염병 제외)에 대한 총 진단건수로 2000년 이후 매년 증가하여 연간 40,000건을 넘고 있다(<그림 2-1>, <그림 2-2>).

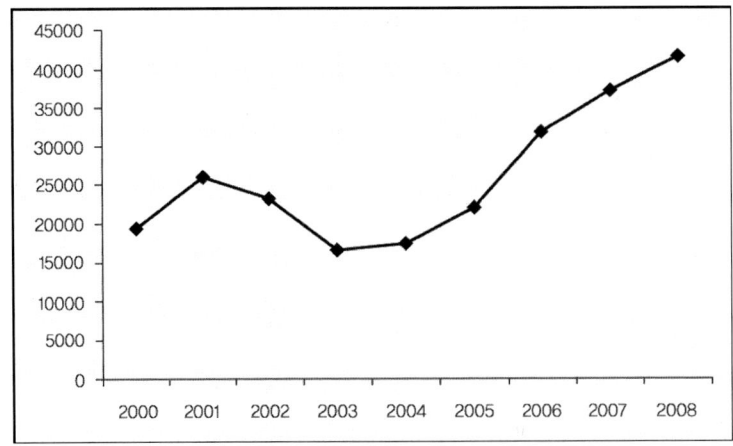

〈그림 2-1〉 소, 돼지, 닭의 주요 질병에 대한 병성감정건수(법정전염병 제외)

<소>

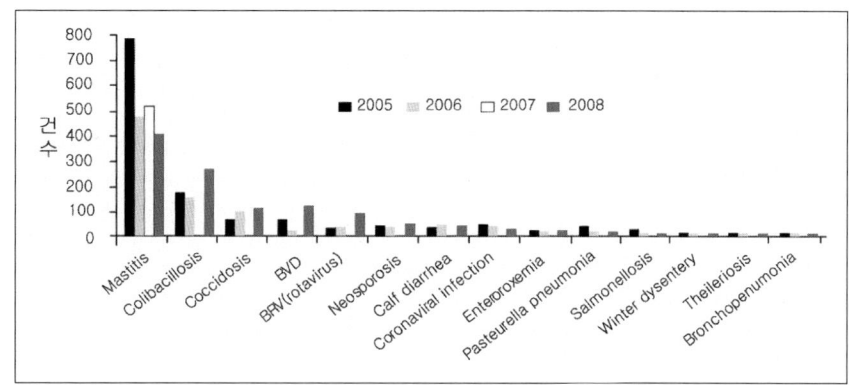

<돼지>

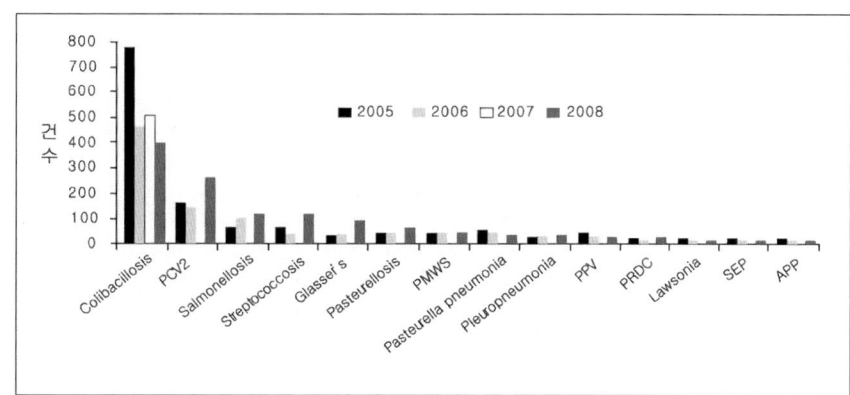

<닭>

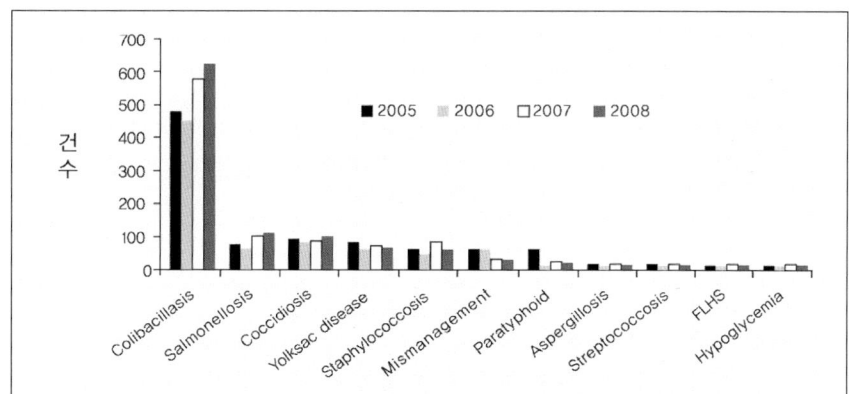

〈그림 2-2〉 축종별 주요 질병의 병성감정 진단건수(2005~2008, 법정전염병 제외). BVD = bovine viral diarrhea, PCV2 = porcine circovirus type 2, PMWS = postweaning multisystemic wasting syndrome, PPV = porcine parvovirus, PRDC = porcine respiratory disease complex, SEP = swine enzootic pneumonia, APP = Actinobacillus plueuropneumonia, FLHS = fatty liver hemorrhagic syndrome.

2.3 사업내용 분석과 개선안

2.3.1 문제점

2.3.1.1 사업목표 설정

현행 가축방역사업 계획은 유병률 추정과 비발생증명 등 질병별 사업의 구체적인 목표가 정의되어 있지 않기 때문에 검진계획 두수가 과소 혹은 과대추정될 가능성을 배제할수 없다. 예를 들어 돼지오제스키병은 2002년 연간 300,000두 계획에서 2008년 100,000두로 검진두수가 감소하였으며 2007년 항체양성률은 0.06%, 2008년 0.2%로 경상남도 일부지역에 국한하여 발생하고 있다(표 2−9). 이러한 감소추세는 방역사업의 목표를 유병률의 변화를 추정하는 사업으로 수정할 필요가 있으며 양성축에 대한 강력한 살처분 정책을 통하여 장기적으로는 질병근절과 비발생 증명을 위한 혈청검진 사업으로 전환할 필요가 있음을 의미한다.

백신을 접종하고 있는 일부 질병에 대해서는 항체양성률의 변화추이를 파악하는 데 필요한 검진두수로도 충분하지만 우결핵, 소백혈병이나 브루셀라병 등은 항원 양성률이 낮기 때문에 사업의 목표에 따라 검진두수를 조정할 필요가 있다. 조류인플루엔자에 대해서는 HI, AGID, ELISA 등 다양한 진단검사를 사용하고 있어 각각의 민감도와 특이도를 고려하여 검진두수를 조정해야 한다. 또한 종오리와 육용오리는 항원검사, 종계장, 산란계 및토종닭 농장에 대해서는 항체검사를 계획하고 있는데 검사대상별로 유병률이 다를 경우검진두수를 조정해야 한다.

한정된 방역예산을 효율적으로 집행하면서 사업의 목표를 달성하기 위해서는 질병발생상황을 적기에 모니터링할 수 있는 지역별, 농장단위의 능동적인 질병모니터링 체계가요구되며, 사업목적과 지역별 농장 수와 사육두수를 고려한 통계학적으로 유의한 시료채취기준(검진두수, 표본크기)을 재검토할 필요가 있다. 또한 현행 가축방역사업계획에 따른 검진사업은 질병별 시료채취 기준이 지역별 임의적 배정으로 할당하고 있어 시료의대표성 부재에 기인하여 검진결과의 신뢰성을 보장하지 못할 뿐만 아니라 방역사업의 목표달성 여부를 평가하지 못하고 검진결과를 객관적으로 해석할 수 없는 근본적인 문제를초래한다. 이는 전년도 사업결과를 차기연도 방역정책수립과 방향설정에 효과적으로 활용하지 못하는 악순환으로 연결되어 현행 사업 수행체계와 방법에 대한 개선이 시급하다.

2.3.1.2 계획대비 검진건수

방역사업계획 및 실시요령에 제시된 계획대비 검진건수에 근거한 검사율은 브루셀라병 101.2~134.5%, 소백혈병 109~132.8%, 구제역 108.1~122.1%, 돼지오제스키병 118~132%, 뉴캐슬병(HI 검사) 106.3~122.8%, 저병원성조류인플루엔자(AGID 검사 기준)는 123.9~243.2% 등 대부분의 질병에 대하여 초과달성한 것으로 나타났다(<표 2-9>). 이러한 계획대비 실제 검사건수의 차이는 구제역이나 HPAI 등 악성 전염병이 특정한 연도에 발생할 경우 다른 질병에 대한 검진건수가 급감하거나 증가하는 현상이 나타나는 등 외적인 요인과도 관련이 있을 것으로 추정되나 추가 검사에 대한 당위성이 없다면 불필요한 예산과 인력을 낭비하는 결과를 초래할 수 있다.

〈표 2-9〉 주요 가축질병의 혈청검사 계획대비 검사율

질병	구분	2005년		2006년		2007년		2008년	
		계획두수	검사율(%)	계획두수	검사율(%)	계획두수	검사율(%)	계획두수	검사율(%)
브루셀라	Tube	32,150	134.5	38,200	129.1	40,700	102.6	39,000	101.2
소백혈병	도축장	8,140	109.0	9,000	110.5	9,220	120.4	9,400	132.8
구제역	전체	104,042	112.2	96,742	108.1	96,900	113.7	93,782	122.1
뉴캐슬병	HI	232,600	107.4	100,000	106.3	107,200	117.0	105,700	122.8
	ELISA	232,600	102.1	360,000	102.2	349,700	101.2	347,300	102.7
LPAI	HI	19,900	108.7	21,400	100.0	21,500	110.4	20,300	133.3
	AGID	19,990	243.2	26,100	214.0	26,450	132.5	28,200	123.9
	ELISA	NA		NA		NA		32,360	247.6
마이코	항체	50,400	102.5	48,000	105.1	49,300	107.4	49,530	106.1
일본뇌염	항체	8,700	102.8	8,600	95.9	9,100	101.6	9,100	104.9
돼지열병	항체	200,000	108.6	210,000	113.9	210,000	118.6	210,000	111.5
	항원	50,000	120.0	50,000	134.4	50,000	130.6	50,000	131.2
AD	항체	205,000	124.6	204,000	117.5	104,000	133.1	104,000	132.5

LPAI＝저병원성조류인플루엔자, 마이코＝닭마이코플라즈마병, AD＝돼지오제스키병

2.3.1.3 검진두수 산정 및 지역할당

방역사업계획에 명시된 검진사업은 대부분의 질병에 대하여 시료채취 기준을 지역별 임의적 배정하고 있어 시료의 대표성 부재에 기인하여 검진결과의 신뢰성을 보증하지 못할 뿐만 아니라 방역사업의 목표달성 여부를 평가하지 못하는 근본적인 문제를 초래할 수 있다.
<그림 2-3>은 소, 돼지, 닭의 일부 질병에 대한 항체양성률 변화를 나타낸 것이다. 예

를 들어 2006년 항체양성률은 소모기매개질병 8.7~35.8%, 돼지일본뇌염 44.2%(모돈 69.4%, 비육돈 23.5%)로 질병에 따라 연간 항체양성률은 유사하다. 그러나 이를 행정구역별, 사육단계별로 세부적으로 분석하면 상당한 변동이 있음을 알 수 있다. 이러한 결과는 혈청검사계획을 수립할 때 전국 평균은 과거와 유사한 수준일라도 지역별, 사육단계별(모돈, 비육돈 등), 시료채취 장소(종돈장, 양돈장, 도축장) 등에 따른 차이를 보일 수 있기 때문에 질병관리 측면에서 중요한 역학적 특성이 유도될 수 있도록 표본크기를 다르게 설정할 필요가 있으며, 사업의 목표를 달성할 수 있는 목표 검진두수를 정확하게 산정할 필요가 있음을 시사한다.

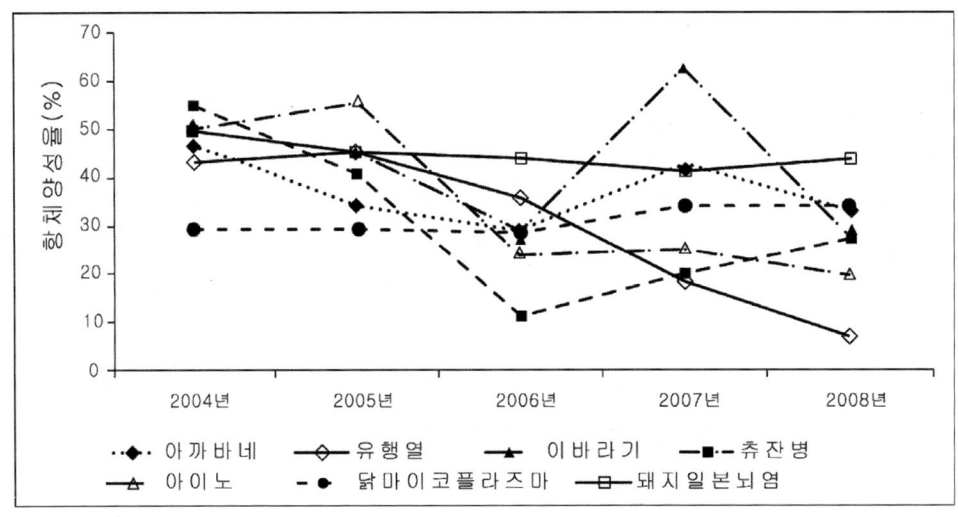

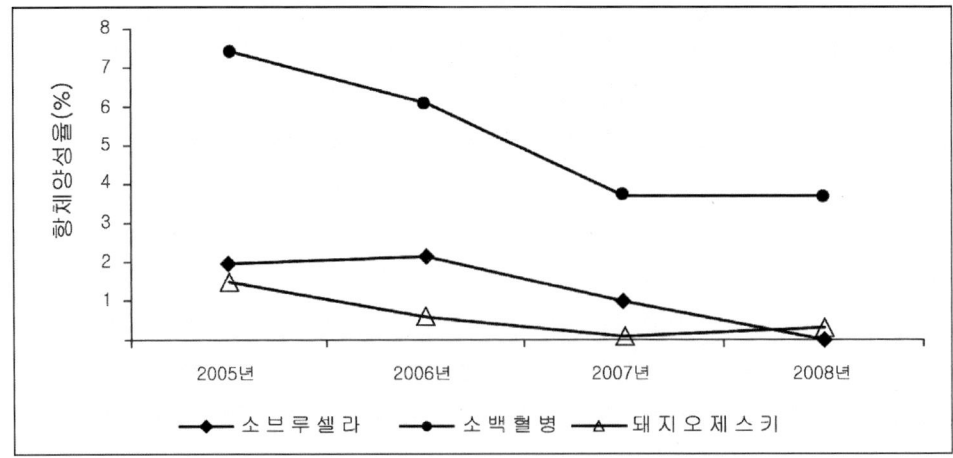

〈그림 2-3〉 연도별 항체양성률 변화(2004~2008)

소모기매개질병은 항체양성률(아까바네병과 유행열은 백신접종)은 2007년도 조사에서 18.5~62.8%로 지역에 따라 심한 편차를 보이고 있어 지역별로 검진두수를 차등하여 할당할 필요가 있음을 시사한다. 소결핵병에 대한 현행 혈청검진 사업물량은 연간 400,000두로 매우 높은 정밀도를 달성하는 수준으로 양성우를 검출하여 도태하는 정책의 목적을 충분히 달성할 수 있다. 그러나 장기적으로 이러한 물량을 지속적으로 수행할 것인지는 검토할 필요가 있는데 그 이유는 국가 전체로 볼 때 발생률이 매우 낮고 감염군 내에서도 1~2두의 일부 개체만이 양성으로 판정받기 때문에 이러한 역학적 상황에서 적어도 1두의 양성 개체를 검출하기 위해서는 막대한 방역예산이 소요되기 때문이다. 따라서 과거 발생력과 혈청검사 성적에 근거하여 고위험지역과 고위험군(population at risk)을 분류하고 이들을 대상으로 단기적으로 집중 관리하는 정책을 대안으로 고려할 필요가 있다.

검사두수를 증가시키면 표본추정치에 대한 정확성이 높아지는 것은 당연하지만 방역사업의 목표가 유병률을 얻는 것이라고 할 때 추정치의 정확성을 이를테면 1%, 2%, 3% 높이기 위하여 검사두수를 1,000두, 2,000두, 3,000두로 확대하는 것이 방역사업의 목표에 부합되는가의 문제다. 따라서 사업의 목표에 부합하는 적정검진 두수를 산정하고 할당하는 것이 매우 중요하다. 지역별 검진두수의 임의할당은 사업결과의 신뢰성을 담보하지 못하고 전년도 사업결과를 차년도 방역정책 수립과 방향설정에 효과적으로 활용하지 못하는 악순환으로 연결되기 때문에 사업 수행체계와 방법에 대한 개선이 시급하다.

2.3.2 개선안

2.3.2.1 혈청검사

감시활동 시스템에서 적절한 검진두수(표본크기)를 결정하는 것은 예산배정의 효율성뿐만 아니라 세부 사업별 목적달성 여부를 평가하는 기준이 된다. 표본크기가 적정수준에 미치지 못하면 참값과는 동떨어진 결과를 얻기 때문에 투자대비 사업의 결과가 객관성이 결여되고 질병에 관한 유용한 정보를 확보하지 못함으로써 향후 사업계획을 수립하는 데 활용할 수 없다. 예를 들어 방역사업의 목적이 질병 비발생(disease freedom)을 증명하는 것이라고 할 때 검사건수가 부족하면 이러한 목적 자체를 달성하기 어려울 수도 있다. 과대한 표본크기는 추정치에 대한 정확성이 증가하는 대신 불필요한 비용과 시간이 소요되어 대안이 되는 사업에 투자할 기회를 희생하는 결과를 초래한다. 최소 검진두수로도 유병률의 참값을 정확하게 추정할 수만 있다면 가능한 소규모의 표본검사가 투자대비 효과를 최대화한다.

국가방역사업은 일회성으로 끝나는 것이 아니라 매년 반복되는 연속적인 사업임을 감안할 때 기존사업의 결과로 얻은 역학정보는 향후 사업계획 수립에 매우 중요한 역할을 한다. 이를테면 방역사업 결과 유병률이 점차 감소하는 것으로 판단되는 경우 이러한 감소율을 차년도 사업에 반영하여 검사건수를 조정할 필요가 있다. 또한 질병의 자연사를 포함한 역학적 특성에서 볼 때 해당 질병에 이환될 고위험군이 확인되면 위험 위주 표본크기(risk-based sampling)를 계산하여 검사건수를 조정해야 한다. 예를 들어 고병원성조류인플루엔자는 아시아에서 지속적으로 발생하고 있음을 감안할 때 국내 발생위험이 높을 것으로 기대되므로 혈청검진 사업의 목적을 비발생 증명에 두기보다는 발생위험이 매우 높은 지역에 감시계군을 지정하여 지속적으로 모니터링함으로써 감염에 대한 증거가 있을 때 이를 신속히 검출할 수 있는 시스템을 유지하는 것이 바람직하다. <표 2-10>은 감시활동 시스템을 구축할 때 포함해야 할 내용을 예시하였고, 현행 모니터링 시스템의 문제점과 개선안을 요약하면 <표 2-11>과 같다.

〈표 2-10〉 감시활동 시스템에 포함되어야 할 내용

질병	내 용
결핵	① 고위험군에 대한 정기적 검사(risk-based testing) ② 양성우 및 접촉에 의한 감염 의심우 도태, 신규 입식 양성우의 원산지 우군에 대한 역추적 검사 강화 ③ 감염이 의심되거나 확진된 개체의 이동 금지 ④ 고위험 지역에서 다른 지역으로 이동 전 검사 ⑤ 모든 도축우에 대한 inspection 강화 및 의심 병변에 대한 실험실 검사 ⑥ 농장 단위 차단방역 교육 강화 및 홍보 ⑦ 국내 농장에서 병원체 전파에 관여하는 야생 매개동물에 대한 예찰강화 ⑧ 진단검사(ELISA, gamma interferon, tuberculin)의 민감도 강화 방안에 대한 연구
요네병	① 전국단위 감염수준 파악 시급 ② 감염우 관리 등 장기적인 국가단위 박멸 프로그램 수립 ③ 감염위험요인 확인과 농장 수준에서 자발적 차단방역 강화 ④ 신속한 실험실 진단법 개발과 백신개발의 필요성 검토
아까바네병	① 벡터 모기에서 감염률 파악 ② 농장단위 위생관리 등 차단방역 중요성 홍보 ③ 백신접종에 의한 항체양성률 향상 방안
소류코시스	① 국내 농장에서 감염수준 파악 시급 ② 감염우에서 증상발현율이 낮기 때문에 무증상 감염우에 대한 관리 방안 ③ 우유와 혈액시료에 대한 정기검진 강화 ④ 감염우와의 접촉 차단을 위한 농장단위 차단방역의 중요성 홍보

조류인플루엔자	① 고위험군에 대한 주기적 감시활동 강화
	② 감염지역 내 모든 의심계군에 대한 살처분 및 비발생 지역(계군)으로 개체 이동 제한
	③ 감시계군을 이용한 신속진단 및 검출 방안 검토
	④ backyard 계군의 사양관리 특성, 감염위험 요인 평가 및 관리방안 검토
	⑤ 상재 LPAI 바이러스에 대한 유전자 특성 분석 및 모니터링
	⑥ 철새, 텃새 및 오리에 대한 모니터링 강화
뉴캐슬병	① 감염계군에 대한 병역당국 신고 강화
	② 감염지역 내 모든 의심계군에 대한 살처분
	③ 비발생 지역(계군)으로 개체 이동 제한
	④ 의무 백신접종 및 미접종에 대한 규제 강화
추백리, 가금티푸스	① 종계장 및 부화장의 청정화 프로그램 강화
	② 양성계군 도태

〈표 2-11〉 현행 모니터링 시스템의 문제점과 개선안

	혈청검사	병성감정
현행	계획대비 100% 초과 검진	수동예찰로 단순 진단 목적으로 운용
	과대 검진두수에 따른 예산과 인력 소요	동일 시료 중복진단(법정전염병 발생건수와 차이 발생)
	행정구역별 임의적 검진두수 할당	방역정책 활용 미비
개선	- 질병 발생빈도(유병률), 역학적 특성, 사업의 목적, 진단검사 특성 등을 고려한 검진두수 확립 - 질병별 방역실시요령(고시)에 검진두수에 대한 규정 마련 - 혈청검사사업 결과에 따른 위험군(혹은 집단)과 위험지역 분류	- 시료의 대표성 확보와 의뢰율 향상 - 민간병성감정 기관의 전염성 질병 진단에 따른 보상과 사후조치 간편화 - 가검물 의뢰 시 역학정보 추가 확보 - 통계자료 분석 방법 개선 - 질병별 진단건수 집계 방법 통일 - 방역정책 활용성 증대

2.3.2.2 병성감정

현행 병성감정은 법정전염병을 포함한 모든 질병을 대상으로 하고 있다는 점에서 의뢰된 시료를 단순히 진단하는 목적으로 운용되는 것은 매우 비효율적이고, 병성감정 자료가 축산현장에서 발생하고 있는 질병상황을 파악하고 방역정책을 수립하는 기초자료로 적극 활용될 수 있어야 한다. 국가방역 차원에서 볼 때 병성감정 자료가 사업으로서의 고유한 기능을 유지하기 위해서는 몇 가지 개선사항을 검토할 필요가 있다(<표 2-11>). 첫째, 일반적으로 병성감정에 의한 질병 모니터링은 가장 낮은 수준의 수동적 예찰프로그램으로서 병성감정기관에 의뢰되는 환축에 국한하여 진단건수와 관련된 제한된 질병발생 정보를 제공하기 때문에 현장의 실제 질병 발생상황을 정확하게 반영하지 못할 수 있다는 점이다. 이를테면 2007년도 대한양돈협회에서 수행한 돼지질병 조사 자료에 의하면 호흡기 질병으로는 흉막폐렴, 파스튜렐라성폐렴, 소화기 질병으로는 살모넬라감염증, 유행성

설사, 살모넬라감염증과 유행성설사의 복합형, 소모성 질병으로는 이유후전신소모성증후군, 돼지생식기호흡기증후군 순으로 발생빈도가 높은 것으로 나타나 병성감정 결과와 상당한 차이를 보인다. 이와 같이 병성감정 결과가 반드시 현장에서의 중요도를 의미하는 것은 아니기 때문에 발생상황을 파악하기 위해서는 일선 수의사의 협조체계 구축, 의심사례에 대한 신속한 의뢰, 병성감정 기관별 진단절차와 기준에 대한 품질관리(quality control), 병성감정 진단기관 간의 협조체계 구축 등 정보수집과 관리체계에 개선이 필요하다. 특히 법정전염병은 신고 후 관리의 문제로 보고를 기피할 수 있기 때문에 다양한 병성감정 기관(검역원, 민간업체, 대학 및 시도방역기관 등)에서 진단된 감정결과의 신고율을 향상시킬 수 있는 제도적 방안과 대학이나 기타 병성감정기관에서 판정한 결과 통합과 보고체계 구축 등을 강구할 필요가 있다.

둘째, 병성감정 시료는 질병의 역학적 특성을 파악할 수 있는 정보 제공원으로 한계를 가지고 있기 때문에 병성감정 자료 역시 질병관리 계획이나 우선순위를 결정하는 데 유용성이 저하된다. 진단 관련 정보를 관련 기관이나 연구자에게 신속히 보급하여 질병발생 동향에 대한 관심을 유발하고 방역담당자를 위한 교육에 활용되도록 유도할 필요가 있다. 또한 시료의 특성을 기술하는 의뢰양식 개발, 감염시점이나 유병률 추정 등 유용한 역학 정보를 도출할 수 있는 의뢰체계를 구축할 필요가 있다. 현재 병성감정 결과는 가축전염병중앙예찰협의회와 일부 방역관련 잡지에 단편적으로 보고되고 있어 정확한 내용을 파악하기 어렵다. 방역사업의 일환으로 추진되는 병성감정이 소기의 목적을 달성하기 위해서는 진단과 관련된 모든 자료를 통합적으로 관리하고 자료의 공개범위를 확대하여 정보 이용자의 욕구에 맞도록 정기적인 보고서 형태로 발간하는 제도적 장치가 필요하다.

셋째, 병성감정 실시요령(국립수의과학검역원 내규 제2004-32호)에는 병성감정 결과에 대한 건수집계 방법에 대한 세부규정이 없어 다소 혼돈을 초래할 수 있다. 예를 들어 개체단위로 집계할 것인지 아니면 진단명을 기준으로 할 것인지에 대한 기준이 명확하지 않다. 이를테면 유방염에 감염된 소 1두를 1건으로 집계할 것인지, 유방염이 걸린 유두개수가 4개면 4건 혹은 각 유두에서 분리된 세균의 종류가 7개라면 7건으로 표기할 것인지를 통일해야 한다. 마찬가지로 닭 뉴캐슬병이 4농가에서 각각 2수씩 부검하여 양성으로 확진되면 8건이 되고, 동일 농가에서 10수를 부검하여 양성으로 판정될 경우 10건으로 집계되는 문제점이 초래될 수 있다. 동일 시료에 대하여 2개 이상의 병성감정 기관에서 진단하는 경우 법정전염병 발생건수와 다를 수 있기 때문에 개별 시료에 대하여 고유번호를 부여하여 중복되지 않도록 집계방법에 일관성을 유지할 필요가 있다.

넷째, 병성감정은 수동예찰 시스템이라는 점에서 가검물 의뢰시기와 진단과정이 지연되는 경우 질병확산을 차단하는 데 실패할 수 있다. 따라서 신속하고 정확한 진단을 위하여 시도 방역기관에 진단전문가 양성, 방역지소의 병성감정업무 활성화, 진단과정과 결과해석에 대한 교육과 정도관리, 실험실 담당자의 교육훈련 프로그램 참여, 진단명에 대한 실행적 정의(operational definition) 구체화, 진단결과가 명확하지 않을 경우 증후군 보고 체계 개발, 최종 진단이 나오기 이전 현장에 대한 방역조치 실행 방안 등에 대한 종합적인 검토가 필요하다.

제3장 진단검사

3.1 감시활동 시스템과 진단검사

대부분의 감시활동에서는 감염에 대한 증거를 찾기 위하여 다양한 실험실검사를 사용한다. 진단검사(diagnostic test)란 역학적 관찰단위인 개체나 집단을 질병상태에 대하여 양성 혹은 음성으로 분류하는 목적으로 사용하는 절차로 정의할 수 있다. 검사는 병원체 자체를 검출하거나 병원체 감염에 의한 숙주의 조직반응을 검출하도록 개발된 것으로 임상증상이나 동물의 행태, 폐사 등 모집단을 관찰하는 절차도 진단검사의 범주에 포함된다.

감시활동 시스템에서는 동물의 감염상태에 대한 정보가 중요하므로 어떠한 검사법을 선택하고 검사결과를 어떻게 해석할 것인지를 이해하는 것이 중요하다. 예를 들어 세포배양에서 바이러스를 분리하는 것은 증식 가능한 바이러스가 존재한다는 증거가 된다. 유전물질을 검출하는 분자생물학적 검사는 병원체의 생존 여부에 무관하게 감염의 흔적을 검출하는 방법으로 병원체가 감염을 유발할 수 있는지 아니면 불활성 상태인지를 구분할 수는 없다. 일반적으로 분자생물학적 진단기법은 민감도와 특이도가 높지만 완벽한 검사법은 아니고 다른 검사와 마찬가지로 질병의 진행경과에 따라 상이한 결과가 나올 수 있어 검사결과를 해석할 때 주의해야 한다. 많은 분자생물학적 검사는 병원체의 유전물질이 극소량 존재하더라도 검출이 가능하여 임상적으로 문제가 없는 집단에 대해서도 양성결과를 보일 수 있으며, 검사절차와 실험조건, 시료의 상태, 실험실 오염, 교차반응 등에 의한 가양성결과와 감염단계(병원체의 증식 초기단계)나 기술적 에러 등으로 가음성결과를 보일 수도 있다.

혈청학적 검사는 병원체에 특이적인 항체를 검출하는 방법으로 검사시점에서 항체가 생산되기에 충분한 시간이 경과하였을 것이라는 가정을 전제로 하기 때문에 최근감염인 경우 혈청학적 검사에서 실제로 감염되었지만 검사결과 음성을 보일 수 있다. 따라서 면

역반응에 대한 상세한 정보가 없는 질병에 대해서는 혈액시료보다는 조직시료에서 병원체를 직접 검출하는 것이 적절할 수 있다. 혈청학적 검사결과가 이분형(감염/비감염)이 아닌 경우 역치수준과 비교하여 해석할 수 있다. 즉 항체역가는 항체가 검출되는 가장 높은 희석배수이므로 역가가 지정한 역치수준보다 높게 측정되면 감염개체로 간주한다. 질병의 진행단계에 따라 서로 다른 종류의 항체가 생산되므로 감시활동 시스템에서는 다양한 자연감염 항체와 백신항체를 구분하는 것이 중요하다.

감염개체와 비감염개체를 통합하여 역가의 분포를 작성하면 흔히 두 분포는 겹치는 모양을 보인다. 이는 비감염개체에서도 비교적 높은 수준의 항체역가를 보일 수 있으며 감염된 개체의 일부에서는 검출 가능한 충분한 양의 항체를 생산하지 못하는 경우도 있기 때문이다. 이 경우 감염군과 비감염군을 완벽히 구분할 수 있는 역치수준을 결정하기 어렵다. 역치수준을 이동시키면 민감도나 특이도 중 어느 하나가 변하므로 가양성과 가음성을 최소화하는 방법을 사용할 수 있다. 감염검출 가능성을 높이기 위하여 1개 이상의 검사, 즉 다중검사(multiple testing)를 사용하는 경우 검사결과를 해석하는 방법에 따라 합병민감도나 합병특이도를 향상시킬 수 있다. 예를 들어 검사결과에 대하여 두 검사 중 어느 한 검사에서 양성일 때 양성으로 판정하는 수평적 해석에서는 민감도가 증가하지만 특이도는 감소한다. 반면에 두 검사 모두 양성일 때 양성으로 판정하는 연속적 해석에서는 특이도가 증가하지만 민감도는 감소한다.

시료의 수송과 처리방법에 따라 검사결과에서 잠재적 오류의 가능성이 있기 때문에 특히 장거리에서 송부되었거나 저장된 시료를 사용할 경우 민감도와 특이도에 미치는 변화정도를 파악하고 있어야 한다. 실험실에서 진단검사의 능력을 평가하고 이를 시스템에 통합한 후에는 특별한 상황이 아니라면 검사 프로토콜에 중대한 변화가 초래되어서는 안 된다. 그 이유는 프로토콜에서 사소한 변화라도 발생하면 이는 진단검사의 특성이 완전히 별개인 새로운 진단검사가 적용되는 것과 동일하게 간주하여 진단검사의 특성을 재평가해야 하기 때문이다. 완벽하지 않은 진단검사를 사용하는 경우 관찰단위를 분류함에 있어 오류를 동반하게 되며 경우에 따라서는 심각한 결과를 초래할 수 있다. 예를 들어 가양성은 동물을 불필요하게 폐기해야 하는 문제가 초래되며, 가음성 결과는 이를테면 검사대상 중 임상증상을 보이는 개체는 없지만 보균상태임을 검출하지 못하여 질병이 발생할 위험을 초래할 수 있다. 감시시스템에 진단검사를 통합할 때 이러한 오류의 가능성과 오류에 의한 잠재적인 결과를 고려해야 한다.

진단검사는 개체수준(individual animal-level)과 우군수준(herd-level, aggregate-level)에서 이루어질 수 있다. 본 장에서는 감시활동 시스템에 통합되는 진단검사의 특성과 이를 활용하는 방법을 설명한다.

3.2 개체수준

3.2.1 민감도, 특이도, 예측도

검사결과: 질병상태와 검사결과가 이분형일 때 질병의 유무를 $D+$와 $D-$, 진단시험 결과 양성과 음성을 각각 $T+$와 $T-$로 정의하면 <그림 3-1>과 같은 분할표가 작성된다. 질병이 있으면서 검사양성을 진양성(true positive, TP), 질병이 없으면서 검사양성을 가양성(false positive), 질병이 없으면서 검사음성을 진음성(true negative, TN), 질병이 있으면서 검사음성은 가음성(false negative, FN)이다.

질병상태

검사결과	감염, $D+$	비감염, $D-$	
양성 $T+$	a (진양성, TP)	b (가양성, FP)	$n1 = a+b$
음성 $T-$	c (가음성, FN)	d (진음성, TN)	$n2 = c+d$
	$a+c$	$b+d$	$N = a+b+c+d$

〈그림 3-1〉 이분형 진단시험 결과

정확도: 진단검사의 정확도 (accuracy, validity)는 검사결과 올바른 결정을 내린 비율로 진단시험의 전체적인 성능을 나타내는 지표다. 즉 진단시험을 수행한 결과 질병이 있는 개체와 질병이 없는 개체를 올바르게 판단하는 진단시험 자체의 능력으로 민감도와 특이도로 구성되며, 그림 3-1에서 정확도는 a와 d의 합을 전체 검사수 (N)으로 나눈 값이다.

$$정확도 = \frac{(a+d)}{N} = Se \times P(D+) + Sp \times P(D-)$$

$$= P(T+|D+) \times P(D+) + P(T-|D-) \times P(D-)$$

민감도와 특이도: 개체수준에서 민감도(diagnostic sensitivity)는 진단검사가 감염된 동물을 올바르게 양성으로 판정하는 능력이다. 즉 어느 개체가 감염되어 있을 때 양성결과가 나올 조건부확률이므로 베이즈정리(Bayes' theorem)에 의하여 $[P(T+|D+)]$로 표현할 수 있다(<표 3-1>). 특이도(specificity)는 어느 개체가 감염되어 있지 않을 때 음성결과가 나올 조건부 확률이므로 $[P(T-|D-)]$이 된다. 한편 분석민감도(analytical sensitivity)는 검사에서 검출할 수 있는 병원체의 양(검출한계)을 의미하며, 분석특이도는 검사에서 검출하고자 의도하는 것과는 다른 병원체나 기질과 교차반응하여 가양성결과를 보일 확률이다. 분석민감도와 특이도는 검사기법을 개발하고 검증할 때 매우 중요하지만 진단검사의 민감도와 특이도와는 별개의 개념이다.

모집단이 다르고 검사 시나리오(검사의 종류와 개수)가 변하면 민감도와 특이도도 변한다. 예를 들어 임상증상을 보이는 개체에 비하여 감염수준이 낮은 보균동물을 검사할 때 민감도는 더 낮고, 감염 후 시간적인 경과가 짧은 초기 단계일수록 민감도는 저하된다. 질병검출을 목표로 하는 감시활동에서 고위험 개체를 선택적으로 검사하면 유병률이 높아지고 이 경우 민감도가 증가한다. 특이도는 병원체의 교차반응에 영향을 받기 때문에 시료의 특성에 따라 상이한 값을 보일 수 있다. 이를테면 인공감염 실험에서 유도된 민감도와 특이도 추정치는 자연 감염 상황에서 얻은 시료에서 유도된 추정치에 비하여 상대적으로 높은 값을 보일 수 있고, 이러한 왜곡된 추정치가 감시활동 시스템에 반영된다면 결과의 정확성을 담보할 수 없다. 따라서 비용과 무관하게 실험실과 야외시험을 통하여 관련 자료를 반드시 확보하고 유도과정을 문서화해야 한다.

감시활동 시스템에서 검진두수 산정, 자료 분석과 해석을 위해 진단검사의 민감도와 특이도 추정치가 필요하다. 진단검사의 특성은 흔히 표준검사와 비교하여 상대적으로 평가한다. 오류를 동반하지 않는 표준검사를 이용할 수 있다면 검사대상 동물의 감염상태에 대한 참값을 알 수 있기 때문에 검사의 특성을 쉽게 계산할 수 있지만 완벽한 표준검사를 이용할 수 없다면 통계기법으로 추정해야 한다(Valenstein, 1990; Thijs 등, 1996; Alonzo와 Pepe, 1999; Goetghebeur 등, 2000; Dendukuri 등, 2004; Martin 등, 2004). 진단검사의 민감도와 특이도를 추정하는 데 필요한 표본크기는 제13장에서 설명한다.

예측도: 민감도와 특이도는 개체의 질병상태를 판정하는 진단검사의 능력을 나타내는 지표로서 피검 개체가 실제로 질병을 가지고 있을 확률을 평가하는 것이 아니다. 검사결과 양성일 때 실제로 질병을 가지고 있을 확률, 즉 진단검사의 예측능력을 평가하기 위해서는 다른 지표가 필요하다. 예측도(predictive value)는 진단시험 결과 양성일 때 실제로 질병에 감염되어 있을 확률 또는 진단시험 결과 음성일 때 실제로 질병을 가지고 있지 않을 확률로 구분되며 전자를 양성예측도(positive predictive value), 후자를 음성예측도(negative predictive value)라고 한다. 예측도를 간혹 사후확률(posterior 또는 post—test probability)이라고도 하는데 이는 검사 결과를 알고 있을 때 사후현상을 평가하는 것이라는 의미에서 붙여진 이름이다.

민감도가 높은 검사는 가음성 확률을 감소시키므로 음성예측도가 증가하고, 특이도가 높은 검사는 가양성 확률을 감소시키므로 양성예측도가 증가한다. 양성예측도 $[P(D+|T+)]$는 $a/(a+b)$로 계산되며 이는 민감도 $(a/a+c)$와 흡사하지만 그 의미는 매우 다르다 (표 3-1). 마찬가지로 음성예측도 $[P(D-|T-)]$는 $d/(c+d)$로 계산되며 특이도 $d/(b+d)$와 다르다. 예측도는 진단검사를 선택하는 방법의 하나로 사용되어 왔지만 예측도는 민감도와 특이도 뿐만 아니라 유병률에 영향을 받기 때문에 유병률을 알지 못하는 경우 최선의 검사를 선택하는 것이 어려워진다. 가장 높은 예측도를 갖는 검사가 반드시 가장 높은 민감도와 특이도를 갖는다고는 할 수 없다. 일반적으로 진단검사의 유병률 $(a+b)/n = P(T+)$은 유병률의 참값 $(a+c)/n = P(D+)$ 보다 크고, $b = c$인 경우에만 두 유병률이 동일해 진다.

3.2.2 유병률의 관계

검사의 예측도는 민감도, 특이도, 유병률에 영향을 받는다 (Jacobson, 1998). 유병률이 매우 낮은 경우 양성예측도는 특이도가 낮을수록 매우 낮게 추정된다 (표 3-2). 즉 유병률이 낮은 질병을 검사할 때 특이도가 완벽한 검사를 사용하지 않으면 양성결과의 대부분이 가양성 결과일 가능성이 높기 때문에 특히 질병 박멸 프로그램의 마지막 단계에서 감염된 개체를 검출하는 상황에서 매우 신중해야 한다. 이러한 상황에서 감염개체 검출을 보증하기 위해서는 1차 검사에서 민감도가 매우 높은 검사를 사용하고 1차 검사에서 양성인 시료에 대하여 특이도가 높은 2차 검사를 사용하여 확진하는 전략을 사용하는 것이 바람직하다. 자세한 내용은 다중검사 (multiple testing)에서 설명한다.

총 검사두수를 N이라고 하고 그림 3-1과 표 3-1의 기호를 사용하여 민감도, 특이도, 예측도와 유병률 (p)의 관계를 살펴보자.

$$PPV = \frac{p \times Se \times N}{p \times Se \times N + (1-p) \times (1-Sp) \times N}$$

$$NPV = \frac{(1-p) \times Sp \times N}{(1-p) \times Sp \times N + p \times (1-Se) \times N}$$

위의 두 식에서 Se와 Sp에 대하여 정리하면 다음과 같은 공식이 유도된다.

$$Se = \frac{PPV(NPV-1+p)}{p(PPV+NPV-1)}, \quad Sp = \frac{NPV(PPV-p)}{(PPV+NPV-1)(1-p)}$$

따라서 진단검사의 민감도와 특이도는 모집단의 유병률을 알 때 양성예측도와 음성예측도로 추정할 수 있다.

〈표 3-1〉 진단시험의 특성 계산 방법

특성	계산
정확도=총 검사 중 진양성과 진음성이 차지하는 비율	$(a+d)/N$
유병률=감염되어 있을 확률	$P(D+) = p$
민감도=감염되어 있을 때 검사양성일 확률	$P(T+|D+) = Se$
특이도=감염되어 있지 않을 때 검사음성일 확률	$P(T-|D-) = Sp$
(1) 여확률(complementary probability): $P(B) = 1 - P(A)$	
감염되어 있지 않을 확률	$P(D-) = 1 - P(D+) = 1 - p$
감염되어 있을 때 검사음성일 확률	$P(T-|D+) = 1 - P(T+|D+) = 1 - Se$
감염되어 있지 않을 때 검사양성일 확률	$P(T+|D-) = 1 - P(T-|D-) = 1 - Sp$
(2) 상호 의존성 결합확률(joint probability): $P(A \cap B) = P(A) \times P(B|A)$	
진양성=감염되어 있고 검사양성일 확률	$P(D+ \cap T+) = P(D+) \times P(T+|D+) = p \times Se$
가양성=감염되어 있지 않고 검사양성일 확률	$P(D- \cap T+) = [1-P(D+)] \times (1-P(T-|D-)) = (1-p) \times (1-Sp)$
가음성=감염되어 있고 검사음성일 확률	$P(D+ \cap T-) = P(D+) \times (1-P(T+|D+)) = p \times (1-Se)$
진음성=감염되어 있지 않고 검사음성일 확률	$P(D- \cap T-) = [1-P(D+)] \times [1-P(T-|D-)] = (1-p) \times Sp$

(3) 상호 배타적 사건(mutually exclusive events): $P(A \cup B) = P(A) + P(B)$

검사양성=질병상태와 무관하게 검사양성일 확률	$P(T+) = P(D+ \cap T+) + P(D- \cap T+)$ $\qquad = p \times Se + (1-p) \times (1-Sp)$
검사음성=질병상태와 무관하게 검사음성일 확률	$P(T-) = P(D+ \cap T-) + P(D- \cap T-)$ $\qquad = p \times (1-Se) + (1-p) \times Sp$

(4) 조건부 확률(conditional probability): $P(A|B) = \dfrac{P(A) \times P(B|A)}{P(B)}$

양성예측도=검사양성일 때 감염되어 있을 확률=PPV	$p(D+|T+) = \dfrac{P(D+ \cap T+)}{P(T+)} = \dfrac{p \times Se}{p \times Se + (1-p) \times (1-Sp)}$
가양성=검사양성일 때 감염되어 있지 않을 확률	$p(D-|T+) = \dfrac{P(D- \cap T+)}{P(T+)} = \dfrac{(1-p) \times (1-Sp)}{p \times Se + (1-p) \times (1-Sp)}$
음성예측도=검사음성일 때 감염되어 있지 않을 확률 =NPV	$p(D-|T-) = \dfrac{P(D- \cap T-)}{P(T-)} = \dfrac{(1-p) \times Sp}{p \times (1-Se) + (1-p) \times Sp}$
가음성=검사음성일 때 감염되어 있을 확률	$p(D+|T-) = \dfrac{P(D+ \cap T-)}{P(T-)} = \dfrac{p \times (1-Se)}{p \times (1-Se) + (1-p) \times Sp}$

* 상호 의존성: statistical dependence

〈표 3-2〉 민감도, 특이도, 유병률에 따른 예측도의 변화

Se	Sp	양성예측도								음성예측도							
		유병률(×100%)								유병률(×100%)							
		0.0001	0.001	0.005	0.01	0.05	0.1	0.25	0.4	0.0001	0.001	0.005	0.01	0.05	0.1	0.25	0.4
1.00	1.00	1.000	1.000	1.000	1.000	1.000	1.000	1.000	1.000	1.000	1.000	1.000	1.000	1.000	1.000	1.000	1.000
0.99	1.00	1.000	1.000	1.000	1.000	1.000	1.000	1.000	1.000	1.000	1.000	1.000	1.000	0.999	0.999	0.997	0.993
0.98	1.00	1.000	1.000	1.000	1.000	1.000	1.000	1.000	1.000	1.000	1.000	1.000	1.000	0.999	0.998	0.993	0.987
0.95	1.00	1.000	1.000	1.000	1.000	1.000	1.000	1.000	1.000	1.000	1.000	1.000	0.999	0.997	0.994	0.984	0.968
0.90	1.00	1.000	1.000	1.000	1.000	1.000	1.000	1.000	1.000	1.000	1.000	0.999	0.999	0.995	0.989	0.968	0.938
0.80	1.00	1.000	1.000	1.000	1.000	1.000	1.000	1.000	1.000	1.000	1.000	0.999	0.998	0.990	0.978	0.938	0.882
0.65	1.00	1.000	1.000	1.000	1.000	1.000	1.000	1.000	1.000	1.000	1.000	0.998	0.996	0.982	0.963	0.896	0.811
0.50	1.00	1.000	1.000	1.000	1.000	1.000	1.000	1.000	1.000	1.000	0.999	0.997	0.995	0.974	0.947	0.857	0.750
1.00	0.99	0.010	0.091	0.334	0.503	0.840	0.917	0.971	0.985	1.000	1.000	1.000	1.000	1.000	1.000	1.000	1.000
0.99	0.99	0.010	0.090	0.332	0.500	0.839	0.917	0.971	0.985	1.000	1.000	1.000	1.000	0.999	0.999	0.997	0.993
0.98	0.99	0.010	0.089	0.330	0.497	0.838	0.916	0.970	0.985	1.000	1.000	1.000	1.000	0.999	0.998	0.993	0.987
0.95	0.99	0.009	0.087	0.323	0.490	0.833	0.913	0.969	0.984	1.000	1.000	1.000	0.999	0.997	0.994	0.983	0.967
0.90	0.99	0.009	0.083	0.311	0.476	0.826	0.909	0.968	0.984	1.000	1.000	0.999	0.999	0.995	0.989	0.967	0.937
0.80	0.99	0.008	0.074	0.287	0.447	0.808	0.899	0.964	0.982	1.000	1.000	0.999	0.998	0.989	0.978	0.937	0.881
0.65	0.99	0.006	0.061	0.246	0.396	0.774	0.878	0.956	0.977	1.000	1.000	0.998	0.996	0.982	0.962	0.895	0.809
0.50	0.99	0.005	0.048	0.201	0.336	0.725	0.847	0.943	0.971	1.000	0.999	0.997	0.995	0.974	0.947	0.856	0.748
1.00	0.98	0.005	0.048	0.201	0.336	0.725	0.847	0.943	0.971	1.000	1.000	1.000	1.000	1.000	1.000	1.000	1.000
0.99	0.98	0.005	0.047	0.199	0.333	0.723	0.846	0.943	0.971	1.000	1.000	1.000	1.000	0.999	0.999	0.997	0.993
0.98	0.98	0.005	0.047	0.198	0.331	0.721	0.845	0.942	0.970	1.000	1.000	1.000	1.000	0.999	0.998	0.993	0.987
0.95	0.98	0.005	0.045	0.193	0.324	0.714	0.841	0.941	0.969	1.000	1.000	1.000	0.999	0.997	0.994	0.983	0.967
0.90	0.98	0.004	0.043	0.184	0.313	0.703	0.833	0.938	0.968	1.000	1.000	0.999	0.999	0.995	0.989	0.967	0.936
0.80	0.98	0.004	0.038	0.167	0.288	0.678	0.816	0.930	0.964	1.000	1.000	0.999	0.998	0.989	0.978	0.936	0.880
0.65	0.98	0.003	0.032	0.140	0.247	0.631	0.783	0.915	0.956	1.000	1.000	0.998	0.996	0.982	0.962	0.894	0.808
0.50	0.98	0.002	0.024	0.112	0.202	0.568	0.735	0.893	0.943	1.000	0.999	0.997	0.995	0.974	0.946	0.855	0.746

1.00	0.95	0.002	0.020	0.091	0.168	0.513	0.690	0.870	0.930	1.000	1.000	1.000	1.000	1.000	1.000	1.000	1.000
0.99	0.95	0.002	0.019	0.090	0.167	0.510	0.688	0.868	0.930	1.000	1.000	1.000	1.000	0.999	0.999	0.997	0.993
0.98	0.95	0.002	0.019	0.090	0.165	0.508	0.685	0.867	0.929	1.000	1.000	1.000	1.000	0.999	0.998	0.993	0.986
0.95	0.95	0.002	0.019	0.087	0.161	0.500	0.679	0.864	0.927	1.000	1.000	1.000	0.999	0.997	0.994	0.983	0.966
0.90	0.95	0.002	0.018	0.083	0.154	0.486	0.667	0.857	0.923	1.000	1.000	0.999	0.999	0.994	0.988	0.966	0.934
0.80	0.95	0.002	0.016	0.074	0.139	0.457	0.640	0.842	0.914	1.000	1.000	0.999	0.998	0.989	0.977	0.934	0.877
0.65	0.95	0.001	0.013	0.061	0.116	0.406	0.591	0.813	0.897	1.000	1.000	0.998	0.996	0.981	0.961	0.891	0.803
0.50	0.95	0.001	0.010	0.048	0.092	0.345	0.526	0.769	0.870	1.000	0.999	0.997	0.995	0.973	0.945	0.851	0.740
1.00	0.90	0.001	0.010	0.048	0.092	0.345	0.526	0.769	0.870	1.000	1.000	1.000	1.000	1.000	1.000	1.000	1.000
0.99	0.90	0.001	0.010	0.047	0.091	0.343	0.524	0.767	0.868	1.000	1.000	1.000	1.000	0.999	0.999	0.996	0.993
0.98	0.90	0.001	0.010	0.047	0.090	0.340	0.521	0.766	0.867	1.000	1.000	1.000	1.000	0.999	0.998	0.993	0.985
0.95	0.90	0.001	0.009	0.046	0.088	0.333	0.514	0.760	0.864	1.000	1.000	1.000	0.999	0.997	0.994	0.982	0.964
0.90	0.90	0.001	0.009	0.043	0.083	0.321	0.500	0.750	0.857	1.000	1.000	0.999	0.999	0.994	0.988	0.964	0.931
0.80	0.90	0.001	0.008	0.039	0.075	0.296	0.471	0.727	0.842	1.000	1.000	0.999	0.998	0.988	0.976	0.931	0.871
0.65	0.90	0.001	0.006	0.032	0.062	0.255	0.419	0.684	0.813	1.000	1.000	0.998	0.996	0.980	0.959	0.885	0.794
0.50	0.90	0.000	0.005	0.025	0.048	0.208	0.357	0.625	0.769	1.000	0.999	0.997	0.994	0.972	0.942	0.844	0.730
1.00	0.80	0.000	0.005	0.025	0.048	0.208	0.357	0.625	0.769	1.000	1.000	1.000	1.000	1.000	1.000	1.000	1.000
0.99	0.80	0.000	0.005	0.024	0.048	0.207	0.355	0.623	0.767	1.000	1.000	1.000	1.000	0.999	0.999	0.996	0.992
0.98	0.80	0.000	0.005	0.024	0.047	0.205	0.353	0.620	0.766	1.000	1.000	1.000	1.000	0.999	0.997	0.992	0.984
0.95	0.80	0.000	0.005	0.023	0.046	0.200	0.345	0.613	0.760	1.000	1.000	1.000	0.999	0.997	0.993	0.980	0.960
0.90	0.80	0.000	0.004	0.022	0.043	0.191	0.333	0.600	0.750	1.000	1.000	0.999	0.999	0.993	0.986	0.960	0.923
0.80	0.80	0.000	0.004	0.020	0.039	0.174	0.308	0.571	0.727	1.000	1.000	0.999	0.997	0.987	0.973	0.923	0.857
0.65	0.80	0.000	0.003	0.016	0.032	0.146	0.265	0.520	0.684	1.000	1.000	0.998	0.996	0.977	0.954	0.873	0.774
0.50	0.80	0.000	0.002	0.012	0.025	0.116	0.217	0.455	0.625	1.000	0.999	0.997	0.994	0.968	0.935	0.828	0.706
1.00	0.65	0.000	0.003	0.014	0.028	0.131	0.241	0.488	0.656	1.000	1.000	1.000	1.000	1.000	1.000	1.000	1.000
0.99	0.65	0.000	0.003	0.014	0.028	0.130	0.239	0.485	0.653	1.000	1.000	1.000	1.000	0.999	0.998	0.995	0.990
0.98	0.65	0.000	0.003	0.014	0.028	0.128	0.237	0.483	0.651	1.000	1.000	1.000	1.000	0.998	0.997	0.990	0.980
0.95	0.65	0.000	0.003	0.013	0.027	0.125	0.232	0.475	0.644	1.000	1.000	1.000	0.999	0.996	0.992	0.975	0.951
0.90	0.65	0.000	0.003	0.013	0.025	0.119	0.222	0.462	0.632	1.000	1.000	0.999	0.998	0.992	0.983	0.951	0.907
0.80	0.65	0.000	0.002	0.011	0.023	0.107	0.203	0.432	0.604	1.000	1.000	0.998	0.997	0.984	0.967	0.907	0.830
0.65	0.65	0.000	0.002	0.009	0.018	0.089	0.171	0.382	0.553	1.000	0.999	0.997	0.995	0.972	0.944	0.848	0.736
0.50	0.65	0.000	0.001	0.007	0.014	0.070	0.137	0.323	0.488	1.000	0.999	0.996	0.992	0.961	0.921	0.796	0.661
1.00	0.50	0.000	0.002	0.010	0.020	0.095	0.182	0.400	0.571	1.000	1.000	1.000	1.000	1.000	1.000	1.000	1.000
0.99	0.50	0.000	0.002	0.010	0.020	0.094	0.180	0.398	0.569	1.000	1.000	1.000	1.000	0.999	0.998	0.993	0.987
0.98	0.50	0.000	0.002	0.010	0.019	0.094	0.179	0.395	0.566	1.000	1.000	1.000	1.000	0.998	0.996	0.987	0.974
0.95	0.50	0.000	0.002	0.009	0.019	0.091	0.174	0.388	0.559	1.000	1.000	0.999	0.999	0.995	0.989	0.968	0.938
0.90	0.50	0.000	0.002	0.009	0.018	0.087	0.167	0.375	0.545	1.000	1.000	0.999	0.998	0.990	0.978	0.938	0.882
0.80	0.50	0.000	0.002	0.008	0.016	0.078	0.151	0.348	0.516	1.000	1.000	0.998	0.996	0.979	0.957	0.882	0.789
0.65	0.50	0.000	0.001	0.006	0.013	0.064	0.126	0.302	0.464	1.000	0.999	0.996	0.993	0.964	0.928	0.811	0.682
0.50	0.50	0.000	0.001	0.005	0.010	0.050	0.100	0.250	0.400	1.000	0.999	0.995	0.990	0.950	0.900	0.750	0.600

3.2.3 기준설정

　　민감도와 특이도는 절대적인 값은 아니다. 왜냐하면 모든 진단시험 결과가 이분형으로 판정되지 않을 뿐만 아니라 특히 ELISA 검사의 흡광도나 혈액화학 검사와 같이 검사결과가 연속형인 경우 양성으로 판단하는 기준점(cut-off)에 따라 민감도와 특이도는 변하기 때문이다. 감염된 개체를 항상 양성으로 판정하고 감염되지 않은 개체를 항상 음성으로 판정하는 완벽한 진단검사는 없기 때문에 검사결과에 전적으로 의존하여 감염여부를 판단하는 것은 매우 위험하다. 예를 들어 ELISA 검사에서 S/P ratio 0.4 이상을 양성으로 판정한다고 하자. 만일 양성판정 기준을 0.6으로 상향조정하면 감염된 일부 개체가 검출되지 못하므로 민감도는 감소하고 반대로 기준을 0.2로 하향조정하면 감염된 모든 개체가 포함되므로 민감도는 높아지지만 질병이 없는 개체도 양성으로 판정되어 가양성률이 증가하게 된다.

　　<그림 3-2>는 양성판정의 기준점에 따른 민감도와 특이도의 변화를 나타낸 것이다. 검사결과 감염군과 비감염군을 완벽히 구분한다면 가장 이상적인 검사이므로 그림 A의 점선분포에서 기준 1(측정값=8.5)을 적용하면 민감도와 특이도가 100%이다. 대부분의 진단시험 결과는 두 군의 분포가 일부 중복되므로 그림 A의 실선분포에서 기준 1은 가양성과 가음성수가 균형이 되는 지점이 된다. 그림 B에서 기준점을 측정값 7로 이동하면 가음성 결과는 없지만 가양성 비율이 증가한다. 반대로 기준점을 측정값 11로 이동하면 가양성 결과는 없지만 가음성 비율이 증가한다.

　　질병 비발생을 목표로 하는 감시활동에서는 질병을 확진하여 가양성 확률을 최소화해야 하므로 민감도보다는 특이도가 높은 검사를 사용하는 것이 바람직하다. 감염된 개체를 스크리닝하거나 의심되는 후보 질병을 감별항목에서 배제시키는 것이 목적이라면 가음성 확률을 최소화해야 하므로 민감도가 높은 검사를 사용하는 것이 바람직하다. 즉 민감도가 높은 검사에서 검사결과 음성일 때 질병을 배제하는 데 유용하기 때문이다. 진단검사를 선택할 때 가양성과 가음성 결과와 관련한 비용을 고려할 필요가 있다. 즉 가양성 개체는 도태되고 가음성 개체는 질병 전파의 위험이 있기 때문에 두 위험 중 어느 쪽에 더 비중을 둘 것인지는 상황에 따라 다르다. 예를 들어 소 해면상뇌증의 경우 가양성으로 판정된 개체는 살처분되므로 생산자의 입장에서 손실이고, 가음성 개체는 도축되어 소비할 경우 사람의 건강에 심각한 결과를 초래할 수도 있다.

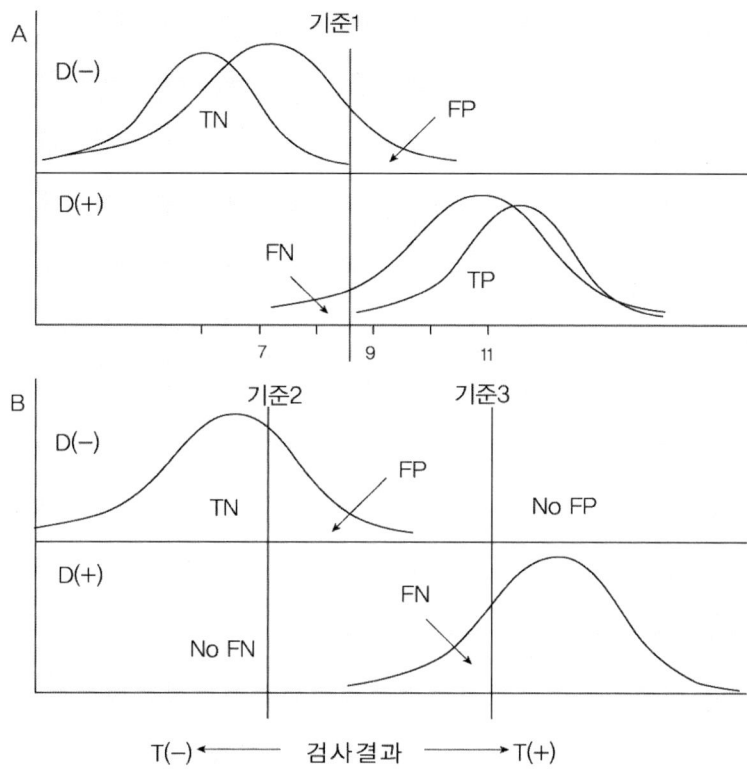

〈그림 3-2〉 비감염군과 감염군에 대한 진단검사 결과

3.2.4 신뢰구간

민감도, 특이도, 예측도: 이들 지표는 모두 이항비율 자료이므로 가장 간단한 방법은 비율에 대한 표준오차를 계산하는 것이다 (Wilson, 1927; Kraemer, 1992); 이 방법은 이항비율에 대한 정규 근사성 (normal approximation)을 이용하기 때문에 비율 (유병률)이 매우 낮거나 매우 높은 경우에는 (민감도, 특이도) 적절하지 않다. 즉 비율이 너무 작으면 음수의 신뢰구간이 계산되고, 반면에 비율이 100%에 근접하면 신뢰구간이 100%를 초과한다 (제5장 참고). 이러한 문제의 대안으로 이항분포를 이용한 정확 계산법, Wilson 방법 등 다양한 통계량이 제시되어 있으며 이에 대한 자세한 내용은 제5장과 13장을 참고하기 바란다. 그림 3-1과 표 3-1에서 정의한 기호를 사용하여 다양한 지표에 대한 정규 근사성을 이용한 표준오차 (SE) 계산 공식을 요약하면 아래와 같고 $100(1-\alpha)\%$ 신뢰구간은 추정치 $\pm z_{1-\alpha/2}SE$로 계산된다.

① 정규 근사성

$$SE(P) = \sqrt{\frac{p(1-p)}{N}} \qquad SE(AC) = \sqrt{\frac{AC(1-AC)}{N}}$$

$$SE(TP) = \sqrt{\frac{TP(1-TP)}{N}} \qquad SE(TN) = \sqrt{\frac{TN(1-TN)}{N}}$$

$$SE(FP) = \sqrt{\frac{FP(1-FP)}{b+d}} \qquad SE(FN) = \sqrt{\frac{FN(1-FN)}{a+c}}$$

$$SE(Se) = \sqrt{\frac{Sen(1-Sen)}{a+c}} \qquad SE(Sp) = \sqrt{\frac{Spe(1-Spe)}{b+d}}$$

$$SE(PPV) = \sqrt{\frac{PPV(1-PPV)}{a+b}} \qquad SE(NPV) = \sqrt{\frac{NPV(1-NPV)}{c+d}}$$

② Taylor 근사성(Taylor series approximation, Shoukri, 1995)

양성예측도:

$$\theta^+ = (\frac{1-Sp}{Se}) \cdot (\frac{1-p}{p})$$

$$PPV = \frac{1}{(1+\theta^+)}$$

$$\sqrt{V} = \sqrt{\frac{1-Se}{(D+) \cdot Se} + \frac{Sp}{(D-) \cdot (1-Sp)} + \frac{1}{N \cdot p(1-p)}}$$

$$CI\ (PPV): \ [\frac{1}{1+(\Theta^+)^{+z\sqrt{V}}} \sim \frac{1}{1+(\Theta^+)^{-z\sqrt{V}}}]$$

음성예측도:

$$\theta^- = (\frac{1-Se}{Sp}) \cdot (\frac{p}{1-p})$$

$$NPV = \frac{1}{(1+\theta^-)}$$

$$\sqrt{V} = \sqrt{\frac{Se}{(D+) \cdot 1-Se} + \frac{1-Sp}{(D-) \cdot (Sp)} + \frac{1}{N \cdot p(1-p)}}$$

$$CI\ (NPV): \ [\frac{1}{1+(\theta^-)^{+z\sqrt{V}}} \sim \frac{1}{1+(\theta^-)^{-z\sqrt{V}}}]$$

Youden 통계량: 민감도와 특이도를 통합하여 진단검사의 정확도를 단일 수치로 나타낸 값으로 Youden (1950)이 제시한 통계량이다.

$$J = 민감도 + 특이도 - 1 \ = \ \frac{a}{a+c} + \frac{d}{b+d} - 1$$

J=1은 민감도와 특이도가 100%로 완벽한 일치도를 나타내고 -1은 민감도와 특이도가 0%로 완벽한 불일치를 의미한다. 실제로 J의 최소값은 0으로 민감도와 특이도가 각각 0.5 (우연에 의한 일치)인 경우이다. 민감도와 특이도가 독립적이라고 할 때 표준오차 (SE)와 $100(1-\alpha)\%$ 신뢰구간은 다음과 같다.

$$SE = \sqrt{\frac{Se(1-Se)}{(D+)^3} + \frac{Sp(1-Sp)}{(D-)^3}}$$

$$= \sqrt{\frac{ac}{(a+c)^3} + \frac{bd}{(b+d)^3}}$$

신뢰구간: $J \pm z_{1-\alpha/2} SE$

3.3 다중검사

민감도와 특이도가 동시에 높은 진단검사를 이용할 수 없다면 검사결과만으로 의사결정에 확신을 갖는 것은 매우 어렵다. 80%의 민감도와 70%의 특이도를 갖는 진단시험의 결과를 신뢰할 수 있는가? 이러한 상황에서 대안으로 생각할 수 있는 방법은 두 개 혹은 그 이상의 진단시험을 동시에 이용하는 것으로 이를 다중시험 혹은 다중검사(multiple testing)라고 한다. 다중시험 결과 모두 양성이거나 모두 음성일 때는 그 해석이 쉽지만 양성결과와 음성결과가 혼합되어 나타나는 경우 해석이 간단하지 않다. 이를테면 민감도가 매우 높은 두 종류의 진단시험이 있을 때 특정 질병을 배제하는 수단으로서 다중시험을 이용하는 것이 좋다. 왜냐하면 연구목적에 따라 다르지만 민감도가 높은 1개 이상의 시험을 수행함으로써 실제로 질병이 있는 개체는 모두 선발됨으로써 기대되는 이익이 실제로 질병이 없는 개체가 유입됨으로써 발생하는 손실(가양성률 증가로 불필요한 치료 혹은 치료에 따른 위험)로 상쇄되기 때문이다. 다중시험의 유용성은 모든 시험에서 음성일 때 특정 질병을 배제하고, 모든 시험에서 양성일 때 특정 질병으로 확진할 수 있다는 점인데 하나의 시험에서는 양성이고 다른 시험에서 음성으로 판정되면 다중시험의 가치는 저하된다.

다중시험은 시험이 적용되는 시점에 따라 수평시험(parallel testing)과 연속시험(serial testing)으로 구분된다. 전자는 여러 가지 시험을 한 시점에서 동시에 시행하여 어느 한 시험에서 양성일 경우 질병으로 간주하는 것으로 민감도는 증가하지만 특이도는 저하된다. 후자는 양성시험결과를 바탕으로 음성결과가 나올 때까지 연속적으로 계속해서 시행하여 모든 검사에서 음성일 때 질병으로 확진하므로 수평시험과는 반대로 민감도가 저하되고 특이도는 증가한다. 어느 방법으로 해석하든 다중시험은 진단시험의 예측도를 증가시킨다. 이러한 일반적인 해석과는 다르게 수행할 수도 있으며 다음절에서 구체적으로 설명한다.

3.3.1 수평시험

· 목적 1: 민감도를 높이는 경우

판정방법: 수평시험은 검사대상에 대하여 두 종류의 시험을 동시에 수행하여 어느 한 검사에서 양성일 때 감염으로 판정한다. 두 검사결과 모두 양성이나 음성으로 일치하면 각각 양성과 음성으로 판정하고, 일치하지 않는 결과를 양성으로 간주하면 민감도가 높아지고 특이도는 낮아진다. 예를 들어 브루셀라병에 대한 조사에서 유산한 소의 질 분비물로부터 세균배양, 혈청에 대한 Rose Bengal test 및 우유에 대한 ring test를 이용한다고 할 때 이들 검사 중 어느 하나에 양성반응을 보이는 경우 감염으로 간주한다. 수평시험은 2개 이상의 시험이 동시에 이루어지기 때문에 민감도가 높아지므로 음성예측도가 증가한다. 또한 질병을 놓칠 가능성은 감소하는 반면 가양성으로 진단될 가능성이 높아지므로 수평시험은 동물이 건강한 상태(이를테면 농장 청정상태)를 증명하는 목적으로 사용한다. 따라서 이 시험의 효과는 여러 가지 시험에서 모두 음성으로 나올 때 이를 근거로 질병이 없는 상태임을 충분히 증명할 수 있는 근거가 된다. 또한 민감도가 매우 높은 검사를 필요로 하지만 여러 가지 여건상 상대적으로 민감도가 낮은 검사를 사용해야 하는 상황에서 수평시험이 유용하며, 응급 환축을 신속하게 평가해야 하는 상황은 전형적인 예다.

합동민감도(combined sensitivity)와 합동특이도(combined specificity): 두 검사(A, B)

의 민감도와 특이도를 각각 Se_A, Sp_A, Se_B, Sp_B라 할 때 수평시험에서 민감도를 높이기 위한 목적으로 합동민감도와 합동특이도 및 현성 유병률(AP)을 보정한 유병률의 참값(TP)은 다음과 같이 계산된다.

합동민감도: $1 - [(1 - Se_A) \times (1 - Se_B)] = Se_A + Se_B - (Se_A \times Se_B)$

합동특이도: $Sp_A \times Sp_B$

유병률의 참값(TP)$= \dfrac{AP + Sp - 1}{Se + Sp - 1} = \dfrac{AP + Sp_A Sp_B - 1}{(Se_A + Se_B - Se_A Se_B) + Sp_A Sp_B - 1}$

$$= \dfrac{AP + Sp_A Sp_B - 1}{Sp_A Sp_B - (1 - Se_A)(1 - Se_B)}$$

합동민감도와 특이도를 계산할 때 두 검사가 독립이라고 가정하여 계산하는 것이 일반적이다. 그러나 예를 들어 두 종류의 진단검사가 모두 혈청 항체를 측정하는 검사라면 검사법 간 상호 독립이라는 가정은 위배된다. 독립성 가정을 만족하지 못하는 경우 생물학적으로 독립인 검사법을 선택할 수 있다. 이를테면 조직에서 특이적인 항원을 검출하는 검사와 혈청에서 항원을 검출하는 검사를 사용하는 것으로 이 경우 두 검사 모두 항원을 검출하지만 방법에서 차이가 있기 때문에 독립성이 보장된다.

목적 2: 특이도를 높이는 경우

판정방법: 앞의 방법은 민감도를 높이는 데 주안점을 두었다. 한편 수평시험에서도 특이도를 높이는 판정법을 사용할 수도 있다. 즉 두 검사결과가 일치하지 않는 경우 음성으로 간주하면 민감도가 낮아지고 특이도가 증가한다. 이는 두 검사법을 연속시험에서 특이도를 높이는 판정법의 결과와 동일하다(연속시험 참고).

합동민감도와 합동특이도: 두 검사(A, B)의 민감도와 특이도를 각각 Se_A, Sp_A, Se_B, Sp_B라 할 때 수평시험에서 특이도를 높이기 위한 목적으로 합동민감도와 합동특이도 현성 유병률(AP)을 보정한 유병률의 참값(TP)은 다음과 같이 계산된다.

합동민감도: $Se_A \times Se_B$

합동특이도: $1 - [(1 - Sp_A) \times (1 - Sp_B)] = Sp_A + Sp_B - (Sp_A \times Sp_B)$

$$\text{유병률의 참값(TP)} = \frac{AP + Sp - 1}{Se + Sp - 1} = \frac{AP + (Sp_A + Sp_B - Sp_A Sp_B) - 1}{(Se_A Se_B) + (Sp_A + Sp_B - Sp_A Sp_B) - 1}$$

$$= \frac{AP - (1 - Sp_A)(1 - Sp_B)}{(Se_A Se_B) - (1 - Sp_A)(1 - Sp_B)}$$

〈표 3-3〉 두 검사(A, B)를 수평시험과 연속시험을 적용한 결과(유병률=20%)

검사	민감도	특이도	양성예측도	음성예측도
A	80	60	33	92
B	90	90	69	97
A, B (수평시험)	98	54	35	99
A, B (연속시험)	72	96	82	93

예를 들어 <표 3-3>은 두 검사법을 수평과 연속시험으로 수행한 결과이다. 앞에서 설명한 바와 같이 첫째, 민감도를 높이는 방법과 둘째, 특이도를 높이는 방법을 적용하여 합동민감도와 합동특이도를 계산하면 다음과 같다.

(1) 민감도 증가

합동민감도: $0.8 + 0.9 - (0.8 \times 0.9) = 0.98$

합동특이도: $0.6 \times 0.9 = 0.54$

(2) 특이도 증가

합동민감도: $0.8 \times 0.9 = 0.72$

합동특이도: $0.6 + 0.9 - (0.6 \times 0.9) = 0.96$

여기에서 보듯이 특이도를 증가시키는 방법은 연속시험에서 특이도를 높이는 판정법의 결과와 동일함을 알 수 있다.

예측도: 위에서 계산된 합동민감도와 합동특이도 및 유병률 20%에 근거하여 100두의 표본에 대하여 검사할 때 예측도를 추정하면 <표 3-4>와 같다.

양성예측도: $19.6/56.4 = 34.8\%$

음성예측도: $43.2/43.6 = 99.1\%$

〈표 3-4〉 〈표 3-3〉의 자료에서 수평시험 결과를 이용한 예측도(유병률=20%)

| 검사결과 | 질병상태 | | 계 |
	$D+$	$D-$	
$T+$	19.6	36.8	56.4
$T-$	0.4	43.2	43.6
계	20	80	100

수평시험은 두 가지 목적으로 활용할 수 있지만 일반적으로 민감도를 높일 목적으로 사용하는 경우가 더 흔하다.

3.3.2 연속시험

목적 1: 특이도를 높이는 경우

판정방법: 연속시험에서 각 시험은 이전 시험의 결과에 따라 순차적으로 수행되는데 1차 검사에서 양성인 시료에 한해서 2차 검사를 수행하여 모든 검사에서 양성일 때 감염으로 판정한다. 따라서 연속시험은 특이도가 높아지므로 양성예측도가 증가한다. 그러나 양성 결과에 대하여 높은 신뢰성을 부여할 수 있는 반면 질병을 놓칠 가능성은 증가하기 때문에 감염되어 있다는 것을 증명하는 목적(질병 박멸 프로그램에서 양성 개체 검출과 도태)으로 연속시험을 사용한다. 또는 임상의학에서 진단검사가 매우 고가이거나 검사의 위험이 많은 경우에는 보다 저렴하면서 안전한 검사를 먼저 시행하여 질병으로 의심되는 개체를 선발한 다음 이들에 대해 보다 정밀한 검사를 진행함으로써 환축이 실제로 질병에 이환되었는지를 증명하는 것이다. 질병으로 확진하기 위해서는 모든 검사에서 양성이어야 하며 어느 한 검사에서 음성으로 판정되면 연속시험은 중단된다. 따라서 확진을 위해서는 시간이 많이 소요되기 때문에 신속하게 개체를 평가해야 하는 임상에서는 사용하기 어렵고 질병으로 의심되는 대상자를 선발하는 스크리닝 시험에서 주로 사용된다. 특이도가 매우 높은 진단시험을 이용할 수 없을 때 연속시험을 사용하게 되면 유사한 효과를 얻을 수 있다.

연속시험은 질병이 발생한 시점과 일정 기간 경과 후에 얻은 쌍체혈청(paired serum)에서 항체역가의 상승 여부를 판단하여 질병발생에 대한 증거를 얻는 조사에 흔히 사용된다. 연속시험의 전형적인 상황은 질병 박멸 프로그램(검사 후 도태)이다. 즉 스크리닝 결과만으로 도태 여부를 결정하면 건강한 동물이 잘못하여 도태될 가능성이 있기 때문에 이러한 위험을 줄이기 위하여 스크리닝 검사에서 양성인 개체에 대해서 보다 정밀한 2차 확인검사를 시행하여 도태 여부를 결정하는 것이다.

연속시험에서는 시험을 거듭할수록 질병이 있는 개체를 놓칠 가능성이 증가하기 때문에(예를 들어 민감도가 95%인 어떤 진단시험을 1회 적용한 경우 5%가 가음성이지만 2회 적용하면 약 10%, 3회 적용하면 약 14%, 4회 적용하면 약 19%가 가음성으로 진단) 민감도와 음성예측도는 감소하는 반면 특이도와 양성예측도를 최대로 한다.

연속시험은 조사대상 질병에 대한 감염여부를 증명하기 위해 사용하므로 2차 검사의 대상을 줄이기 위해서는 특이도가 가장 높은 검사를 먼저 사용해야 한다. 예를 들어 개에서 부신피질기능항진증(hyperadrenocorticism)을 진단할 때 cortisol과 creatinine(C/C)의 비는 민감도가 높아 스크리닝 시험으로 적합하지만 당뇨병, 요붕증, 고칼슘혈증, 간기능부전 및 자궁축농증에서도 비정상으로 나오기 때문에 특이도가 낮아 확진검사로 적절하지 못하다. 따라서 질병을 확진하기 위해서 ACTH 자극시험이나 dexamethasone 억제시험을 비롯한 여러 가지 방법을 연속적으로 사용하게 되는데 이는 연속시험으로 특이도를 증가시키기 위한 방법이라 할 수 있다.

합동민감도와 합동특이도: 두 검사(A, B)의 민감도와 특이도를 각각 Se_A, Sp_A, Se_B, Sp_B 라 할 때 연속시험에서 특이도를 높이기 위한 목적으로 합동민감도와 합동특이도 및 현성 유병률(AP)을 보정한 유병률의 참값(TP)은 다음과 같이 계산된다.

합동민감도: $Se_A \times Se_B$

합동특이도: $1 - [(1 - Sp_A) \times (1 - Sp_B)] = Sp_A + Sp_B - (Sp_A \times Sp_B)$

$$\text{유병률의 참값(TP)} = \frac{AP + Sp - 1}{Se + Sp - 1} = \frac{AP + (Sp_A + Sp_B - Sp_A Sp_B) - 1}{(Se_A Se_B) + (Sp_A + Sp_B - Sp_A Sp_B) - 1}$$

$$= \frac{AP - (1 - Sp_A)(1 - Sp_B)}{(Se_A Se_B) - (1 - Sp_A)(1 - Sp_B)}$$

목적 2: 민감도를 높이는 경우

판정방법: 앞의 방법은 특이도를 높이는 데 주안점을 두었고, 연속시험에서도 민감도를 높이는 판정법을 사용할 수도 있다. 즉 1차 검사에서 양성일 경우 양성으로 판정하고, 음성인 시료에 대하여 2차 검사에서도 음성일 때 음성으로 판정하는 것이다. 이 경우 특이도는 감소하고 민감도가 증가한다.

합동민감도와 합동특이도: 두 검사(A, B)의 민감도와 특이도를 각각 Se_A, Sp_A, Se_B, Sp_B라 할 때 연속시험에서 민감도를 높이기 위한 목적으로 합동민감도와 합동특이도 및 현성 유병률(AP)을 보정한 유병률의 참값(TP)은 다음과 같이 계산된다.

합동민감도: $1 - [(1 - Se_A) \times (1 - Se_B)] = Se_A + Se_B - (Se_A \times Se_B)$

합동특이도: $Sp_A \times Sp_B$

$$\text{유병률의 참값(TP)} = \frac{AP + Sp - 1}{Se + Sp - 1} = \frac{AP + Sp_A Sp_B - 1}{(Se_A + Se_B - Se_A Se_B) + Sp_A Sp_B - 1}$$

$$= \frac{AP + Sp_A Sp_B - 1}{Sp_A Sp_B - (1 - Se_A)(1 - Se_B)}$$

앞의 <표 3-3>에 제시한 자료를 이용하여 첫째, 특이도를 높이는 방법과 둘째, 민감도를 높이는 방법을 적용하여 합동민감도와 합동특이도를 계산하면 다음과 같다.

(1) 특이도 증가

합동민감도: $0.8 \times 0.9 = 0.72$

합동특이도: $0.6 + 0.9 - (0.6 \times 0.9) = 0.96$

(2) 민감도 증가

합동민감도: $0.8 + 0.9 - (0.8 \times 0.9) = 0.98$

합동특이도: $0.6 \times 0.9 = 0.54$

여기에서 보듯이 민감도를 증가시키는 방법은 수평시험에서 민감도를 높이는 판정법의 결과와 동일함을 알 수 있다.

예측도: 위에서 계산된 합동민감도와 합동특이도 및 유병률 20%에 근거하여 100두의 표본에 대하여 검사할 때 예측도를 추정하면 <표 3-5>와 같다.

양성예측도: $14.4/17.6 = 81.8\%$

음성예측도: $76.8/82.4 = 93.2\%$

〈표 3-5〉 〈표 3-3〉의 자료에서 연속시험 결과를 이용한 예측도(유병률 = 20%)

검사결과	질병상태		계
	$D+$	$D-$	
$T+$	14.4	3.2	17.6
$T-$	5.6	76.8	82.4
계	20	80	100

이상과 같이 연속시험은 두 가지 목적으로 활용할 수 있지만 일반적으로 특이도를 높일 목적으로 사용하는 경우가 더 흔하다.

3.4 우군수준

우군과 우군검사: 관심을 두고 있는 사건(감염, 병원체 노출, 백신접종, 항체양전 여부 등)을 개체수준에서 평가한 결과를 우군수준(herd-level, aggregate-level)에서 해석하는 경우가 있다. 이를테면 어느 우군(herd)에서 무작위로 선발한 표본검사에서 우군을 양성으로 판정하는 기준(역치두수 1두)에 따라 전체 모집단에서 감염된 우군 수를 올바르게 분류하여 질병 청정상태나 질병 유입 가능성을 평가하는 조사는 전형적인 예다(Martin 등, 1992, Donald 등, 1994, Carpernter와 Gardner, 1996, Jordan, 1996, Jordan과 McEwen, 1998, Christensen 과 Gardner, 2000). 질병에 따라서는 개체수준보다는 우군수준에서 감염상태를 판정하는 것이 더 용이할 수도 있다. 이를테면 민감도는 낮지만 특이도가 100%인 경우로 돼지에서 준임상형 살모넬라 감염증을 판정하기 위하여 분변시료를 검사하는 경우는 전형적인 예다.

우군은 자연적인 집락(cluster) 혹은 집합체(aggregate)로 축군(herd, litter, pen, flock, barn, tank, battery 등)을 의미한다. 우군검사는 우군 내 모든 개체를 검사하는 것이 아니라 무작위로 선발한 표본검사에 근거하며 우군당 적어도 2두 이상의 개체로부터 얻은 개별시료나 합병시료(pooled sample)를 검사하게 된다(Christensen과 Gardner, 2000). 소백혈병 바이러스 감염여부를 판정하기 위하여 어느 우군에서 선발한 20두에 대한 혈청학적 검사, 분방우유시료(composite quarter milk)에 대한 유방염 검사(이 경우 각 분방에서 동일한 양의 우유를 혼합하여 1두당 1개의 pool로 구성), bulk milk tank의 유즙시료에 대한 전염성 병원체 검사, 10개 돈방에서 각 돈방당 5두의 합병분변시료(pooled fecal sample)에 대한 살모넬라 검사 등은 우군검사의 예다. 그러나 다수의 우군에서 얻은 tanker truck 시료에 대한 검사, 5개 우군의 5두에서 얻은 분변시료, 젖소 1두에서 4개 분방의 시료를 혼합하는 경우 등은 엄격한 의미에서 우군검사의 정의에 부합하지 않는다. 전자의 두 예는 감염수준이 서로 다른 우군이 포함되었고, 마지막 예는 분방당 시료의 양이 일정하지 않기 때문이다.

역치두수: 우군검사 결과에 영향을 미치는 요소들이 매우 많기 때문에 우군검사 결과를 해석하는 것이 매우 복잡할 수도 있다. 우군수준에서 감염상태를 분류하기 위해서는 두 가지 결정기준이 필요하다. 예를 들어 진단용으로 ELISA검사를 사용하는 경우 측정결과인 흡광도(optical density, OD %)에 대하여 개별검사에서 양성과 음성으로 판정하는 기준(cut-off for individual-test)과 우군수준에서의 판정기준이다. 후자는 어느 우군을 양성으로 판정하는 데 필요한 개체수준에서 양성두수(혹은 양성비율)로 역치두수(threshold no. of animals)라고 한다. 이를테면 역치두수를 2두로 설정한다면 n두의 검사개체 중 2두 이상이 검사양성일 때 해당 우군을 감염군으로 판정하고, 전 두수 음성이거나 1두의 양성 개체가 확인되더라도 해당 우군을 음성으로 판정하게 된다. ELISA 검사와 같이 정량적인 검사의 경우 우군수준에서 검사결과는 개체수준에서 판정기준(cutoff)과 이러한 기준 이상(혹은 이하)을 갖는 개체 수에 따라 변한다.

결과해석: 우군검사의 민감도, 특이도 및 예측도는 잘 알려져 있지 않기 때문에 개별검사의 특성에 대한 정보가 없는 상태에서 우군검사 결과를 해석해야 하는 경우가 있다. 이 경우 일반적으로 양성반응을 보이는 두수와 현성 유병률에 대한 정보를 동시에 고려하게 된다. 양성두수가 매우 많으면 우군의 감염상태를 해석하는 데 큰 어려움이 없지만 유병률이 매우 낮으면 검사결과를 해석하는 것이 쉽지 않다. 예를 들어 예방접종을 받지 않은 모돈 100두에 대하여 *Actinobacillus pleuropneumoniae* serotype 2(AP2)에 대한 보체결합반응검사

(CF test) 결과 5두가 양성으로 판정된 경우 돈군의 감염상태를 어떻게 해석할 것인가는 전형적인 예다. 이 경우 해석 방법으로 첫째, CF 검사의 특이도가 95%라면 100두의 비감염 돈군에서 기대되는 양성두수는 5두로 실제 검사결과와 일치한다. 둘째, 특이도가 95%보다 낮다면 5두의 양성 개체는 가양성일 가능성이 높다. 왜냐하면 비감염 돈군에서 가양성 기대두수는 5두 이상이기 때문이다. 셋째, 특이도가 99.9%라면 100두 중 1두 이상의 양성 개체가 검출되는 것은 불가능하다. 넷째, CF 검사의 특이도가 100%라면 5두의 검사 양성 개체는 이 돈군이 감염되어 있다는 강한 증거가 된다.

3.4.1 진단검사의 특성

우군검사(herd testing)의 민감도와 특이도를 추정하기 위해서는 개체수준에서 검사의 민감도(Se), 특이도(Sp), 우군 내 유병률($p = TP$), 검사두수(n), 양성 개체의 역치두수(k)를 고려해야 한다.

완벽하지 않은 진단검사를 사용할 때 현성 유병률(AP)은 진단검사 결과 양성일 확률[$P(T+)$]이며 감염군에서의 검사양성 확률($p*Se$)과 비감염군에서 검사양성 확률[$(1-p)(1-Sp)$]의 합으로 구성된다.

$$AP = P(T+) = pSe + (1-p)(1-Sp) = (1-Sp) + (Se + Sp - 1)p$$

이 식에서 보듯이 현성 유병률은 유병률의 참값(p)과 민감도와는 직접적인 관련이 있으며 특이도와는 역관계가 있다. 참고로 다중검사를 사용하는 경우 이 식에서 개체수준의 민감도와 특이도는 합동민감도와 합동특이도로 대치한다(Dohoo, 2003).

역치두수가 $k \geq 1$일 때, 즉 n두 중 적어도 1두가 양성일 때 감염군으로 판정하는 경우 감염군에서의 현성 유병률(AP_{pos})과 비감염군($p = 0$)에서의 현성 유병률(AP_{neg})은 다음과 같다.

$$AP_{pos} = P(T+|herd+) = pSe + (1-p)(1-Sp)$$
$$AP_{neg} = P(T+|herd-) = 1 - Sp \ [\ p = 0 \text{이므로}]$$

3.4.1.1 민감도

우군검사의 민감도(HSe)는 실제로 감염된 우군이 검사양성으로 판정될 확률이므로 1에서 감염우군이 비감염 우군으로 판정될 확률, 즉 가음성률을 빼 주어 계산한다(Martin 등, 1992; Cameron과 Baldock 1998; Christensen과 Gardner, 2000; Dohoo 등, 2003). 감염군 ($TP > 0$)에서 어느 1두가 검사음성일 확률은 $P(T-) = 1 - AP$이고, 민감도와 특이도가 우군 내 모든 개체에 대하여 일정하다고 가정하면 양성 개체가 0두일 확률, 즉 우군수준의 가음성률은 $(1 - AP)^n$이 된다(<그림 3-2>).

역치두수가 $k \geq 1$일 때 HSe는 $1 - (1 - AP)^n$이 되며, 감염군에서 n두 중 적어도 1두가 양성일 확률은 1에서 $k = 0$인 이항확률을 빼 주면 된다.

$$HSe : p[(k \geq 1)|herd+] = 1 - \binom{n}{0}p_1^0 q_1^{n-0} = 1 - q_1^n = 1 - (1 - AP_{pos})^n$$
$$[p_1 = AP_{pos}, \ q_1 = 1 - p_1]$$

예를 들어 개체수준에서 민감도 95%, 특이도 95%, 우군 내 유병률을 30%로 가정할 때 감염군에서 무작위로 선발된 1두가 양성일 확률(감염군에서의 현성 유병률) $p_1(= AP_{pos} = 1 - q_1)$은 32%이다.

$$AP_{pos} = p_1 = P(T+) = 0.3 \times 0.95 + (1 - 0.3) \times (1 - 0.95) = 32\%$$

이 우군에서 10두를 검사하여 적어도 1두의 양성 개체가 검출될 때(역치두수 $k \geq 1$) 감염군으로 판정한다고 가정하면 HSe는 98%로 계산된다.

$$HSe : \ p[(k \geq 1)|herd+] = 1 - (1 - 0.68)^{10} = 98\%$$

만일 특이도를 99%로 가정하면 1두가 양성일 확률은 $p_1 = 29.2\%$이고 이 경우 HSe는 97%로 감소한다.

$$p_1 = P(T+) = 0.3 \times 0.95 + (1 - 0.3) \times (1 - 0.99) = 29.2\%$$
$$p[(k \geq 1)|herd+] = 1 - (1 - 0.708)^{10} = 97\%$$

3.4.1.2 특이도

우군수준의 특이도(HSp)는 비감염군이 검사음성으로 판정받을 확률로 비감염군에서 양성두수가 역치기준 이하인 비율($1-\beta=$검정력)이다(Martin 등, 1992, Dohoo 등, 2003). 전술한 현성 유병률 계산 공식에서 비감염군이라면 $p=0(TP=0)$이므로 현성 유병률은 $1-Sp[AP=P(T+)=1-Sp]$이다. 1두가 검사음성일 확률은 Sp이므로 우군 내 모든 개체에 대하여 이 값이 일정하다고 가정하면 역치두수가 $k\geq 1$일 때 모든 개체가 검사음성일 확률, 즉 HSp는 Sp^n이 된다. 따라서 비감염군에서 적어도 1두의 양성 개체를 검출할 확률, 즉 우군수준의 가양성률은 $1-Sp^n$이 된다(Christensen과 Gardner, 2000). $k\geq 1$인 경우 전 두수 음성일 때 비감염군으로 판정한다.

$$HSp:\ p[(k=0)|herd-]=\binom{n}{0}p_2^0q_2^{n-0}=q_2^n=Sp^n$$
$$[p_2=AP_{neg},\ q_2=1-p_2]$$

예를 들어 민감도 90%, 특이도 98.5%일 때 10두를 검사하여 전 두수 음성일 때 비감염군으로 판정한다면 비감염군($herd-$)에서 어느 1두가 양성일 확률(비감염군에서의 현성 유병률)은 $p_2=1.5\%$이므로 HSp는 약 86%로 계산된다.

$$p_2=1-0.985=0.015\text{이므로 } q_2=0.985$$
$$HSp:\ p[(k=0)|herd-]=0.985^{10}\approx 86\%$$

이상에서 설명한 우군검사의 특성을 요약하면 <그림 3-3>과 같다.

		우군상태의 참값: 감염	우군상태의 참값: 비감염
검사결과	>=1	1-(1-AP)^n	1-Sp^n
검사결과	0	(1-AP)^n	Sp^n

〈그림 3-3〉 우군검사(herd testing)의 민감도(HSe)와 특이도(HSp)

$HSe=1-(1-AP)^n$　　우군수준 가음성률: $(1-AP)^n$

$HSp=Sp^n$　　우군수준 가양성률: $1-Sp^n$

3.4.1.3 우군검사의 특성에 영향을 미치는 요인

우군수준에서의 민감도와 특이도는 우군당 검사두수, 개체수준에서의 민감도와 특이도, 역치두수, 유병률과 관련이 있다(Martin 등, 1992, Cameron과 Baldock, 1998a, Christensen과 Gardner, 2000, Dohoo 등, 2003). 우군수준의 민감도(HSe)와 특이도(HSp)에 영향을 미치는 요인들을 요약하면 다음과 같다.

검사두수: 검사두수를 고정시킬 때 유병률(AP 혹은 TP)이 증가하면 가음성 확률이 감소하므로 HSe는 증가하며(<표 3-6>, <그림 3-4>), 이러한 HSe 증가는 현성 유병률이 중등도 이하(예: $AP < 0.3$)일 때 특히 현저하다. 반면에 검사두수가 증가하면 적어도 1두의 가양성 개체가 검출될 확률이 증가하므로 HSp는 감소하며(<그림 3-5>), 이러한 HSp 감소는 개체수준에서 검사의 특이도가 높을수록 영향이 미미하다. <표 3-6>은 개체수준에서 검사의 민감도 95%, 특이도 99%, 우군 내 유병률이 10%, 30%일 때 HSe와 HSp를 요약한 것이다. 예를 들어 민감도 90%, 특이도 98.5%, 유병률 30%, 역치두수 $k \geq 1$일 때 우군당 5두와 30두를 검사하는 경우 HSe는 각각 82%와 100%가 되며 동일한 가정에서 HSp는 95%에서 74%로 감소한다.

〈표 3-6〉 유병률(p), 민감도 95%, 특이도 99%일 때 검사두수와 역치두수(k)에 따른 우군수준의 민감도(HSe, %)와 특이도(HSp, %) 변화

| 검사
두수 | HSp | | | HSe | | | | | |
| | $p=0\%$ (비감염) | | | $p=10\%$ | | | $p=30\%$ | | |
	$k \geq 1$	$k \geq 2$	$k \geq 3$	$k \geq 1$	$k \geq 2$	$k \geq 3$	$k \geq 1$	$k \geq 2$	$k \geq 3$
1	99	NA	NA	10	NA	NA	28	NA	NA
2	98	100	NA	20	1	NA	48	8	NA
5	95	100	100	42	9	1	81	43	14
10	90	100	100	66	28	8	96	82	56
30	74	96	100	96	83	61	100	100	100
60	55	88	98	100	99	96	100	100	100
100	37	74	92	100	100	100	100	100	100

개체수준의 특이도: 개체수준에서 검사의 특이도(Sp)가 감소하면 HSp는 감소하고, 고정된 표본크기 n에서 HSe는 증가한다.

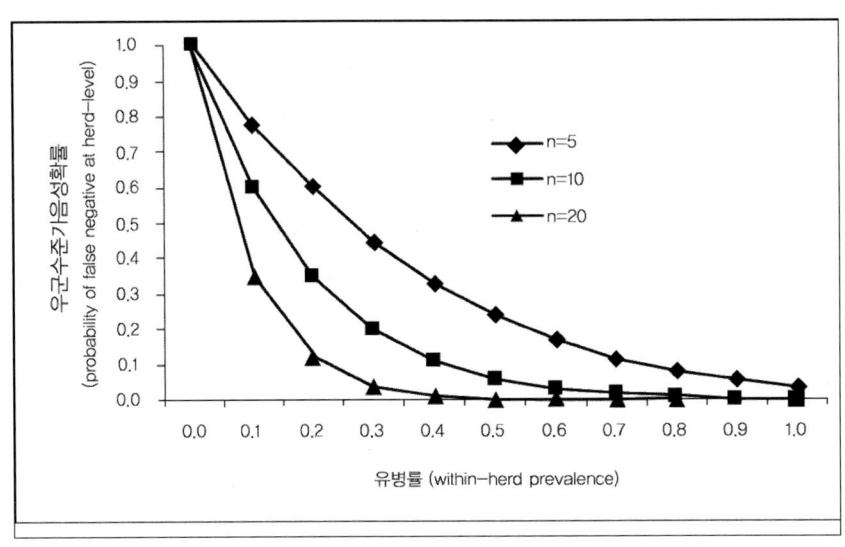

〈그림 3-4〉 우군 내 유병률과 검사두수(n)에 따른 우군검사의 가음성률$[(1-AP)^n]$
변화[민감도 (Se)=0.5, 특이도 (Sp)=1.0, 역치두수 $k \geq 1$]

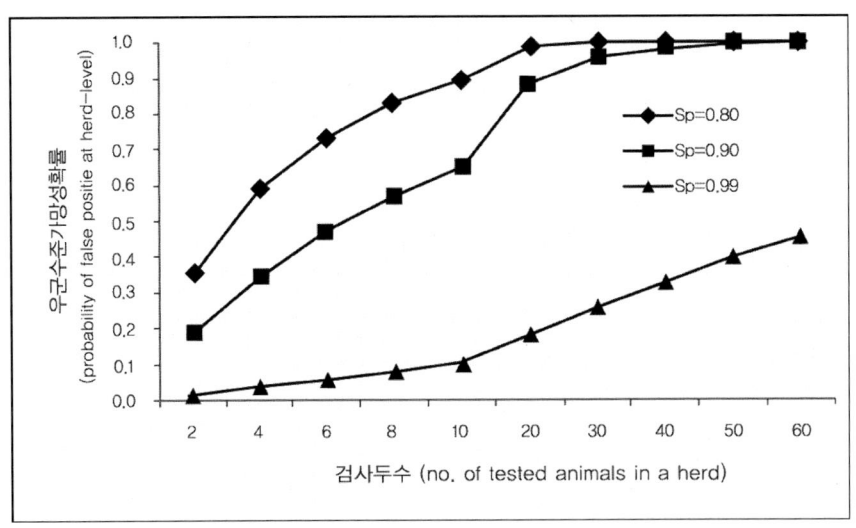

〈그림 3-5〉 우군 내 검사두수(n)에 따른 우군검사의 가양성률$[1-Sp^n]$
변화[특이도 (Sp)=0.8, 0.9, 0.99, 역치두수 $k \geq 1$]

유병률: 고정된 표본크기 n에서 우군 내 유병률이 증가할수록 감염과 비감염 여부를 구분하기 용이하다. 즉 $Se > (1-Sp)$일 때 우군 내 현성 유병률이 증가하면 HSe는 증가하고, HSp는 $p = 0$이므로 변하지 않는다(<표 3-6>).

역치두수: 양성판정 역치두수를 높게 설정하면 HSe는 감소하지만 HSp는 증가한다. 예를 들어 민감도 95%, 특이도 99%인 검사를 유병률 10%인 우군에 적용하여 10두 중 역치두수를 1두와 3두 이상으로 각각 설정하면 <표 3-6>에서 HSe는 66%에서 8%로 감소하고, HSp는 90%에서 100%로 증가한다. <표 3-7>은 다양한 특이도에서 HSe의 변화 정도를 요약한 것으로 유병률이 낮을수록 HSe의 변동이 더 크다. 참고로 역치두수 $k \geq 2$일 때 HSe와 HSp를 계산하는 공식을 유도하여 보기 바란다(실습예제 참고).

〈표 3-7〉 개체수준에서의 다양한 특이도에서 유병률(p)과 검사두수에 따른 우군수준 민감도(HSe, %)의 변화(민감도=90%, 역치두수 $k \geq 1$)

검사두수	$p=5\%$ 특이도 (%)			$p=10\%$ 특이도 (%)			$p=30\%$ 특이도 (%)		
	90	95	98	90	95	98	90	95	98
1	14	9	6	18	14	11	34	31	28
2	26	18	12	33	25	20	56	52	49

검사두수	$p=5\%$ 특이도 (%)			$p=10\%$ 특이도 (%)			$p=30\%$ 특이도 (%)		
	90	95	98	90	95	98	90	95	98
5	53	38	28	63	52	44	87	84	81
10	78	62	48	86	77	68	98	97	96
30	99	95	86	100	99	97	100	100	100
60	100	100	98	100	100	100	100	100	100
100	100	100	100	100	100	100	100	100	100

3.4.1.4 검사두수와 유병률의 관계

감염군에서 현성 유병률[$P(HT+)$, HAP]은 Se와 HTP가 증가할수록 증가하고, Sp가 증가하면 감소한다. 또한 HAP는 검사두수가 증가하면 증가하고, 역치두수(k)와 역의 관계가 있으며 이러한 관계는 다음의 공식에서 알 수 있다.

$$P(HT+) = HTP \times HSe + (1 - HTP) \times (1 - HSp)$$

예를 들어 개체수준의 민감도 90%, 특이도 98.5%인 검사를 이용하여 우군 유병률이 5%이고 우군 내 유병률이 10%인 모집단에 대하여 우군당 30두를 검사할 때 역치두수 $k \geq 2$일 때 우군수준의 유병률은 약 11%로 기대된다. 동일한 가정에서 우군당 100두를 검사한다면 약 47%의 유병률을 기대할 수 있다(<표 3-8>).

<표 3-8> 개체수준의 민감도 90%, 특이도 98.5%, 우군 내 유병률 10%에서 우군수준의 유병률과 양성판정 역치두수(k)에 따른 우군수준의 유병률(HTP) 변화

검사두수	$HTP = 5\%$			$HTP = 30\%$		
	$k \geq 1$	$k \geq 2$	$k \geq 3$	$k \geq 1$	$k \geq 2$	$k \geq 3$
1	2	NA	NA	4	NA	NA
2	4	0	NA	8	0	NA
5	9	1	0	18	3	0
10	17	2	0	30	9	2
30	39	11	4	54	30	19
60	62	27	11	72	46	33
100	79	47	23	85	61	43

3.4.2 유병률, 예측도, 신뢰구간

유병률과 예측도: 개체수준에서 유병률을 추정하는 Rogan과 Gladen(1978) 공식은 진단 검사가 완벽하지 않다는 것을 고려한 것이다. 이 공식에서 우군수준의 민감도(HSe)와 특이도(HSp)를 적용하면 우군수준에서 유병률의 참값(HTP), 양성예측도($HPV+$), 음성예측도($HPV-$)를 계산할 수 있다(Christensen과 Gardner, 2000).

$$HTP = \frac{HAP + HSp - 1}{HSe + HSp} \quad [HAP: \text{우군수준의 현성 유병률}]$$

$$HPV+ = \frac{HTP + HSe}{HTP \times HSe + (1 - HTP) \times (1 - HSp)}$$

$$HPV- = \frac{(1 - HTP) \times HSp}{(1 - HTP) \times HSp + HTP \times (1 - HSe)}$$

위의 식에서 보듯이 HSe와 HSp는 표본크기와 관련이 있기 때문에 우군당 검사두수가 다르다면 층별 추정치의 가중 평균(weighted average of stratum specific estimates)을 사용하여 유병률의 참값을 계산한다. 여기에서 층은 흔히 우군크기(herd size)가 되며 층당 가중치는 해당 층의 우군 수를 검사한 우군의 총수로 나눈 값이다(Muskens 등, 2000; Bernard 등, 2005).

예측도는 HSe와 HSp뿐만 아니라 HTP에 영향을 받는다. 위의 식에서 보듯이 $HPV+$

는 HTP와 직접적으로 관련이 있지만 $HPV-$는 HTP와 역관계가 있다. 이러한 관계는 <표 3-9>에서도 알 수 있다.

〈표 3-9〉 민감도 90%, 특이도 98.5%, 우군 내 유병률 10%에서 우군수준 유병률(HTP)과 양성판정 역치두수(k)에 따른 양성($HPV+$, %) 및 음성예측도($HPV-$, %) 변화

검사두수	$HTP=5\%$			$HTP=30\%$		
	$k \geq 1$	$k \geq 2$	$k \geq 3$	$k \geq 1$	$k \geq 2$	$k \geq 3$
1	27, 95	NA, NA	NA, NA	75, 72	NA, NA	NA, NA
2	26, 96	71, 95	NA, NA	74, 74	95, 70	NA, NA
5	23, 97	68, 95	94, 95	71, 79	94, 72	99, 70
10	20, 98	61, 96	91, 95	67, 86	93, 76	99, 72
30	12, 100	37, 99	76, 98	53, 98	83, 93	96, 86
60	8, 100	19, 100	45, 100	42, 100	65, 99	87, 98
100	8, 100	11, 100	22, 100	35, 100	49, 100	69, 100

신뢰구간: 우군수준의 현성 유병률(HAP)은 개체수준에서 적용되는 공식과 동일하게 양성 우군 수(x_H)를 총 검사 우군 수(n_H)로 나누어 계산한다(Donald, 1993, Locksley 등, 2008). 유병률 참값에 대한 분산 추정치(Lew와 Levy, 1989)는 다음과 같다.

$$var(HTP) = \frac{var(HAP)}{(HSe + HSp - 1)^2} \quad [HAP = \frac{x_H}{n_H}]$$

$$SE(HTP) = \frac{HAP(1 - HAP)}{n_H(HSe + HSp - 1)^2}$$

신뢰구간: $HTP \pm Z_{\alpha/2} \times SE(HTP)$

이 공식으로부터 수용할 오차한계(신뢰구간의 최대 폭의 절반 값)를 달성하는 데 필요한 우군의 수(n_h)를 계산하는 표본크기 계산 공식을 유도할 수 있으며(Wagner와 Salman, 2004) 자세한 내용은 제5장에서 설명한다.

3.4.3 역치두수

우군검사의 민감도는 감염군이 검사양성으로 판정받을 확률이고, 특이도는 비감염군이

검사음성으로 판정받을 확률이다. 이러한 정의는 우군상태의 참값과 우군을 양성으로 판정하는 역치기준이 정확하다는 가정을 전제로 한다. 전염성 질병인 경우 비감염군의 상태는 흔히 임상적 관찰이나 진단검사 등을 통한 지속적인 모니터링으로 판정된다. 일단 비감염군으로 판정되면 우군 내 모든 개체는 자동적으로 동일한 상태임을 가정한다. 감염군의 상태는 임상적, 실험실적 검사뿐만 아니라 병원체의 전파 및 지속성에 대한 지식에 근거하지만 우군 내 모든 개별이 동일한 상태로 간주되는 것은 아니다. 왜냐하면 감염군이라고 하더라도 개체의 연령이나 면역수준에 따라 감수성이 다르기 때문에 우군 내 일부개체는 감염되어 있지 않거나 혹은 감염되어 있다고 하더라도 검사시점에서 이미 회복되어 있을 수 있다. 이러한 특성은 대부분의 토착성 질병의 유병률이 100% 이하이고 감염된 개체의 비율은 우군 간 상당한 차이를 보이는 것으로도 쉽게 알 수 있다. 따라서 감염군을 판정하는 역치기준을 설정하는 것이 중요하다.

진단검사가 완벽하지 않을 때 개체수준 검사에서와 마찬가지로 우군검사의 민감도와 특이도 간 교환조건을 고려해야 한다. 예를 들어 감염을 검출하는 데 실패하는 데 따른 비용(질병 전파)이 가양성 개체를 불필요하게 도태(혹은 치료)하는 비용을 초과하는 것이 문제가 된다면 우군검사의 민감도가 더 중요하게 간주되어야 한다. 검사의 특이도가 100%에 근사한다면 이러한 교환조건을 고려하지 않고 감염군을 검출하는 데 필요한 표본크기만을 고려하면 된다.

역치두수를 k라 하면 n두의 검사개체 중 양성두수가 $\geq k$인 확률은 현성 유병률에 대한 확률분포로부터 계산할 수 있다(Wagner와 Salman, 2004). 보다 정확한 추정치를 얻기 위해서는 초기하분포를 사용해야 하지만 $(n/N) \leq 0.2$의 조건을 만족하면 우군 내 총 N두 중 n두의 표본에 대한 초기하분포의 이항분포 근사성을 적용할 수 있다. 역치두수가 k두 이상일 때 HSe와 HSp를 일반화하면 다음과 같다(Martin 등, 1992, Dohoo 등, 2003).

$$HSe = 1 - \sum_{0}^{k} \binom{n}{k} (AP_{pos})^k (1 - AP_{pos})^{n-k}$$

$$HSp = \sum_{0}^{k} \binom{n}{k} (Sp)^{n-k} (1 - Sp)^k$$

예를 들어 $k \geq 2$일 때 HSe와 HSp를 계산하면 다음과 같다.

$$HSe:\ p[(k \geq 2)|herd+] = 1 - \{p[(k=0)|herd+] + p[(k=1)|herd+]\}$$

$$= 1 - [(1-q_1^m) + (1-mp_1q_1^{m-1})]$$

$$= 1 - q_1^{m-1}[q_1 + mp_1]$$

$$HSp:\ p[(k < 2)|herd-] = \{p[(k=0)|herd-] + p[(k=1)|herd-]\}$$

$$= q_2^m + mp_2q_2^{m-1}$$

$$= q_2^{m-1}[q_2 + mp_2]$$

3.4.4 다중검사

개체당 2개의 진단검사를 적용할 때 우군 내 유병률 p, 민감도 $Se1$, $Se2$, 특이도 $Sp1$, $Sp2$, 우군당 표본크기 n, 검사결과 어느 우군이 음성으로 분류될 확률 p_{neg} 이라고 할 때 우군수준의 민감도와 특이도를 계산하여 보자.

우군크기가 매우 커 1두의 감염된 개체가 선발될 확률이 항상 p이고 두 검사의 결과가 독립이라고 가정하자. 단일 검사에서 무작위로 선발된 1두가 음성일 확률은 다음과 같다 (Garner 등, 1996).

$$p_{neg} = P(T-) = p(1-Se1) + (1-p)Sp1$$

이 식은 실제로 감염된 동물인 경우 가음성일 확률이고 비감염 동물인 경우는 진음성 일 확률이다. 따라서 단일검사에서 모든 n두가 검사음성일 확률은 다음과 같다.

$$p_{neg} = P(T-) = [p(1-Se1) + (1-p)Sp1]^n$$

만일 2개의 검사를 적용한다면 음성으로 판단하는 방법으로 두 가지 전략을 고려할 수 있다. 첫째는 1차 검사에서 양성인 시료만을 2차 검사에 할당하여 두 검사 모두 음성일 때 음성으로 판단하는 방법으로 연속시험에서 특이도를 높이는 방법이다. 두 번째는 1차 검사에서 어느 하나가 양성일 때 해당 우군의 모든 시료를 2차 검사에 할당하는 방법이다. 전자와 후자의 전략에서 검사결과 어느 우군이 음성으로 분류될 확률은 다음과 같다. 전략 2는 1차 검사에서 음성일 확률과 2차 검사에서 음성일 확률을 더한 후 두 검사 모두에서 음성일 확률을 빼 준 것이다.

전략 1: $p_{neg} = [p(1 - Se1Se2) + (1 - p)(1 - (1 - Sp1)(1 - Sp2))]^n$

전략 2: $p_{neg} = [p(1 - Se1) + (1 - p)Sp1]^n + [p(1 - Se2) + (1 - p)Sp2]^n$
$$- [p(1 - Se1)(1 - Se2) + (1 - p)Sp1Sp2]^n$$

따라서 HSe는 $1 - p_{neg}$이고 HSp는 p_{neg} 식에서 $p = 0$인 경우이므로 두 전략에 대한 검사S의 특성은 다음과 같이 정리할 수 있다.

전략 1:

HSe: $1 - p_{neg}$ (단 전략 1의 p_{neg}임)
HSp: $p_{neg} = [(1 - (1 - Sp1)(1 - Sp2))]^n$

전략 2:

HSe: $1 - p_{neg}$ (단 전략 2의 p_{neg}임)
HSp: $p_{neg} = [Sp1]^n + [Sp2]^n - [Sp1Sp2]^n$

3.5 합병검사

합병검사(pooled testing)는 여러 개체에서 얻은 시료를 혼합한 합병시료(pooled, composite, aggregate sample)에 대하여 검사를 시행하는 방식이다. 이를테면 요네병 검출을 위하여 분변시료를 혼합하여 검사하거나 bulk-tank 우유시료에 대한 검사는 전형적인 예다. 특히 대단위 시료에 대한 검사로부터 혈청 유병률을 추정하는 경우 가능하다면 개별시료보다는 합병시료를 검사하는 것이 비용과 시간측면에서 효율적이다. 유병률이 매우 낮은 상황 (외래성 질병)에서 조기검출의 목적을 달성하기 위해서는 검진두수가 매우 커야 하는데 대규모의 표본을 지속적으로 검사하는 것은 비효율적이다. 이 경우 합병시료에 대한 검사 전략을 도입할 필요가 있다.

합병시료에 대한 검사의 가장 큰 문제는 검사결과가 반드시 개별시료의 특성을 반영하는 것은 아니라는 점이다. 즉 합병시료가 양성이라면 합병시료 중 어느 하나의 개별 시료는 양성이므로 어느 시료가 양성인지를 확인하기 위해서는 모든 개별 시료를 재검사해야 한다. 이 경우 유병률이 높은 질병이라면 재검사해야 할 pool의 수와 개별시료의 수는 매우 증가하게 된다. 두 번째는 합병시료의 크기(pooling size)와 유병률을 고려해야 한다. 즉 합병시료에 대한 검사는 유병률이 낮아 재검사해야 할 pool의 수가 적을 경우에 효율성이 높다. 셋째, pooling size의 최댓값은 pool 내의 음성시료에 의하여 양성시료가 희석되기 때문에 양성시료를 검출할 능력과 직접적으로 관련이 있을 수 있다. 따라서 개별 시료 수준에서 유병률을 추정하기 위해서는 고정된 pooling size에서 합병시료에 대한 검사의 민감도와 개별시료에 대한 검사의 민감도를 비교해야 한다. 또한 합병시료는 감염된 시료가 비감염된 시료와 혼합되어 결과적으로 희석된다는 점을 주의해야 한다. 이는 병원체의 농도가 합병시료에서 낮아지기 때문에 검출 민감도가 감소된다는 것을 의미한다.

3.5.1. 유병률

n개의 혈청에 대하여 하나의 pool에 $C(=n)$개의 혈청(풀링크기, pooling size)을 합병하여 총 R개의 pool로 만든다고 가정하자. 모집단에서 혈청 유병률을 ρ라고 하면 양성 풀(positive pool)을 관찰할 확률(P)은 1에서 모든 시료가 음성일 확률을 빼 준 것과 같다. 즉

$$P = 1 - (1 - \rho)^n$$

여기에서

$P =$ 개별 시료 중 양성시료의 비율

$n =$ 합병시료에서 개별시료의 개수

$R =$ 합병시료 검사개수

$S =$ 합병시료 중 양성검사개수

$\rho = S/R$

양성 풀의 수 S는 R회의 시행에서 성공(양성) 확률 P를 갖는 이항변수이다. 여기에서 모집단크기가 표본크기 n(total number of individual samples)에 비하여 매우 크다고 가정하면 P는 양성 풀의 비율($\hat{P}$)로 다음과 같이 추정된다.

$$\hat{P} = \frac{S}{R}$$

ρ는 최대우도함수를 이용하여 추정할 수 있고 위의 공식을 변환하면 $\hat{P}$로부터 $\hat{\rho}$를 얻을 수 있다(Kline 등, 1989). 이 식에서 n에 대하여 정리하면 다음과 같은 표본크기 계산 공식이 작성된다.

$$\hat{\rho} = 1 - (1 - \hat{P})^{\frac{1}{n}} \quad <=> \quad n = \frac{\ln(1 - S/R)}{\ln(1 - \hat{\rho})}$$

이 공식을 사용하면 예를 들어 물새(waterfowl)에서 개별 분변시료를 수집하여 하나의 풀에 100개씩 총 100개의 합병시료로 만들어 검사할 때 1개의 양성 합병시료에서 HPAI 바이러스를 검출하기 위해서는 HPAI 유병률이 10^{-3}일 때 약 10개, HPAI 유병률이 10^{-4}일 때 약 100개, HPAI 유병률이 10^{-6}일 때 약 10,000개의 개별시료가 필요함을 의미한다(<표 3-10>).

<표 3-10> 주어진 유병률(p^*)에서 100개의 합병시료 (m) 중 1개 (r)에서 HPAI의 존재를 검출하는 데 필요한 개별 분변시료의 수 (n)

물새류 유병률(p^*)	양성 합병시료 수(r)	검사한 합병시료 수	개별 시료 수(n)
10^{-3}	1	100	10
10^{-4}	1	100	100
10^{-5}	1	100	1,005
10^{-6}	1	100	10,050
10^{-7}	1	100	100,503

3.5.2. 신뢰구간

혈청 유병률 ρ의 신뢰구간은 $\hat{\rho}$에 대하여 근사 분산추정치를 사용하면 표준오차(SE)의 신뢰구간은 다음과 같이 계산된다(Kline 등, 1989).

$$var(\hat{\rho}) = \frac{P(1-P)^{(2/C)-1}}{C \times n} = \frac{(1-\rho)^2}{C \times n}[(1-\rho)^{-C}-1]$$
$$SE(\hat{\rho}) = \sqrt{var(\hat{\rho})}$$
$$\hat{\rho} \pm Z_{\alpha/2} \times SE(\hat{\rho})$$

이 공식의 문제점은 특히 유병률이 낮은 경우 신뢰구간의 하한값이 0보다 작게 계산된다는 점이다. 예를 들어 혈청유병률($\hat{\rho}$)을 0.3%로 가정하면 풀링크기(C)가 10일 때 $\hat{\rho}$의 95% 신뢰구간의 하한값은 $n < 1,295$인 모든 n에 대하여 음의 값을 갖고, 99% 신뢰구간의 하한값은 $n < 2,236$인 모든 n에 대하여 음의 값을 갖는다. <표 3-11>은 C와 $\hat{\rho}$의 조합에 따른 신뢰한계를 제시하고 있다.

〈표 3-11〉 유병률($\hat{\rho}$) 신뢰구간 계산에서 음의 값을 피하기 위한 최소표본크기

풀링크기(C)	$\hat{\rho}$(%)	95% 신뢰구간	99% 신뢰구간
10	0.3	1,295	2,236
25	0.3	1,324	2,287
10	0.5	782	1,351
25	0.5	813	1,403
10	1.0	399	688
25	1.0	431	744

방법 1: 신뢰구간 계산에서 발생되는 이러한 문제는 작은 양의 값에 대하여 대칭적 (symmetric) 신뢰구간을 사용하기 때문에 비롯된다. 이러한 문제는 대칭적 신뢰구간을 계산하는 이항비율에서도 흔히 나타난다. 따라서 음의 값이 나타나지 않도록 비대칭적 (asymmetric) 신뢰구간을 사용하는 것이 그 대안이 된다. 계산방법은 먼저 양성 풀의 비율 P에 대한 신뢰구간[P_L, P_U]을 계산한 후, ρ에 대한 신뢰구간을 계산한다.

$$\rho_I = 1 - (1 - P_I)^{1/C} \quad (\text{단}, \ I = L, U)$$

$P[P_L, P_U]$를 계산하는 첫 번째 방법은 P에 대한 비대칭적 구간으로 연속성을 보정한 정규근사성 (normal approximation)을 사용하며 이 방법은 S와 R의 값에 관계없이 $0 \le P_L < P_U \le 1$ 을 만족한다.

$$P_L = \frac{[(2S + Z_{\alpha/2}^2 - 1) - Z_{\alpha/2}\sqrt{Z_{\alpha/2}^2 - (2 + \frac{1}{R}) + \frac{4S(R - S + 1)}{R}}]}{2(R + Z_{\alpha/2}^2)}$$

$$P_U = \frac{[(2S + Z_{\alpha/2}^2 + 1) + Z_{\alpha/2}\sqrt{Z_{\alpha/2}^2 + (2 - \frac{1}{R}) + \frac{4S(R - S - 1)}{R}}]}{2(R + Z_{\alpha/2}^2)}$$

방법 2: 두 번째 방법은 R이 작거나 S가 0 혹은 R에 근사하는 경우 정확구간(exact interval)을 사용하는 방법으로 정규근사성을 사용하는 것이 아니라 정확이항확률에 근거하여 계산하는 것이다. 이 구간은 다음의 해를 찾는 것으로 이항비율에 대하여 엑셀을 사용하여 정확신뢰구간을 계산하는 방법과 동일하다(유병률의 신뢰구간 참조).

$$P(S \ge s | P = P_L) = \frac{\alpha}{2}$$

$$P(S \le s | P = P_U) = \frac{\alpha}{2}$$

이 방법은 $S = 0$이나 $S = R$인 상황에도 단측 구간(one-sided interval)을 계산할 수 있고 이때 $\alpha/2$ 대신 α를 사용한다.

$$S = 0: \ P_U = 1 - \alpha^{\frac{1}{R}}$$

$$S = R: \ P_L = \alpha^{\frac{1}{R}}$$

신뢰구간: $[0, \ \rho_I = 1 - (1 - P_I)^{1/C}]$

3.6 표준 실험실

실험실 검사는 외래성 질병검출, 스크리닝 검사결과에 대한 확진, 연구와 교육, 실험실 정도관리, 기존의 검사 프로토콜 수정, 새로 개발된 진단기술에 대한 검사기법 확립 등 다양한 목적으로 운영된다(Schmitt, 2003). 대부분의 감시활동 시스템은 이러한 실험실 검사에 의존하기 때문에 적절한 수준의 장비, 인력, 시설, 예산을 확보하는 것이 필수적이다 (Saliki, 2000). 또한 정부의 질병 관리 프로그램을 지원하기 위하여 시도 단위의 지역 실험실을 운영하기 때문에 실험실 간 유기적인 협조체계를 구축하는 것이 중요하다. 세계동물보건기구(OIE)에서는 실험실 관리와 질병별 진단방법에 대한 세부절차를 규정하고 있으며(OIE, 2010b) 회원국으로 하여금 이러한 기준과 질병관리 프로그램을 유지할 것을 권고하고 있다.

감시활동 시스템에서는 가능하다면 시료 검사용으로 국가의 표준 실험실(reference laboratory)을 사용해야 한다(<표 3-12>). 동일 실험실에서 1명 이상의 분석자가 실험하거나 1개 이상의 실험실에서 검사하는 경우 검사결과가 모두 일정하게 나오는지 반드시 평가해야한다. 예비시험(pilot test)을 통하여 분석자 간 실험실 간 일치도가 양호한 것으로 인정되는 경우에만 감시활동 시스템의 검사요소로 통합할 수 있다. 이러한 평가는 검사능력이나 일치도(실험절차의 변화, 분석 담당자의 교체 등)에서 변화가 없다는 것을 보증하기 위하여 주기적으로 반복되어야 한다. 하나 이상의 실험실에서 진단검사를 시행하는 경우 검사결과가 일치하지 않을 수 있기 때문에 각 실험실별로 민감도와 특이도에 대한 추정치를 평가하고 검증해야 한다.

〈표 3-12〉 세계동물보건기구(OIE, 2010) 지정 표준 실험실

질 병	국 가
African horse sickness	스페인, 영국, 남아프리카
African swine fever	스페인, 영국, 남아프리카
American foulbrood of honey bees	아르헨티나
Anthrax	미국, 캐나다
Antimicrobial resistance	영국
Aujeszky's disease	미국, 프랑스, 네덜란드
Avian chlamydiosis	독일
Avian mycoplasmosis(*Mycoplasma gallisepticum, M. synoviae*)	미국
Avian tuberculosis	체코
Bee diseases	프랑스, 독일
Bluetongue	미국, 이탈리아, 호주, 영국, 남아프리카
Bovine babesiosis	일본
Bovine genital campylobacteriosis	네덜란드
Bovine spongiform encephalopathy	영국, 스위스, 캐나다, 일본, 아르헨티나
Bovine tuberculosis	아르헨티나, 프랑스, 호주, 영국
Bovine viral diarrhoea	캐나다, 영국, 호주
Brucellosis(*Brucella abortus*)	독일, 아르헨티나, 영국, 프랑스, 캐나다, 이탈리아, 이스라엘, 한국
Brucellosis(*Brucella melitensis*)	독일, 아르헨티나, 영국, 프랑스, 캐나다, 이탈리아, 이스라엘
Brucellosis(*Brucella suis*)	독일, 아르헨티나, 영국, 프랑스, 캐나다, 이탈리아
Camelpox	아랍에미리트
Campylobacteriosis	네덜란드
Caprine arthritis/encephalitis	프랑스, 미국
Channel catfish virus disease	미국
Chronic wasting disease	캐나다
Classical swine fever	캐나다, 일본, 독일, 폴란드 영국
Contagious agalactia	영국
Contagious bovine pleuropneumonia	프랑스, 포르투갈, 이탈리아
Contagious caprine pleuropneumonia	프랑스
Contagious equine metritis	미국, 영국, 네덜란드
Control of Veterinary Medicinal Products in Sub-Saharan Africa	세네갈
Crayfish plague(Aphanomyces astaci)	영국, 핀란드
Crimean Congo haemorrhagic fever	프랑스
Dourine	러시아
Echinococcosis/hydatidosis	일본, 영국, 모로코
Enteric septicaemia of catfish(*Edwardsiella ictaluri*)	미국
Enzootic abortion of ewes(ovine chlamydiosis)	독일, 스위스
Enzootic bovine leukosis	영국, 독일, 폴란드
Epizootic haematopoietic necrosis	호주
Epizootic ulcerative syndrome	태국
Equine encephalomyelitis(Eastern)	미국

질 병	국 가
Equine encephalomyelitis(Western)	미국
Equine infectious anaemia	미국, 일본
Equine influenza	영국, 미국, 아일랜드
Equine piroplasmosis	일본
Equine rhinopneumonitis	영국, 러시아, 미국
Equine viral arteritis	미국, 일본, 영국
Escherichia coli	캐나다
Foot and mouth disease	영국, 보스니아, 브라질, 러시아, 아르헨티나, 남아프리카, 태국
Glanders	독일, 아랍에미리트
Gyrodactylosis(Gyrodactylus salaris)	노르웨이
Heartwater	호주
Highly pathogenic avian influenza and low pathogenic avian influenza(poultry)	캐나다, 중국, 독일, 영국, 호주, 미국, 이탈리아, 일본, 인도
Infection with Abalone Herpes−like Virus	대만
Infection with Batrachochytrium dendrobatidis	호주
Infection with Bonamia exitiosa	프랑스
Infection with Bonamia ostreae	프랑스
Infection with Haplosporidium nelsoni	미국
Infection with Marteilia refringens	프랑스
Infection with Marteilia sydneyi	프랑스
Infection with Mikrocytos mackini	캐나다
Infection with Perkinsus marinus	미국
Infection with Perkinsus olseni	미국
Infection with ranavirus	호주
Infection with Xenohaliotis californiensis	미국
Infectious bovine rhinotracheitis/infectious pustular vulvovaginitis	독일, 영국
Infectious bursal disease(Gumboro disease)	미국, 프랑스
Infectious haematopoietic necrosis	미국
Infectious hypodermal and haematopoietic necrosis	미국
Infectious myonecrosis	미국
Infectious salmon anaemia	캐나다, 노르웨이
Koi herpesvirus disease	일본, 영국
Leptospirosis	네덜란드, 영국, 아르헨티나, 미국, 호주
Lumpy skin disease	영국, 남아프리카
Maedi−visna	프랑스, 미국
Marek's disease	영국, 미국
Newcastle disease	독일, 영국, 호주, 미국, 이탈리아, 한국
New world screwworm(Cochliomyia hominivorax)	파나마
Oncorhynchus masou virus disease	일본
Ovine epididymitis(Brucella ovis)	독일, 아르헨티나, 영국, 프랑스, 캐나다, 이탈리아, 이스라엘
Paratuberculosis	호주, 아르헨티나, 체코, 프랑스
Peste des petits ruminants	영국, 프랑스

질 병	국 가
Porcine reproductive and respiratory syndrome	폴란드
Rabbit haemorrhagic disease	이탈리아
Rabies	미국, 캐나다, 프랑스, 독일, 남아프리카, 영국
Red sea bream iridoviral disease	일본
Rift Valley fever	남아프리카, 프랑스
Rinderpest	영국, 프랑스
Salmonellosis	영국, 독일, 캐나다, 이탈리아
Scrapie	영국, 스위스, 캐나다, 아르헨티나
Sheep pox and goat pox	이란, 영국, 남아프리카
Spherical baculovirosis(Penaeus monodon-type baculovirus)	미국, 대만
Spring viraemia of carp	영국
Surra(*Trypanosoma evansi*)	벨기에, 일본
Swine vesicular disease	영국, 이탈리아
Taura syndrome	미국
Tetrahedral baculovirosis(*Baculovirus penaei*)	미국
Theileriosis	벨기에
Transmissible gastroenteritis	미국
Trichinellosis	이탈리아, 캐나다
Trypanosomosis(tsetse-transmitted)	프랑스
Tularemia	스웨덴
Turkey rhinotracheitis	프랑스
Venezuelan equine encephalomyelitis	미국
Vesicular stomatitis	브라질, 미국
Viral encephalopathy and retinopathy	이탈리아, 일본
Viral haemorrhagic septicaemia	덴마크
West Nile Fever	이탈리아, 미국
White spot disease	미국, 대만
White tail disease	인도
Yellow head disease	호주

제Ⅱ부

혈청역학조사 계획

제4장 통계적 원리

4.1 혈청역학연구

혈청학적 검사는 백신접종상황, 항체역가 추이, 감염개체 검출, 유병률 추정 등 질병관리 수단으로 흔히 사용된다. 모니터링의 수단으로서 혈청검사의 가치는 다양한 방역프로그램의 한 부분으로 수행될 때 극대화할 수 있으며, 혈청학적 검사의 실질적인 이익을 얻기 위해서는 검사의 목적과 검사결과에 대한 올바른 해석을 바탕으로 해야 한다. 이와 더불어 검사의 특성(민감도, 특이도, 예측도)에 대한 정확한 지식(제3장 참고)과 모집단에 대한 정보가 분명히 확립되어 있어야 한다. 질병 감시프로그램(surveillance)의 일환으로 수행되는 혈청역학연구는 질병이 발생할 때 유병률 추정, 유병률이 매우 낮을 때 적어도 1두의 감염개체 검출 혹은 질병 비발생 증명, 평균 혹은 비율에 대한 가설검정 등을 목적으로 수행되는 경우가 많다.

4.1.1 조사의 목적

4.1.1.1 유병률 추정

개별 동물이나 우군으로부터 얻은 혈청시료를 검사하여 항체 양성률(유병률)을 파악하는 연구는 매우 흔하다. 유병률을 추정하기 위해서는 표본추출방법, 이용 가능한 자료와 분석의 가정(유병률 추정치, 기대신뢰도, 오차한계), 모집단크기, 진단검사의 종류와 특성, 조사비용, 시료의 특성(개별시료와 합병시료), 집락성, 표본추출 단위(개체 혹은 군) 등에 따라 다양한 방법을 사용한다.

혈액시료를 채혈한 시점에서 어떤 특정한 항체를 가지고 있는 개체 수를 나타내는 항체양성률은 감염과 관련하여 집단에서 경험한 축적효과를 반영하는 것이다. 이를테면 항체가 평생 지속되는 IgG라면 유병률은 출생부터 표본추출 시점까지의 감염상황을 의미한다. 만일 단기간 지속되는 IgM이라면 항체의 존재는 지난 수개월 이내의 감염상황을 의미한다. 1차 검사에서 항체나 기타 지표가 검출되지 않았지만 2차 검사에서 검출되거나 1차 검사에 비하여 검출수준이 매우 높게 증가되는 경우, 두 시점 사이에서 감염이나 병리적 과정이 진행되었음을 의미한다. 백신을 접종하지 않았음에도 항체가 검출되었다는 것은 신규 감염이 강력히 의심되지만 이러한 지표의 변화가 반드시 임상적 질병을 의미하는 것은 아니다. 왜냐하면 지표의 변화가 실제 질병 발생을 동반할 수도 있고 그렇지 않을 수도 있기 때문이다. 혈청학적 검사결과를 올바르게 해석하기 위해서는 검사도구의 검출 민감도(detection sensitivity), 진단의 민감도 및 특이도가 적정수준 이상이어야 하며, 실험방법에 대한 기술의 표준화와 정도관리(quality control)를 확보하는 것이 매우 중요하다.

4.1.1.2 질병 비발생 증명

국가단위의 질병 관리프로그램이 효과적으로 작동되면 유병률이 지속적으로 감소하여 어느 시점에서는 검출 가능한 수준 이하로 감소할 것으로 기대할 수 있다. 그 결과 특정 질병이 더 이상 발생하지 않는다는 것이 증명되면 이 질병에 투입되는 국가 예산을 다른 질병에 집중할 수 있어 기회비용을 줄일 수 있다. 또한 세계동물보건기구(OIE)로부터 질병 비발생을 공식적으로 인정받는 경우 동·축산물의 국제교역에서 교역 상대국에 동등한 조건을 요구함으로써 질병이나 병원체의 잠재적 유입 가능성을 차단하는 효과를 얻을 수 있다.

4.1.1.3 가설검정

이를테면 selenium 보충 프로그램의 일환으로 사료에 이 함량을 보충할 때 혈중 농도의 변화 추이를 경시적으로 모니터링하는 경우는 평균값 추정의 전형적인 예다. 한편 질병 감시프로그램이 가설검정을 목적으로 수행되기도 하는데 질병 비발생을 증명하는 조사에서 질병의 유병률이 지정한 수준보다 낮다는 것을 가설을 검정하는 것은 이러한 예다. 또한 유병률 조사에서 유병률이 지정한 수준 이상으로 변했는지를 확인하는 것도 가설검정에 해당한다.

4.1.2 검진두수의 중요성

국가단위에서 감시활동 계획을 수립할 때 인력과 예산이 충분하다면 가능한 많은 검진 두수(표본크기)를 대상으로 하는 것이 가장 이상적이지만 대부분의 경우 이러한 자원이 한정되어 있다. 따라서 모집단을 대표하는 표본을 대상으로 하는 조사에서는 통계적으로 유효한 적정두수를 조사해야 모집단에 대한 추론이 가능해진다. 표본크기는 연구 대상 질병, 표본선발 방법, 계획 유병률(design prevalence), 신뢰수준, 모집단의 크기, 진단검사의 특성, 조사의 목적 등에 따라 다양하게 계산되며, 이러한 요소들은 표본크기 계산에 서로 관련성이 있기 때문에 신중하게 접근해야 한다(<그림 4-1>).

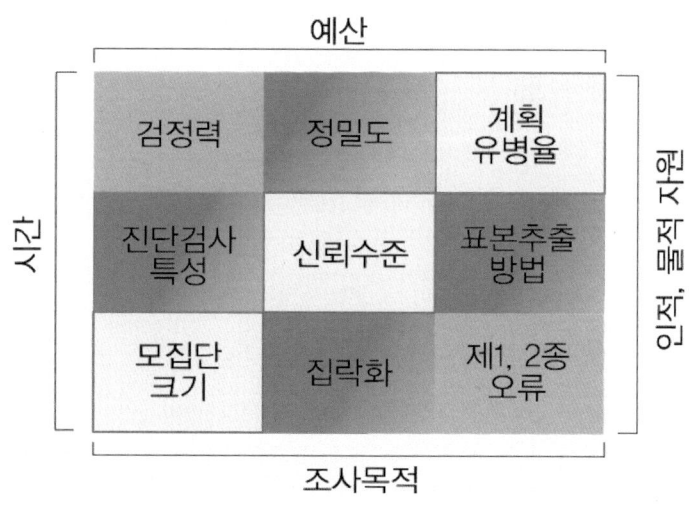

〈그림 4-1〉 표본크기 계산에서 고려해야 할 요소

표본크기가 충분하지 못하면 질병을 검출할 신뢰수준이 저하될 뿐만 아니라 유병률이 낮으면 질병검출이 불가능하고 유병률이 충분히 높은 수준으로 존재할 경우에만 검출할 수 있다. 예를 들어 모집단에서 질병이 1% 이상의 유병률로 존재할 때 이를 검출할 확률이 95%인 조사계획에서 신뢰수준을 99%로 높이거나 유병률 수준을 낮게 설정하면 더 많은 표본크기를 필요로 한다. 표본크기가 충분하지 못하면 참값과 매우 다른 결과를 보이거나 심지어 조사결과로부터 아무런 정보를 얻지 못하는 결과를 초래할 수도 있다. Gardner 등 (1996)은 돼지 파보바이러스의 돈군 수준의 유병률을 추정할 때 5두와 30두의 검사결과를 비교한 연구에서 5두를 검사할 경우 유병률을 추정하는 데 실패하였으며, 30두의 표본크기에서도 일부에서는 부정확한 추정치를 얻었음을 보고하였다.

표본크기를 계산하는 다양한 공식이 제시되어 있다. 그러나 대부분의 결정론적 공식(deterministic formulae)은 완벽한 진단검사, 무한모집단, 개체의 무작위 선발 등과 같은 특정한 가정을 전제로 하기 때문에 연구대상 질병의 역학적 특성을 고려하여 주의해서 사용해야 한다. 특히 야생동물에 대한 조사에서는 모집단크기, 질병 분포의 비균질성, 집락성(clustering), 무작위 표본 선발의 한계 등 다양한 불확실성이 관여한다(Ziller 등, 2002). 모집단크기에 대한 정보가 없을 때 무한모집단을 적용하면 지정한 신뢰수준과 유병률 수준에 부합하는 표본크기는 매우 증가한다. 조사의 상황에 따라 기대유병률(expected prevalence), 신뢰수준(confidence level), 오차한계(desired precision), 검정력(statistical power), design effect 등 다양한 정보를 필요로 한다. 본 장에서는 표본크기를 결정할 때 적용되는 통계적 원리에 대하여 설명한다.

4.2 용어정의

4.2.1 귀무가설과 대립가설

표본조사는 모집단에서 확률적으로 추출된 표본으로부터 통계량(statistic)을 얻고 계산된 통계량에 근거하여 모집단에 대하여 추측이나 결론을 이끌어 내는 과정을 거치게 되는데, 이를 통계적 추론(statistical inference)이라고 한다. 통계적 추론을 위한 접근방법은 모수추정(parameter estimation)과 유의성검정(significance testing) 혹은 가설검정(hypothesis testing)으로 구분된다. 통계적 추론에서 가장 기본적인 추론의 대상은 평균, 표준편차, 비율, 상관계수 등과 같은 모집단의 특성이다. 모수추정은 표본을 이용하여 모집단의 특성을 파악하는 데 관심을 두고 가설검정은 모집단의 특성이 어떤 값과 동일한지를 검정하는 것에 관심을 두는 차이가 있다.

예를 들어 어느 연구자가 건강한 우군과 유방염에 감염된 우군 간 우유생산량의 차이(difference, $P_1 - P_2 = D$D)에 관심을 두는 경우, 가설검정에서는 '$D = 0$'이라는 귀무가설을 검정하게 되며 검정결과 $D \geq 0$이라면 귀무가설을 기각한다. 마찬가지로 다른 예로 약제의 치료효과를 평가하기 위하여 약제 처치군(실험군)과 대조군에서 치료율을 비교하는 연구에서 처치군에서의 치료율을 P_1, 대조군에서의 치료율을 P_2라 할 때 치료율에 차이가 없다는 귀무가설은 다음과 같이 표현한다.

$$H_0 : P_1 - P_2 = 0 \text{ 또는 } H_0 : P_1 = P_2$$

이와 같이 기각되기를 바라는 가설을 귀무가설(null hypothesis)이라고 한다. 사실 연구자가 주장하고자 하는 가설은 두 군 간 치료율에 차이가 있다는 것이므로 이를 대립가설(alternative hypothesis)이라고 하며 다음과 같이 표현한다.

$$H_A : P_1 \neq P_2$$

4.2.2 제1종 오류

연구자는 귀무가설이 기각되는지에 관심을 두지만 귀무가설은 반증되기 전까지는 사실인 것으로 간주된다. 가설검정에서는 두 가지 오류가 발생한다. 실제로는 두 집단의 평균 간 차이가 없음에도 불구하고 잘못하여 차이가 있는 것으로 판단하는 오류를 제1종 오류(type I error)라고 한다. 제1종 오류가 5%라는 것은 실제는 차이가 없음에도 불구하고 차이가 있다고 잘못 판정할 최대한의 가능성을 5%(참인 귀무가설을 기각할 확률)로 연구자가 기꺼이 감수하는 오류이다. 제1종오류가 발생할 확률의 최대 허용치를 유의수준(significance level)이라고 하며 α로 표기한다(<그림 4-2>).

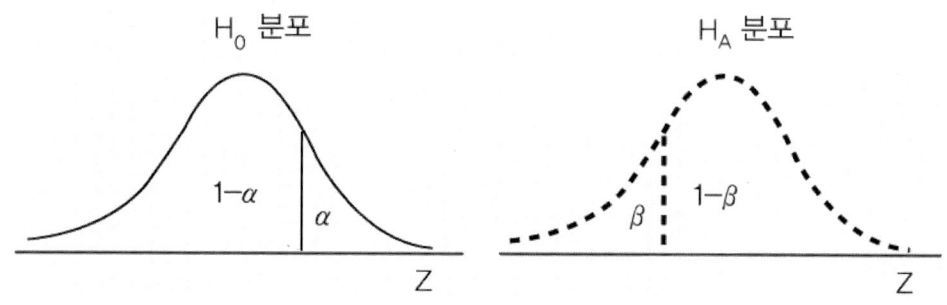

〈그림 4-2〉 단측검정에서 α와 β 오류

두 군 간 치료율의 차이가 없다는 귀무가설이 참일 때 연구결과로 얻은 검정통계량이 귀무가설을 기각하는 반증의 강도인 임계값(critical value)보다 더 크면 귀무가설을 기각하고 통계적으로 유의하다(statistically significant)는 표현을 사용한다. 유의확률(p value)은 관찰된 검정통계량보다 더 극단적인 결과, 즉 대립가설을 더욱 지지하는 검정통계량을 얻을 확률이며, 귀무가설을 기각할 증거의 강도를 측정하는 수단으로 이 값이 작을수록 귀무가설을 기각할 증거는 더욱 강해진다. 즉 유의확률이 유의수준 α 보다 같거나 작을 때 귀무가설을 기각하고 두 군 간 치료율에 차이가 있다는 결론을 얻는다.

4.2.3 제2종 오류와 검정력

대립가설이 참이지만 검정통계량이 매우 작아 귀무가설을 기각하지 못하는 오류를 제2종 오류(type II error)라 하며 β로 표기한다. 즉 두 군 간 치료율에 차이가 있다는 대립가설이 참일 때 차이가 없는 것으로 판단하는 오류이다(<그림 4-2>). 예를 들어 $\beta = 0.2$는 실제로 존재하는 차이를 받아들이지 못할 확률로 20% 정도는 인정한다는 의미이다. 따라서 $1 - \beta$는 두 군 간 진정한 차이가 있을 때 이러한 차이를 검출할 확률이 되며 이를 검정력(statistical power)이라고 한다. <그림 4-3>은 양측검정에서 α, β, $1 - \beta$의 관계를 도식화한 것이다.

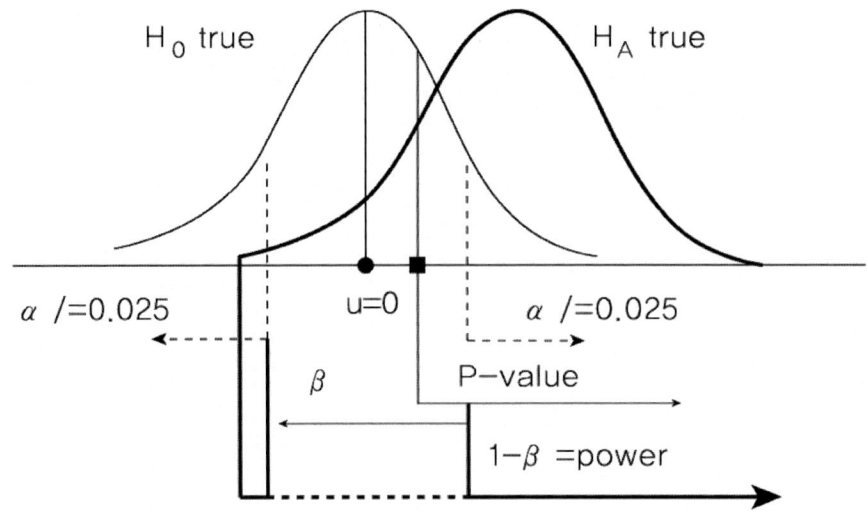

〈그림 4-3〉 유의수준 5%에서 양측검정의 α, β 오류 및 검정력

4.2.4 신뢰수준과 신뢰구간

귀무가설을 기각할 확률로 연구자가 기꺼이 감수하는 제1형 오류가 유의수준 α이므로 신뢰수준(confidence level)은 $1-\alpha$ 또는 $(1-\alpha)100\%$가 되며 가설검정에서 흔히 90%, 95%, 99%를 사용한다. 이를테면 유병률을 추정하는 연구에서 95% 신뢰수준이라 함은 조사를 100번 반복할 때 95번은 유병률의 참값을 포함한다는 것을 의미한다.

모수추정에서 불확실성이 높은 모집단의 특성을 점추정치(point estimate)로 기술하는 것은 매우 위험하기 때문에 표본에서 얻은 추정치의 변동성(variability)이 가미된 구간 (interval)으로 제시하게 된다. 신뢰구간(confidence interval)은 모집단의 참값이 포함될 구간이다. 이를테면 두 군 간 평균 차이에 대한 검정에서 95% 신뢰구간으로 $[0.25,\ 2.43]$를 얻었다고 하면 이는 두 군 간 평균 차이의 참값(true mean difference)이 계산된 구간 내에 위치하는 것을 95% 신뢰할 수 있음을 의미한다. <그림 4-4>는 $\alpha = 0.1$일 때 신뢰구간을 나타낸 것으로 분포의 중앙이 0.9, 즉 90%가 되며 표준정규분포(standard normal distribution)에서 $Z_{1-\alpha/2}$은 ±1.645이므로 $p(-1.645 \leq z \leq 1.645) = 0.90$로 표기할 수 있다. 즉 신뢰구간은 표본 추정치에 대하여 ±오차한계로 $\bar{x} \pm Z_{1-\alpha/2}\sigma_{\bar{x}}$ ($\sigma_{\bar{x}} = \sigma/\sqrt{n}$)와 같이 표현할 수 있다.

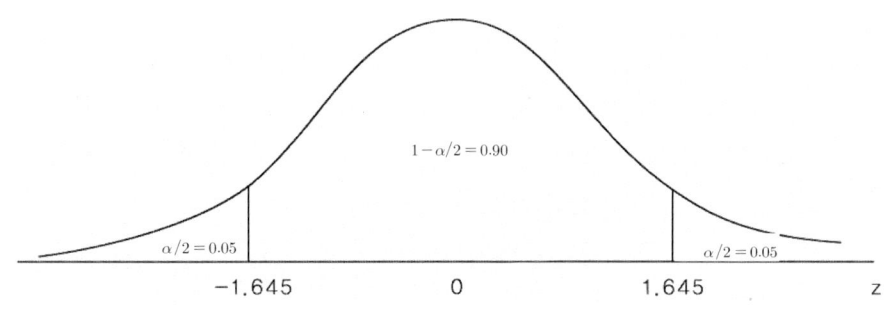

〈그림 4-4〉 $\alpha = 0.1$일 때의 신뢰구간

$$\bar{x} - Z_{\alpha/2}\cdot\frac{\sigma}{\sqrt{n}} \leq \mu \leq \bar{x} + Z_{\alpha/2}\cdot\frac{\sigma}{\sqrt{n}}$$

$\alpha = 0.1$ (신뢰수준=90%): $Z_{\alpha/2} = 1.645 \Rightarrow p(-1.645 \leq z \leq 1.645) = 0.90$

$\alpha = 0.05$ (신뢰수준=95%): $Z_{\alpha/2} = 1.96 \Rightarrow p(-1.96 \leq z \leq 1.96) = 0.95$

$\alpha = 0.01$ (신뢰수준=99%): $Z_{\alpha/2} = 2.58 \Rightarrow p(-2.58 \leq z \leq 2.58) = 0.99$

신뢰구간 공식 $\bar{x} \pm Z_{1-\alpha/2} \dfrac{\sigma}{\sqrt{n}}$ 에서 신뢰구간의 넓이에 영향을 미치는 요인은 α, n, σ이다. α가 작을수록(신뢰수준이 높을수록), 표본크기 n이 감소할수록, 관찰치의 변동을 나타내는 표준편차(σ)가 커질수록 신뢰구간의 폭은 넓어진다.

4.2.5 오차한계

추정치의 최대 허용오차(maximum tolerable error)인 정밀도(expected, desired precision)는 연구결과로 얻는 추정치의 오차를 연구자가 허용하는 최댓값이다. (4.3.7절과 5.1절 참고). 흔히 신뢰구간의 폭(width, $2d$)으로 표현하며 absolute error, relative error, maximum acceptable error, 오차한계(margin of error, error limit, d) 등의 용어를 호환하여 사용한다(Cameron, 1999). 정밀도는 절대적 정밀도(absolute precision)와 상대적 정밀도(relative precision)로 표현한다(Lwanga와 Lemeshow, 1991). 예를 들어 50%의 유병률에 대한 신뢰구간을 ±5%의 절대적 정밀도로 표현하면 [45%, 55%]가 되고, 10%의 유병률의 신뢰구간을 ±5%의 절대적 정밀도로 표현하면 [8%, 12%]가 된다. 한편 상대적 정밀도는 예를 들어 50%의 유병률에 대한 신뢰구간을 ±5%의 상대적 정밀도로 표현하면 [47.5%, 52.5%](50% × 5% = 2.5%)가 되고, 10%의 유병률의 신뢰구간을 ±5%의 상대적 정밀도로 표현하면 [9.5%, 10.5%](10% × 5% = 0.5%)가 된다. 여기에서 45%와 55%의 차이는 중요하지 않을 수도 있다는 점에서 이 정도의 신뢰구간은 연구목적을 달성하는 데 충분히 정밀하다. 반면에 유병률이 5%인 경우 신뢰구간은 [0%, 10%]이므로 이때 0%와 10%는 매우 큰 차이일 수 있기 때문에 연구자는 유병률을 보다 정밀하게 추정하기를 원하게 된다. 정밀도는 흔히 ±5%와 ±10%를 많이 사용하며 작은 값을 사용할수록 표본크기는 급격히 증가한다.

일반적으로 표본크기가 증가할수록 보다 정확한 모집단 추정치를 얻지만 추정치의 정확도는 표본크기와 비례하는 것이 아니며 일정 수준 이상의 표본크기에서 정확도는 미미하게 증가한다. 이항분포의 특성에 의해 $p = 0.5$일 때 표준오차가 가장 크기 때문에 유병률에 대한 정보가 없을 경우에는 50%의 유병률을 가정하여 최대 표본크기를 계산한다(제5, 제6장 참고). 이러한 측면에서 볼 때 유병률 추정을 위한 표본크기 계산에서 중등도, 즉 30~70%의 유병률에 대한 표본크기는 이 범위보다 더 높거나 낮은 경우에 비하여 표본크기가 상대적으로 증가하게 됨을 알 수 있다. 정밀도의 수준에 따른 기대유병률과 표본크기 간의 관계는 <그림 4-5>와 같다. 여기에서 보듯이 동일한 유병률에서 정밀도를 높이면 표본크기는 증가하고, 신뢰수준을 높이기 위해서는 표본크기를 증가시켜야 한다. 예를 들어 50%의 기대유병률을 95% 신뢰수준에서 ±10%의 정밀도로 추정한다면 표본크기는 96두이지만 ±5%의 정밀도로 추정할 경우 표본크기는 384두로 증가한다.

(A)

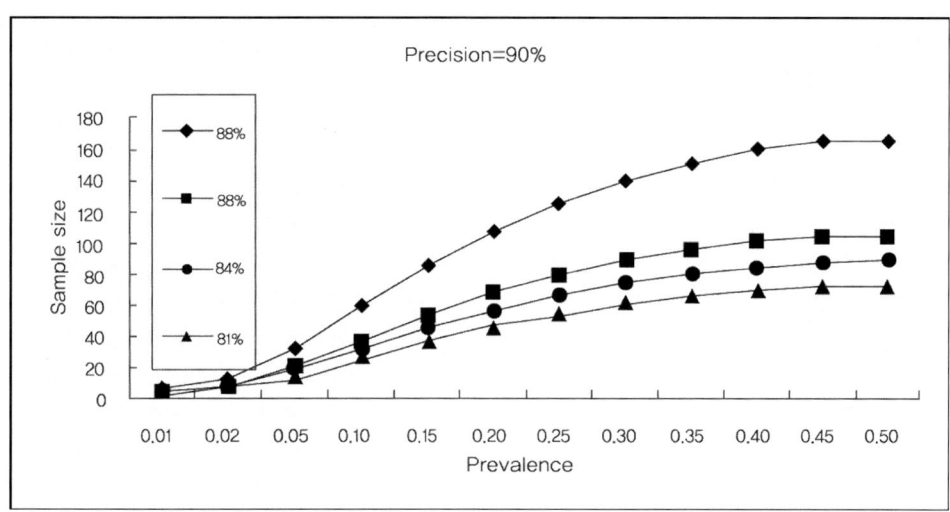

(B)

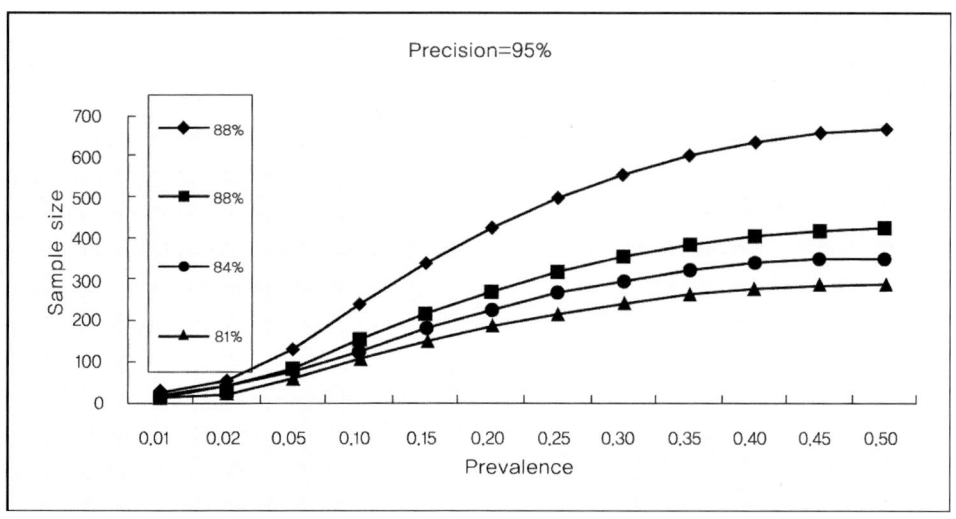

〈그림 4-5〉 정밀도의 수준에 따른 기대유병률과 표본크기 간의 관계
(A) 정밀도=90%, (B) 정밀도=95%

<표 4-1>은 50%의 유병률과 1,500두의 모집단에서 일정 두수의 표본크기를 선발할 때 신뢰수준별 최대 오차한계를 유한모집단 보정을 적용하여 계산한 것이다. 예를 들어 1,500두 규모의 모집단크기에서 서로 다른 30두의 표본을 100개 추출할 때 모집단 평균의 90%(신뢰수준)는 ±14.7%, 95%는 ±17.5%, 99%는 ±23.1% 이내에 위치함을 의미한다. 오차한계는 대표본(large sample)에 비하여 소표본(small sample)에서 유의하게 높다는 것을 알 수 있다. 표본크기가 30두에서 200두로 증가하면 오차한계는 ±17.7%에서 ±6.0%로 급격히 감소한다. 그러나 표본크기를 600두에서 800두로 증가시키면 오차한계는 ±2.4%에서 ±1.6%로 큰 변화를 보이지 않는다.

〈표 4-1〉 표본크기에 따른 신뢰수준별 최대 오차한계 [유병률 (p)=50%, N=1,500]

표본크기 (n)	신뢰수준별 오차한계 (e)		
	90%	95%	99%
30	± 14.7%	± 17.5%	± 23.1%
200	± 5.0%	± 6.0%	± 7.9%
400	± 3.0%	± 3.6%	± 4.7%
600	± 2.0%	± 2.4%	± 3.2%
800	± 1.4%	± 1.6%	± 2.1%

공식: $e = \pm 1.96 \sqrt{p^*(1-p)/n} \times \dfrac{N-n}{N-1}$. N=모집단크기, n=표본크기

4.2.6 검정력 곡선

전술하였듯이 검정력(statistical power)은 거짓인 귀무가설을 기각하고 참인 대립가설을 올바르게 수용할 확률($1-\beta$)로 대립가설의 분포와 관련된 특성이다. 검정력은 대립가설 하에서 다양한 모수값에 대한 함수로 표현할 수 있는데 이를 검정력 곡선(power curve)이라고 한다. <그림 4-6>은 검정력을 n=1, 10, 100, 1,000에서 다양한 대립가설의 평균(μ_A)의 함수로 예시한 것이다. 대립가설의 평균이 귀무가설의 평균(μ_0)에 근사할 때 검정력은 유의수준에 접근한다(<그림 4-7>). 이는 귀무가설과 거의 일치하는 대립가설을 수용할 확률은 귀무가설을 잘못하여 기각할 확률(α)과 동일해지기 때문이다. <그림 4-7>에서 보듯이 μ_A가 μ_0에 접근할 때 검정력이 변하고 두 값이 일치하면 검정력이 곧 유의수준이 된다.

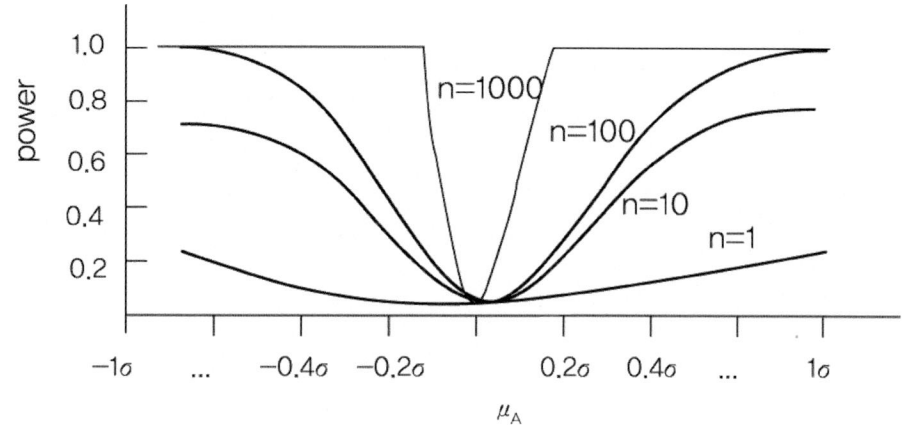

〈그림 4-6〉 n=1, 10, 100, 1,000에서 양측검정의 검정력 곡선

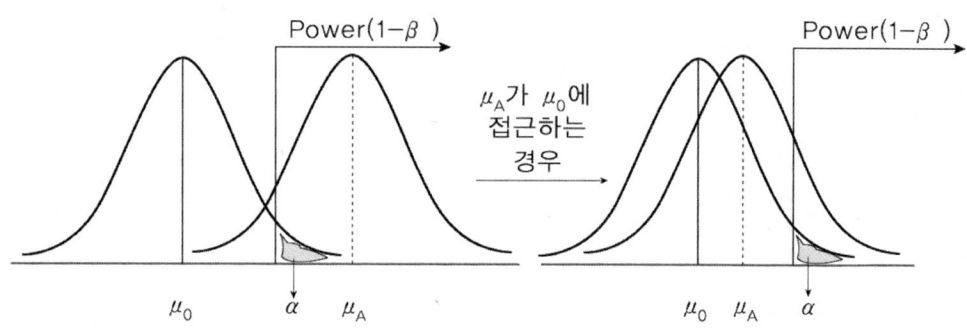

〈그림 4-7〉 μ_A가 μ_0에 접근할 때의 검정력 변화

<그림 4-7>에서 보듯이 검정력은 두 군 간 진정한 차이($\delta = \mu_o - \mu_A$)를 검출하는 연구의 능력이 되며 δ가 클수록 검정력은 증가한다. β는 α, δ, n에 좌우되고 $1 - \beta$ 역시 이들의 함수가 되므로 주어진 통계량에서 여러 가지 대립평균 μ_1에 대한 검정력을 $1 - \beta$와 표본크기(혹은 δ)의 관계로 나타내면 검정력 곡선을 작성할 수 있다.

예를 들어 심장질환으로 진단받은 환자는 혈청 CK(creatine kinase, U/L) 농도가 낮다고 알려져 있다고 하자. 어느 연구자가 이러한 결과를 확인하기 위하여 100두의 심장환자를 대상으로 조사한 결과 평균(μ_A) 115와 표준편차 25를 얻었다. 모집단에서 평균 CK 농도(μ_0)는 120이고 표준편차는 25로 보고된 바 있다. 이 자료에 대하여 검정력을 계산하면 약 63.9%이며 다양한 μ_A 농도에서 검정력 곡선을 작성하면 <그림 4-8>과 같다.

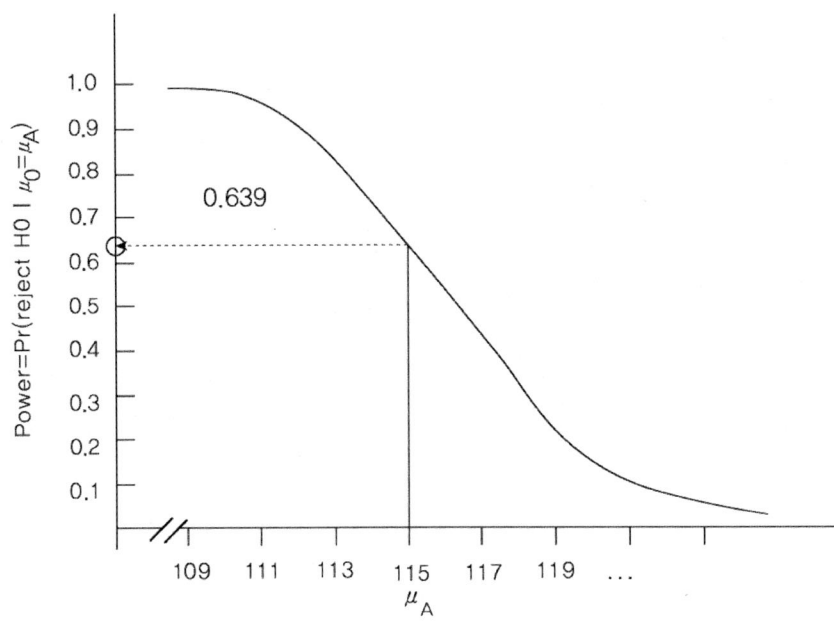

〈그림 4-8〉 특정한 심장질환 환자의 혈청 CK 농도에 대한 검정력 곡선

흔히 사용하는 유의수준과 검정력에 대한 표준정규분포의 Z_α와 Z_β를 요약하면 <표 4-2>와 같다. Z_α는 표준정규분포 곡선에서 유의수준 α(0.1, 0.05, 0.01 등)에 해당하는 Z 값이고, Z_β는 표준정규분포 곡선에서 계산된 Z값(검정통계량)에 대응되는 곡선의 면적 (β)으로 β가 0.5보다 작으면 Z_β는 음수를 갖는다.

〈표 4-2〉 유의수준과 검정력에 따른 표준 정규분포의 Z_α와 Z_β

제1종 오류 (α)	Z_α		제2종 오류 (β)	검정력 ($1-\beta$)	Z_β (단측)
	단측	양측			
0.005	2.576	2.813			
0.010	2.326	2.576	0.01	0.99	2.326
0.025	1.960	2.248			
0.050	1.645	1.960	0.05	0.95	1.645
0.100	1.282	1.645	0.10	0.90	1.282
0.200	0.842	1.282	0.20	0.80	0.840
0.300	0.524	1.036	0.30	0.70	0.530
0.400	0.253	0.842	0.40	0.60	0.250
0.500	0.000	0.674	0.50	0.50	0.000

4.2.7 표준오차

표본조사에서 얻은 추정치는 표본추출에 의한 변동성이 개입되어 전수조사에 의한 추정치와 차이를 보이며 이러한 차이는 표준오차(standard error)로 평가할 수 있다. 표본조사를 계획할 때 연구자는 표준오차가 최소화되면서 조사결과의 정확도는 최대화되기를 원하는데 표본크기를 증가시키면 표준오차가 감소하므로 이러한 목적을 쉽게 달성할 수 있다. 한편 조사비용을 최소화하기 위하여 조사에서 달성할 수 있는 표준오차의 크기를 사전에 지정하는 방법을 사용할 수도 있으며 이 경우 지정한 표준오차의 크기를 달성하는 데 필요한 표본크기를 계산한다.

표준오차는 참값의 신뢰구간을 계산할 때 사용된다. 즉 참값의 68% 신뢰구간은 조사결과로 얻은 추정치의 ±1SE, 95% 신뢰구간은 ±2SE, 99% 신뢰구간은 ±3SE 이내에 해당한다. 이는 100개의 표본 중 각각 68개, 95개, 99개는 모집단의 참값을 포함할 것으로 기대할 수 있음을 의미한다. 예를 들어 선호도에 대한 어느 조사에서 응답자의 60%가 찬성하고 추정치의 표준오차가 4%라고 하면 "선호도의 참값은 56~64% 범위라는 것을 68% 신뢰한다" 또는 "선호도의 참값은 52~68% 범위라는 것을 95% 신뢰한다" 또는 "선호도의 참값은 48~72% 범위라는 것을 99% 신뢰한다"고 해석할 수 있다. 표본크기가 증가하면 표준오차가 감소하고 결과적으로 신뢰구간의 폭이 좁아져 추정치의 정밀도가 향상된다.

정확도가 표본크기 계산에서 어떠한 영향을 미치는지 살펴보자. 어느 지역의 돼지 농장을 대상으로 양돈 전문 수의사와 계약에 의거 질병을 관리하는 농가의 비율을 추정한다고 하자. 비율(p)에 대한 추정치가 약 40%라고 할 때 추정치의 95% 신뢰구간[0.35, 0.45]을 얻기 위해서는 단순무작위추출법을 사용할 때 384개 농가(n)를 선발해야 한다 (표 4-3). 참고로 층화추출이나 집락추출을 사용한 경우 계산 공식이 다르다.

$$SE = \frac{p\text{-}CI\ range\,(lower\ value)}{2} = \frac{0.4\text{-}0.35}{2} = 0.025$$

따라서 단순무작위추출에서 표본크기(n)는 384개 농가로 계산된다(<표 4-3>). 참고로 층화추출이나 집락추출과 같이 표본추출을 사용한 경우 계산 공식이 다르다.

$$n = \frac{pq}{SE^2} = \frac{0.4 \times 0.6}{0.025^2} = 384$$

만일 384가구에 대한 조사에서 p=0.4가 아니라 p=0.3으로 조사되었다면 표본비율 0.3의 표준오차는 0.023(2.3%)이므로 표본비율의 95% 신뢰구간은 [0.254, 0.345]로 계산된다.

$$SE = \sqrt{\frac{pq}{n}} = \sqrt{\frac{0.3 \times 0.7}{384}} = 0.023$$

95% 신뢰구간: $0.3 \pm 1.96 \times 0.023 \leftrightarrow [0.254, 0.345]$

<표 4-3>은 무한모집단에서 단순무작위추출법으로 표본을 선발할 때 표준오차의 크기와 표본비율에 대하여 표본크기를 계산한 결과를 요약한 것이다.

〈표 4-3〉 무한모집단에서 단순무작위추출법으로 표본을 선발할 때 표준오차의 크기와 표본비율에 대한 표본크기

표본비율 (%)	표본비율의 표준오차(%)									
	0.5	1.0	1.5	2.0	2.5	3.0	3.5	4.0	4.5	5.0
10	3,600	900	400	225	144	100	73	56	44	36
20	6,400	1,600	711	400	256	178	131	100	79	64
30	8,400	2,100	933	525	336	233	171	131	104	84
40	9,600	2,400	1,067	600	384	267	196	150	119	96
50	10,000	2,500	1,111	625	400	278	204	156	123	100
60	9,600	2,400	1,067	600	384	267	196	150	119	96
70	8,400	2,100	933	525	336	233	171	131	104	84
80	6,400	1,600	711	400	256	178	130	100	79	64
90	3,600	900	400	225	144	100	73	56	44	36

4.3 표본크기에 영향을 미치는 요인

표본크기는 연구의 목적, 연구 형태, 자료의 종류, 표본추출방법에 따라 다르게 계산된다. 연구형태는 비교적 간단한 단면연구에서부터 복잡한 실험연구가 가능하며, 연구자가 관심을 두고 있는 종속변수도 비율, 평균치, 생존시간, 상관계수 및 상대위험도 등과 같이 매우 다양할 수 있다.

4.3.1 가설검정의 오류와 검정력

연구자는 연구를 시작하기 이전에 제1종 오류와 제2종 오류의 발생 가능성을 고려하여 가능하면 이러한 오류가 최소화되도록 연구를 계획하는 것이 중요하다. 이를 위해서는 α 확률을 최소로 하여 귀무가설을 기각하는 횟수를 줄이고 또한 β 확률을 최소로 하여 귀무가설을 수용하는 횟수를 줄여야 한다. 그러나 α와 β는 반대방향으로 작용하므로 α를 증가시키면 β는 감소하기 때문에(<그림 4-2>, <그림 4-3> 참고) 검정력을 최대화하는 현실적인 방법은 α를 특정 수준, 예를 들어 0.1, 0.05, 0.01 등으로 고정시킨 상태에서 β를 최소화하여 검정력을 최대화하는 것이다. 처리효과가 있다는 강한 증거가 필요해 α 오류를 최소화하면 진정한 효과를 검출하지 못할 가능성이 상대적으로 증가하므로 검정력은 저하된다. 즉 처리효과가 있다는 강한 증거를 얻기 위하여 $\alpha = 0.05$를 $\alpha = 0.01$로 감소시키면 처리효과를 잘못 판정할 기회는 감소하지만(제1형 오류 감소) 실제로 차이가 있을 때 이러한 차이를 검출하는 데 실패할 기회, 즉 제2형 오류가 증가하여 결과적으로 검정력이 감소하는 것이다(<그림 4-9>).

α와 β를 동시에 최소화할 수 있는 가장 적절한 방법은 표본크기를 증가시키는 것이다. α와 β를 설정하는 절대적인 기준은 없으나 흔히 제1종 오류를 제2종 오류의 4배로 설정한다 (Fleiss, 1981). 즉 $\beta = 4\alpha$이므로 검정력은 $1 - 4\alpha$가 된다. 즉 $\alpha = 0.01$일 때 $1 - \beta = 0.95$, $\alpha = 0.02$일 때 $1 - \beta = 0.90$, $\alpha = 0.05$일 때 $1 - \beta = 0.80$이 된다. 흔히 $\alpha = 0.05$와 $\beta = 0.2$(검정력 80%)를 사용하지만 연구의 목적과 상황에 따라 α는 0.01~0.10, β는 0.05~0.20 범위에서 연구자가 결정한다. 연구의 목적상 제1종 오류를 피하는 것이 중요한 경우에는 α를 낮게 정하며, 반대로 제2종 오류를 피하는 것이 중요한 경우에는 β를 낮게 설정하면 된다. 표본크기가 너무 작으면 제2종 오류에 의하여 유의한 차이를 발견할 기회가 줄어들어 유용한 결과를 희생하는 결과를 초래하고, 반면에 표본크기가 불필요하게 크면 비용과 시간이 낭비되는 문제가 있다.

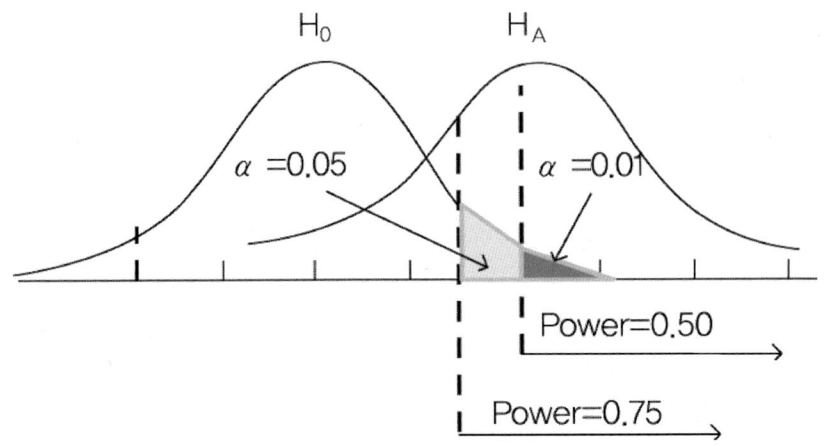

〈그림 4-9〉 유의수준을 0.05에서 0.01로 조정할 때 검정력 변화

일반적으로 표본크기는 아래의 공식에서 보듯이 분모는 유효크기(δ), 분자는 $(Z_{\alpha/2} + Z_\beta)^2$로 구성된다.

$$P \approx \frac{\delta \cdot \sqrt{n}}{\alpha \cdot \sigma^2} \ [\delta = 유효크기, \ n = 표본크기, \ P = 검정력]$$

$$n \approx constant \cdot \frac{(Z_{\alpha/2} + Z_\beta)^2}{\delta^2}$$

예를 들어 유의수준을 $\alpha = 0.05(Z_{\alpha/2} = 1.96)$로 고정한 상태에서 검정력을 0.8에서 0.95($Z_\beta = 1.64$)로 높이면 ($\beta = 0.2$에서 $\beta = 0.05$로 감소) 계산공식에서 분자는 7.84에서 12.96으로 증가하므로 표본크기는 약 65.3% 증가한다.

$$(Z_{a/2} + Z_\beta)^2 = (1.96 + 0.84)^2 = 7.84 \ \ [a = 0.05 : \ \beta = 0.20]$$
$$(Z_{a/2} + Z_\beta)^2 = (1.96 + 1.64)^2 = 12.96 \ [a = 0.05 : \ \beta = 0.05]$$
$$(Z_{a/2} + Z_\beta)^2 = (2.58 + 1.64)^2 = 17.81 \ [a = 0.01 : \ \beta = 0.05]$$

위의 계산에서 보듯이 유의수준 (혹은 β 확률)을 낮게 설정할수록 표본크기는 증가하여 유의수준과 β 확률 모두 표본크기와 역 (inverse)의 관계가 있다. 또한 표본크기가 증가하면 검정력은 증가한다. 즉 표본크기가 증가하면 자유도가 증가하고 임계값의 범위는 극단에서 안쪽 방향으로 이동하게 되므로 제1종 오류가 증가하여($\alpha = 0.05$에서 표본크기가 10일 때 임계값은 2.101이지만, 표본크기가 20일 때 임계값은 2.025로 좁아짐) 검정력이 증가하게 된다. 한편 표본크기가 매우 크면(흔히 $n > 1,000$) 통계적으로 유의한 결과를 보일 가능성이 증가하는데 이러한 유의성은 상대적으로 약한 연관성(weak relationship)일 가능성이 높다. 다시 말해 매우 작은 차이라도 유의한 결과를 보일 가능성이 증가하기 때문에 연구결과를 단순히 통계적인 유의성으로 판단할 것이 아니라 연구 상황에 맞게 적절히 해석하는 것이 중요하다.

4.3.2 유효크기

가설상의 차이를 증명할 가능성은 모집단에서 관심을 두고 있는 통계량(두 집단 평균)의 차이의 크기에 좌우된다. 즉 모집단에서 차이가 매우 크다면 이러한 차이는 표본에서도 검출하기가 용이할 것이고 반대로 차이가 매우 작다면 한정된 표본크기로 이러한 차이가 있다는 증거를 찾는 것이 매우 어려워진다. 비교하는 두 집단 간 기대되는 최소차이(minimum expected difference)를 최소유효크기(smallest effect size, δ)라 하며 이 값이 작을수록 표본크기는 증가한다.

유효크기는 절대차이(absolute difference)와 상대차이(relative difference)로 표현할 수 있다. 전자는 예를 들어 어떤 혈압을 저하시키는 신약의 효과를 평가하는 연구에서 기존의 약물에 비하여 15mmHg를 저하시키는 경우 임상적으로 의미가 있다고 판단하는 경우이고, 후자는 혈압을 10% 감소시키는 경우 의미가 있다고 설정하는 것이다. 단순히 통계적으로 유의한 차이와 임상적으로 유의한 차이는 별개이므로 차이를 설정할 때 신중해야 한다. 예를 들어 혈압을 낮추는 어느 약물의 효과를 평가하기 위하여 약물 처치군과 대조군으로 구성한 연구에서 두 독립표본의 평균 수축기 혈압을 비교한다고 하자. 처치군과 대조군의 평균 혈압을 각각 μ_T, μ_C라고 하면 평균 차이(θ)는 $\theta = \mu_T - \mu_C$가 된다. 따라서 단측검정에서 귀무가설과 대립가설은 다음과 같다.

귀무가설: $H_0 : \theta = 0$

대립가설: $H_A : \theta < 0$

연구의 목적은 유의수준 5%에서 대조군에 비하여 혈압이 15mmHg 낮다는 것을 검출할 확률을 80%로 유지하는 것이다. 기존의 연구에서 혈압의 분산이 20이고 정규분포를 따른다고 가정할 때 $\theta = -15$, 검정력=80%, $\alpha = 0.05$, $\sigma = 20$을 사용하여 계산하면 각 군당 23두를 할당할 때 검정력은 80.5%가 된다. 두 집단 간 차이의 크기와 분산 추정치에 대한 정보는 문헌고찰, 예비시험, 임상적 경험 등에 근거하여 임상적으로 의미가 있다고 생각되는 최소차이를 연구자가 주관적으로 판단한다(최소 차이 설정방법 참고).

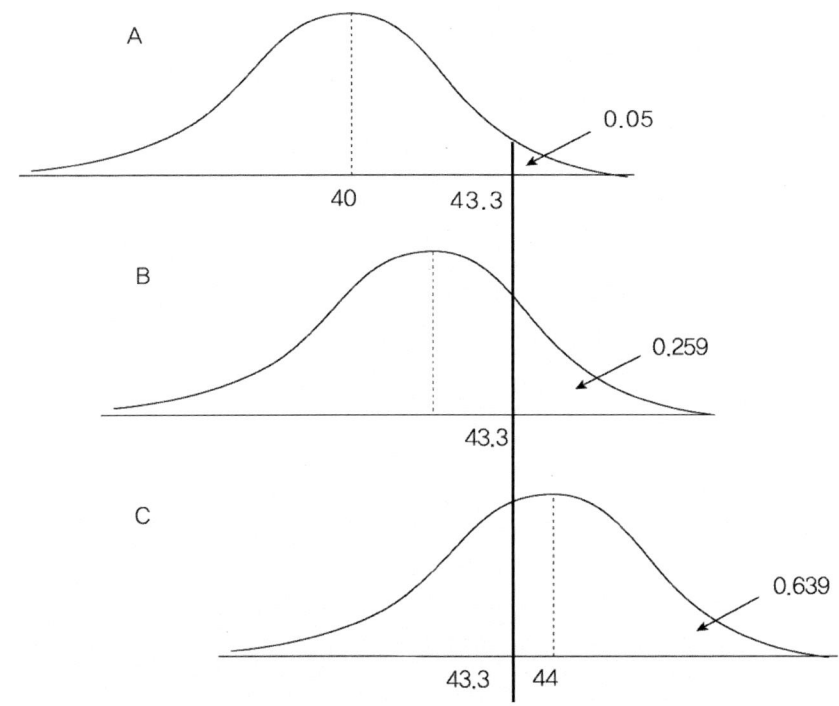

〈그림 4-10〉 모집단의 평균이 각각 40, 42, 44일 때 $\bar{x} > 43.29$일 확률

유효크기와 검정력의 관계를 구체적으로 살펴보자. 모집단의 표준편차가 10이고 평균이 각각 40, 42, 44인 정규분포로부터 추출된 표본크기 25인 표본평균의 분포가 〈그림 4-10〉과 같다고 하자. 모집단 평균이 40일 때 표본평균이 43.29를 초과할 확률은 0.05로 이는 표본평균이 43.29를 초과할 때 평균이 40이라는 귀무가설을 기각할 검정의 유의수준이다. 모집단 평균이 42일 때에는 0.259, 모집단 평균이 44일 때에는 0.639이다. 따라서 모평균이 40이라는 귀무가설을 기각할 확률은 모집단 평균의 참값이 클 때 높아진다는 것을 알

수 있다. <표 4-4>는 표본추출된 모집단의 다양한 평균 μ_i에 대하여 표본평균이 43.29를 초과할 확률이고 <그림 4-11>은 이 자료에 대하여 단측검정에 대한 검정력을 나타낸 것이다. <표 4-4>에서 보듯이 유의수준을 $\alpha = 0.05$에서 $\alpha = 0.01$로 낮추면 검정력은 낮아지고, $\mu = 40$일 때 검정력은 5%이고, μ가 커질수록 power는 100%에 근사한다.

<표 4-5>와 <그림 4-12>는 양측검정에 대한 자료와 그림을 나타낸 것이다. 양측검정의 가설은 $H_0 : \mu = 40$, $H_A : \mu \neq 40$이므로 검정력을 보면 평균이 가설상의 평균 40에 근사할 때 귀무가설을 기각할 확률은 0.05이다. 평균 μ가 40에서 멀어질수록 확률은 증가한다. 즉 평균이 30이나 50에 근사할수록 귀무가설의 기각은 분명해진다는 것이다. 단측검정과 마찬가지로 유의수준을 감소시키면 검정력은 낮아진다. 요약하면 유효크기가 클수록 이러한 차이를 검출하기가 용이하므로 β 오류가 감소하여 검정력이 증가한다(<그림 4-13>).

〈표 4-4〉 표준편차 10, 표본크기 25일 때 귀무가설 $\mu \leq 40$에 대한 단측검정의 검정력

모집단 평균	검정력	
	신뢰수준 95%	신뢰수준 99%
38	0.004	0.001
39	0.016	0.002
40	0.050	0.010
41	0.126	0.034
42	0.259	0.092
43	0.442	0.203
44	0.639	0.371
45	0.804	0.568
46	0.912	0.749
47	0.968	0.879
48	0.991	0.953

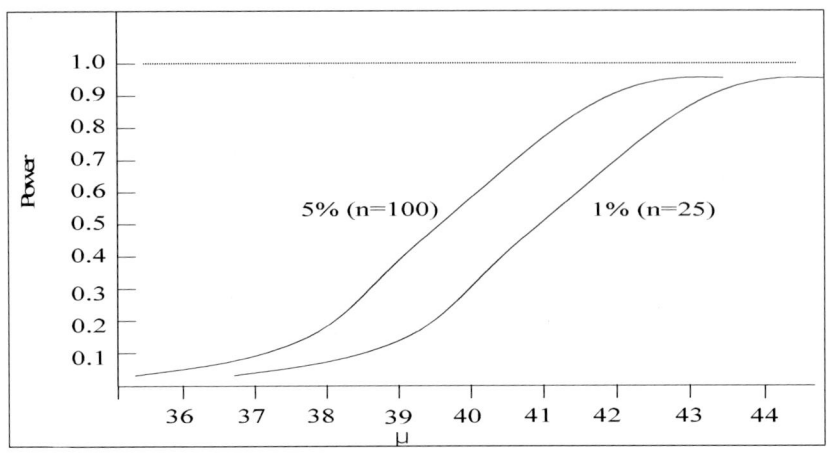

〈그림 4 - 11〉 귀무가설($\mu \leq 40$)에 대하여 표본크기(n)와 유의수준(1%, 5%)에 따른 단측검정의 power function. 검정력(power): $P(reject\ H_0|\mu = \mu_i)$

〈표 4 - 5〉 표준편차 10, 표본크기 25일 때 귀무가설 $\mu = 40$에 대한 양측검정의 검정력

모집단 평균	검정력	
	신뢰수준 95%	신뢰수준 99%
35	0.999	0.470
36	0.979	0.282
37	0.851	0.141
38	0.516	0.058
39	0.168	0.020
40	0.050	0.010
41	0.168	0.020
42	0.516	0.058
43	0.851	0.141
44	0.979	0.282
45	0.999	0.470

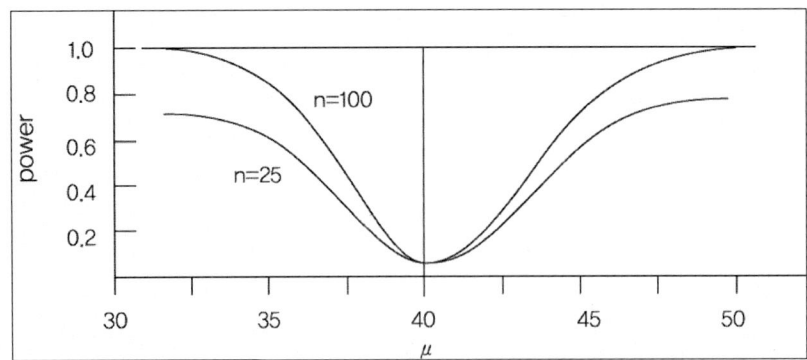

〈그림 4 - 12〉 귀무가설($\mu = 40$)에 대하여 표본크기(n)와 유의수준(1%, 5%)에 따른 양측검정의 power function. 검정력(power): $P(reject\ H_0|\mu = \mu_i)$

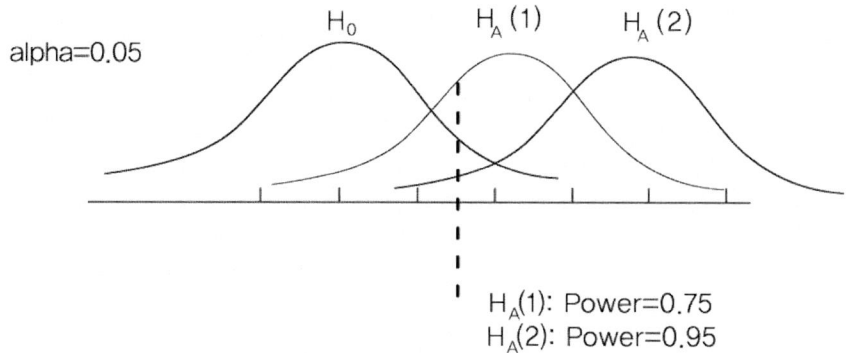

<그림 4-13> 유효크기와 검정력의 관계

최소 차이 설정 방법: 예를 들어 80%의 정확도를 갖는 기존의 검사법에 대하여 새로운 검사법의 정확도가 더 높은지를 비교하는 연구를 수행한다고 하자. 새로운 검사법의 정확도가 81%라면 이는 임상적으로 중요하지 않고 90%의 정확도는 임상적으로 의미가 있는 수준으로 판단되면 최소차이로 10%를 설정한다. 다른 예로 젖소에서 임상형 유방염 발생률을 10% 감소시키는 것은 공중보건학적으로는 중요하지만 임상적으로 갖는 의미와는 다를 수 있다. 따라서 차이의 크기를 결정하는 것은 주관적이지만 연구 수행상의 편리성도 동시에 고려해야 한다. 이를 좀 더 구체적으로 살펴보자.

어떤 속성을 가지고 있는 첫 번째 집단 구성원의 비율을 P1이라 할 때 연구자의 관심은 두 번째 집단의 비율, 즉 P2에 대하여 P1과 P2가 서로 유의하게 다르다는 결론을 유도한다고 하자. 예를 들어 임상시험에서 첫 번째 집단에는 표준형 치료를 제공한 후 일정기간 동안 추적조사하여 반응률 P_1(회복 또는 재발 등)을 얻었다. 한편 새로운 치료법을 제공받은 두 번째 집단의 반응률 P_2는 표준 치료에 반응하는 모든 환자가 새로운 치료에도 모두 반응하고, 표준 치료에 반응을 보이지 않은 환자, 즉 f(연구자에 의해 사전에 결정됨)가 새로운 치료에 반응한다면 연구자는 새로운 치료가 기존의 치료보다 우수하다고 결론을 내릴 수 있게 된다. 표준 치료에 반응하지 않은 환자의 비율은 $1 - P_1$이므로 임상적으로 중요한 반응률 P_2는 $P_1 + f(1 - P_1)$가 된다. 예를 들어 표준 치료와 관련된 증상완화율은 $P_1 = 0.6$이고, 새로운 치료법이 적어도 기존의 표준 치료법에 반응하지 않은 환자 중 적어도 1/4 이상에서 증상을 완화하는 효과가 있을 때 새로운 치료법이 더 우수하다고 판정한다면 $f = 0.255$이므로 $P_2 = 0.60 + 0.25 \times (1 - 0.60) = 0.70$이 된다. 따라서 반응률 $P_2 = 0.7$은 임상적으로 중요한 최소차이가 된다(Fleiss, 1981).

4.3.3 모집단 변동

모집단의 변동(분산, variance)은 모수의 변동량을 측정하는 수단으로 표본크기에 상당한 영향을 미친다. 일반적으로 모집단의 분산이 크면 다양한 이질성을 고려해야 하기 때문에 더 많은 표본크기를 필요로 한다. 반대로 모집단의 분산이 매우 작다면 어떠한 표본을 선발하여도 개체 간 동질성이 높기 때문에 소규모의 표본크기로도 충분하다. 예를 들어 신생 자돈의 평균체중을 측정하는 연구에서 ±200g의 정확도를 허용한다고 하자. 자돈의 체중이 모두 ±200g 이내에 속하는 경우 돈군 내 어느 돼지를 선발하여도 추정치의 평균은 분명히 ±200g 이내에 속할 것으로 기대할 수 있고, 이는 모집단의 모수인 체중의 변동이 매우 작기 때문에 표본크기는 작아도 된다는 것을 의미한다. 만일 자돈의 체중이 1kg에서 100kg의 범위를 보일 때 소수의 표본을 선발하여 체중을 측정한다면 돈군의 총 평균에서 상당히 동떨어진 왜곡된 결과를 얻을 가능성이 높기 때문에 많은 수의 자돈을 선발하여 체중을 측정해야 참값에 근사한 값을 얻을 수 있다. 분산을 줄이는 한 가지 방법은 표준편차를 감소시키는 것으로 표본을 선발할 때 선정기준(selection criteria)을 엄격히 적용하여 가능한 동질한(homogeneous group) 개체로 구성하는 것이다. 예를 들어 '3세 수컷 홀스타인 품종'보다는 '3.5세 수컷 홀스타인 품종'으로 한정하여 표본을 선발하면 보다 동질한 개체들로 구성할 수 있다.

4.3.4 모집단크기

모집단크기(population size)는 일반적으로 표본크기에 미미한 영향을 미치고 오히려 분산이 더 중요하기 때문에 무시하는 경향이 있다. 일반적으로 모집단크기가 1,000두에 접근할 때까지 표본크기는 급격히 증가하지만 그 이상에서는 증가의 정도가 미미하여 모집단크기가 10,000두 이상이면 표본크기에 거의 영향을 미치지 않는다(Cameron 등, 2003). 자세한 내용은 제6장에서 설명한다.

4.3.5 검출 가능한 유병률

표본크기를 계산하는 가장 간단한 상황은 진단검사가 완벽한 경우이다. 검사의 민감도가 완벽하지 못하다면 감염개체를 검출하는 데 실패할 확률이 존재하므로 표본크기를 계산할 때 이를 보정해 주어야 한다. 즉 검사의 민감도가 95%라면 이는 양성 개체 중 95%만 이 검사로 검출하고 5%는 검출하지 못한다. 검출 가능한 유병률(detectable prevalence)은 유병률의 참값과 민감도의 곱으로 계산되기 때문에 검사의 민감도가 100%이면 검출 가능한 유병률과 유병률의 참값은 동일하다. 이를테면 유병률의 참값이 5%일 때 검사의 민감도가 40%이면 검출 가능한 유병률은 2%(0.05×0.4=0.02)에 불과하다. 유병률의 참값이 1%일 때 검사의 민감도가 50%라면 실제로 검출 가능한 유병률은 0.5%가 되므로 표본크기를 계산할 때 검출 가능한 유병률을 적용하게 된다(James, 1998). 지정한 유병률에서 검사의 민감도가 완벽할 때 계산된 표본크기가 300두라면 검출 가능한 유병률이 0.95%일 때 표본크기는 316두로 증가되어야 한다($n = 300/0.95 = 316$). 최소 기대유병률(minimum expected prevalence), 최대 수용 가능한 유병률(maximum acceptable prevalence), 최소 검출 가능한 유병률(minimum detectable prevalence)은 모두 계획 유병률(design prevalence)을 의미하는 용어로 사용하고 있다.

예를 들어 질병 비발생 증명(disease freedom)을 위한 조사에서는 모집단에 감염이 존재한다는 귀무가설에 근거하여 표본크기를 계산한다. 계획 유병률로 어떠한 값이라도 지정할 수 있지만 선택한 값에 따라 분석결과에 대한 해석에 영향을 미치기 때문에 그 값을 설정하는 것이 쉽지 않다. 예를 들어 계획 유병률로 50%를 지정하여 표본크기를 계산하여 이들을 검사한 결과 전 두수 음성일 때 이는 해당 모집단에서 감염의 유병률이 50% 이하임을 95% 신뢰한다는 것을 의미한다. 이러한 결과는 질병 비발생에 대한 강력한 증거가 되지 못한다. 한편 1%의 계획 유병률을 사용하면 전 두수 음성일 때 감염이 존재한다면 유병률이 1%를 넘지 못함을 의미하므로 전자에 비하여 매우 강력한 비발생의 증거가 될 수 있다. 여기에서 몇 가지 주의해야 할 사항이 있다. 첫째, 관심을 두고 있는 질병의 역학적 특성을 고려할 때 감염된 집단일 경우 단지 1%만이 감염되어 있을 것이라는 가정이 실제로 가능한 수준인지에 관한 것이다. 이를테면 수직감염이 가능한 질병인 경우 감염 집단에서 1%의 유병률을 가정하는 것이 논리적이지 못한 낮은 수준일 수 있다는 것이다. 둘째, 질병 비발생은 어느 집단에서 감염된 개체가 없음을 의미하기 때문에 계획 유병률보다 낮은 수준일지라도 적어도 1두의 감염개체가 확인되면 더 이상 비발생이라고 주장하기 어려워진다는 점이다. 즉 엄격한 의미에서 비발생은 유병률이 0이고 낮은 수준의 유병률을 의미하는 것은 아니다. 이에 대한 자세한 내용은 제12장에서 설명한다.

세계동물보건기구(OIE) 육상동물규약(Animal Health Code)에서는 일부 질병에 대하여 청정증명에 필요한 표본크기 계산을 위해 유병률(design prevalence)을 권고하고 있다. 이러한 기준이 없는 질병에 대해서는 표본크기를 계산할 때 사용한 계획 유병률에 대한 논리적인 근거를 제시해야 하며 이때 다음과 같은 기준을 고려한다. 첫째, 개체수준(animal−level)에서의 계획 유병률은 질병의 생물학적, 역학적 특성을 고려하여 결정한다. 모집단에 질병이 토착화되어 있다면 계획 유병률은 연구모집단에서의 최소 기대유병률과 동일한 수준으로 가정할 수 있다. 전염성 질병인 경우 전파속도가 느리다면 1~5%의 낮은 수준의 계획 유병률을 설정하며, 전파 속도가 빠르면 5% 이상의 높은 수준의 계획 유병률을 가정할 수 있다. 외래성 질병에 대해서는 흔히 2% 혹은 5%를 사용한다. 둘째, 대부분의 질병은 개체수준과는 다르게 농장 수준(farm−level)에서는 낮은 수준의 유병률을 보이는 경우가 많기 때문에 어느 정도의 위험을 허용할 것인지를 결정하여 이러한 허용 수준과 질병의 생물학적 특성 간에 적절한 균형을 유지할 필요가 있다. 예컨대 농장수준에서 0.1%의 낮은 계획 유병률을 사용하면 비발생 증명을 위한 조사에서 대규모의 표본크기가 필요하며, 반면에 2%의 높은 계획 유병률을 사용하면 감염수준이 매우 낮은 지역에서 감염농장을 검출하는 데 실패할 가능성이 증가한다. 질병 비발생 증명의 목적으로 농장 수준의 계획 유병률로 1%를 사용하는 경우가 많다.

4.3.6 집락성

질병이 모집단에 균질하게 분포하지 않고 특정 군(집락)에 집중되어 발생하는 경향을 집락성(disease clustering)이라고 한다(제11장 참고). 예를 들어 개체수준(animal−level)에서 유병률이 10%라는 것은 감염이 모집단에서 균질하게 분포하는 경우, 즉 집락성이 없다고 할 때 10두 중 1두는 감염되어 있음을 의미한다. 그러나 집락성을 보이는 질병은 모집단 내 특정 집단(sub−population)에서는 대부분의 개체가 감염되어 있는 반면 다른 집단에서는 감염된 개체가 전혀 없을 수도 있다. 두 경우 전체적인 유병률은 동일할지라도 후자의 상황에서 감염을 검출하는 것이 더 어렵다. 다른 예로 양계장에서 동일한 케이지 내의 개체들은 상호 접촉하지만 다른 케이지에서 사육되는 개체들과는 접촉하지 못하기 때문에 동일한 케이지 내에서 질병이 전파될 확률은 다른 케이지의 개체보다 높다. 만일 동일한 케이지 내의 개체 간 독립성이 유효하다는 잘못된 가정을 전제로 할 경우 집락성을 무시함으로써 왜곡된 결과를 초래하고 모집단 추정치의 확실성을 증가시킨다. 따라서 모집단에서 감염의 집락성을 고려하여 계획 유병률을 서로 다른 수준에서 설정하는 것이 일반적인 접근방법이다. 집락성의 수준이 증가하면 조사계획과 분석이 매우 어려워지기 때문에 집락성이 1개인 조사를 많이 사용한다.

일반적으로 표본크기를 계산할 때 모집단의 구성원, 즉 표본추출 단위 (sampling unit)가 상호 독립적이라는 가정을 전제로 한다. 예를 들어 집락추출 (cluster sampling)에서는 결과 (유병률)가 집락의 수준과 연관되어 있어 독립성 가정을 위반하는 경우 분산 추정치가 과소평가되기 때문에 분산을 팽창시킬 목적으로 집락 내 상관계수 (intra-correlation coefficient, ρ)를 이용하여 분산 팽창 보정계수 (design effect, variance inflation correction factor)를 적용하여 표본크기를 보정해주는데 이를 design effect (DE)라고 한다. 즉 DE는 단순무작위추출 (simple random sampling)을 사용할 때 기대되는 분산에 대한 집락추출 (cluster sampling) 분산의 비 (ratio)로 집락 내 표본크기를 m이라 하면 $DE = 1 + \rho(m-1)$로 계산한다. 따라서 집락추출법에 필요한 표본크기는 단순무작위추출에서 독립성을 가정하여 계산된 표본크기에 DE를 곱하여 계산한다. 자세한 내용은 제 11장에서 설명한다.

4.3.7 정밀도

일반적으로 정밀도 (precision)는 2회 이상 측정값이 서로 동일한 결과를 보이는 정도를 의미하는 일정성 (consistency)을 나타내는 지표로 흔히 신뢰구간의 폭 (width)을 의미하기도 한다 (4.2.5절 참고). 표본을 대상으로 수행한 연구에서 연구자는 모집단의 참값이 존재할 것으로 기대되는 (흔히 95% 신뢰구간) 측정치에 대한 확률분포를 얻을 수 있다. 신뢰구간은 표본크기 (n)의 역수와 관련이 있기 때문에 표본크기가 증가하면 모집단의 참값에 더 근사하는 (정밀도가 높은) 추정치를 얻는다. 표본으로부터 계산된 모집단 평균 추정치를 점추정치 (point estimate)라고 하며, 신뢰구간 (confidence interval)은 모집단의 모수가 포함될 구간을 표본으로부터 확률적으로 추정한 구간이다. 구간추정의 신뢰수준 (confidence level)이 95%일 때 신뢰구간은 다음과 같다.

신뢰구간: 점추정치 $\pm 1.96 \times SE$, $[SE = SD/\sqrt{n}]$

예컨대 특정 질병으로 진단받은 120두의 개를 대상으로 blood urea nitrogen (BUN, mg/dl)

농도를 측정한 결과 평균 34, 표준편차 3.8을 얻었다면 표준오차 (standard error, SE)는 $3.8/\sqrt{120} = 0.35$로 계산된다. 이는 모집단으로부터 동일한 크기의 표본을 반복하여 선발할 때 평균이 34이고, 표본평균의 약 95% (1.96SE)는 $[33.31 - 34.69]$ 사이에 있을 것으로 추정할 수 있음을 의미한다. 만일 이와 동일한 추정치를 표본크기 60, 30, 10인 표본에서 각각 얻었다면 표준오차는 $3.8/\sqrt{60} = 0.49$, $3.8/\sqrt{30} = 0.69$, $3.8/\sqrt{10} = 1.20$으로 표본크기가 감소할수록 증가한다. 따라서 자료의 산포성이 작을수록 신뢰구간이 좁아지며 결과적으로 모집단의 특성 (평균, 비율 등)을 보다 정밀하게 추정할 수 있게 된다. 표본변동성이 낮으면 모집단을 대표할 가능성이 높아지므로 유의한 차이를 검출하는데 필요한 표본크기가 감소하는 것이다.

종속변수의 정밀도 (precision)와 표본크기와의 관련성은 배뇨를 촉진하는 약물의 효과를 비교하는 연구 (그림 4-14)에서도 쉽게 알 수 있다. 기존의 약물(A)과 새로 개발된 약물(B)을 투여한 결과 평균 배뇨량에서 10 정도의 차이를 보여 새로운 약물의 효과가 우수한 것으로 보이지만, 산포성을 고려한다면 두 분포가 겹치는 영역이 많아 평균 간 차이가 참인지에 대한 확신을 갖기 어려워진다.

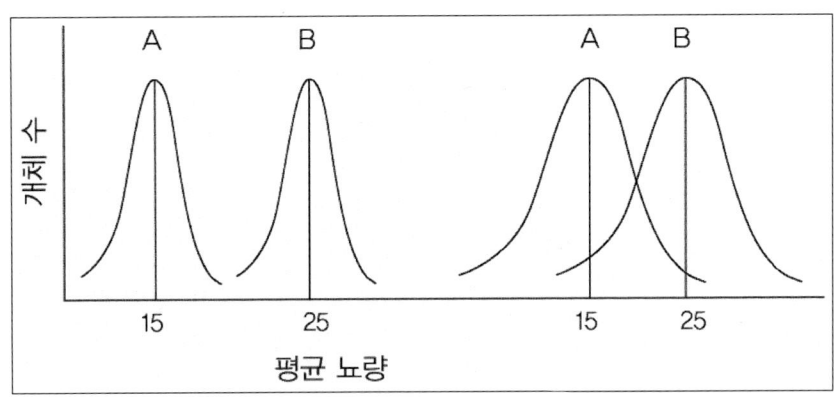

〈그림 4-14〉 약물(A: 기존, B: 신약) 투여 후 평균 배뇨량 분포

본 예에서 보듯이 통계적 검정결과는 비교하고자 하는 집단 간 유효차이에 좌우되지만 두 평균 간 큰 차이가 있더라도 측정의 신뢰도가 낮으면 산포도가 커져 군간 차이를 증명하기 어려워진다.

4.3.8 양측검정과 단측검정

연구의 목적이 예를 들어 실험군에서의 치료율이 대조군에서의 치료율보다 높은지 (혹은 낮은지) 어느 한쪽 방향에만 관심을 갖기도 하지만 양쪽 방향 모두에 관심을 둘 수 있다. 전자를 단측검정 (one-sided test, one-tailed test), 후자를 양측검정 (two-sided test, two-tailed test)이라고 한다. 검정의 형태를 결정해야 하는 이유는 연구의 목적과 표본크기 계산에서 유의수준과 직접적인 관련이 있기 때문이다. 예를 들어 소백혈병 바이러스 (bovine leukemia virus, BLV) 감염증과 송아지의 초유 급여에 대한 연구에서 연구의 목적이 초유를 섭취한 소가 BLV 감염증에 방어효과가 있는지를 평가하는 것이라면 단측검정에 해당하고, 반면에 연구의 목적이 초유 섭취여부와 BLV 발생률의 차이에 관심을 둔다면 양측검정에 해당한다. 양측검정과 비교할 때 단측검정에서 표본크기는 증가하며, 표본크기를 고정시킬 때 양측검정에 비하여 단측검정에서 검정력이 증가하는데 그 이유는 유의수준이 증가하면 β는 감소하므로 결과적으로 검정력 $1 - \beta$는 증가하기 때문이다.

4.3.9 기타 요인

무응답과 탈락률: 표본조사에서는 농장주의 거부, 설문조사에서의 무응답(non-response), 폐사 등 여러 가지 이유로 조사 대상자 중 일부가 조사에서 배제되는 경우가 있다. 탈락(drop-out)은 특히 추적조사(follow-up study)나 생존분석 자료에서 흔히 발생한다. 생존분석에서 중도탈락 관찰치(censoring)는 연구대상자를 추적-관찰함에 있어 계획된 연구기간 중에 생존여부를 완전하게 관찰하지 못한다. 연구계획 단계에서 표본크기를 완벽하게 결정하였다고 하더라도 대상자의 탈락이 증가하는 경우 결과의 정확도가 훼손되므로 표본크기 결정단계에서 예상되는 탈락의 정도를 예측하여 이를 보정한 표본크기를 계획하는 것이 바람직하다.

예산: 일반적으로 표본크기는 조사결과를 신뢰할 수 있고 일반화하기에 충분한 수준으로 계획하는 것이 바람직하지만 실제로 표본조사에 할당된 예산과 시간이 한정되어 있고 또한 통계적으로 유효한 수준 이상의 표본크기를 선발하는 경우 비용과 시간이 소요되므로 이들 조건 간에 적절한 균형이 유지되도록 계획해야 한다.

변수의 개수: 연구자가 알고자 하는 변수의 개수가 많을수록 표본크기는 증가한다. 예를 들어 임상수의사가 제공하는 서비스에 대한 농장주의 만족도를 평가하는 연구에서 여러 가지 요인(임상적, 환경적, 인구학적 요인 등)을 동시에 고려할 경우 다변량적 분석이 요구된다. 이와 같이 여러 가지 변수를 동시에 고려하는 연구일수록 표본크기는 증가한다.

가설검정의 개수: 예컨대 연구에서 하나 이상의 가설을 동시에 검증해야 하는 경우 가설검정에서 전체적인 유의수준으로 이를테면 0.05를 충족하기 위해서는 개별 검정에서 유의수준을 조정해 주어야 한다(family-wise error rate). 즉 유의수준을 가설의 개수로 나누어 주어야 하는데 예를 들어 4가지의 가설이 있다면 각 검정의 유의수준 α를 0.0125(0.05/4)로 설정해야 한다. 각각의 가설을 $\alpha = 0.05$로 검정할 때와 비교하여 동시에 검정해야 할 가설의 개수가 많을수록 표본크기는 증가한다.

혼란변수: 독립변수와 종속변수 이외의 제3의 변수에 의해 두 변수 간 진정한 연관성이 왜곡되어 잘못된 결론을 유도할 때 혼란변수(confounding variable)가 작용한 것으로 해석한다. 혼란변수가 예상되는 경우에는 연구계획 단계에서 이 변수의 영향을 통제해야 하므로 층화분석과 같은 다양한 분석기법을 이용해야만 합리적인 표본크기를 결정할 수 있다.

모수적 분석방법이 비모수분석법에 비하여 검정력이 높고 범주형 자료에 비하여 연속형으로 측정된 자료일수록 검정력이 높다고 알려져 있다. 신뢰도가 높은 변수를 이용하면 측정결과의 산포도를 감소시키게 되므로 표본크기가 감소한다. 두 독립표본에 대한 연구에 비하여 짝지은 연구(약물 투여 전과 후의 평균 비교)에서는 결과변수의 산포성을 감소시키기 때문에 표본크기를 줄일 수 있다. 표본크기 감소와 검정력 증가에 영향을 미치는 주요 요인을 정리하면 <표 4-6>과 같다.

〈표 4-6〉 표본크기 감소와 검정력 증가에 영향을 미치는 주요 요인

표본크기 감소	검정력 증가
검정력 감소	표본크기 증가
유효크기 증가	유효크기 증가
표준편차 감소	표준편차 감소
통계적 유의수준 감소	통계적 유의수준 감소

간혹 연구자는 비용을 절약하기 위하여 검정력이 낮은 계획에 현혹될 수 있다. 충분하지 못한 검정력으로 인해 차이가 없다는 결론이 내려질 경우 오히려 연구 자체가 무용지물이 될 수 있음을 분명히 인식하여 연구계획 단계에서 통계적으로 유효한 표본크기를 결정해야 한다.

제5장 유병률 추정

　유병률 (혹은 단일 집단 비율) 연구의 목적은 질병에 대한 항체수준이나 위험요인 노출 여부 등 모집단이 가지고 있는 어떤 속성의 발생빈도를 추정하는 것이다. 이러한 목적으로 흔히 단면연구를 사용하며 검사결과에 근거하여 현성 유병률(apparent prevalence)을 계산한다. 완벽하지 않은 진단검사 결과에 근거하여 유병률을 추정하는 연구는 1970년대 후반부터 논의되어 1990년대 들어 많은 연구자의 관심사가 되었다. 전통적으로 유병률을 추정하는 연구에서는 100%의 민감도와 특이도를 갖는 검사를 가정하지만 이러한 조건을 갖는 검사는 매우 드물다. Rogan과 Gladen(1978)은 완벽하지 않은 진단검사를 가정하여 개체수준에서 유병률을 추정하는 공식을 제안하였다. Martin 등(1992)은 우군수준의 민감도와 특이도에 근거하여 우군수준의 유병률을 계산하였다. Donald(1993)와 Donald 등(1994)은 Martin 등(1992)의 공식을 개선하여 질병 발생의 집락성(clustering)을 고려한 우군수준의 유병률을 계산하는 공식을 제안하였다. Cameron과 Baldock(1998a)은 질병 비발생 증명에 필요한 표본크기를 간편하게 계산하는 프로그램을 개발하였다. Carpenter와 Gardner(1996)는 우군수준의 민감도와 예측도를 평가하는 모의시험 모형을 작성하였으나 우군크기, 표본크기, 동물 수준에서 검사의 특성에 대하여 단일 수치를 지정해야 하는 한계가 있다. Jordan과 McEwen (1998)은 우군수준 검사에 영향을 미치는 모수의 변동성을 고려한 모의시험 모형에서 실질적인 문제를 고려하였다는 점에서 현실적인 모형으로 간주된다. Audigé와 Beckett(1999)은 이단계표본추출법을 사용한 조사의 정확도를 정량적으로 평가하는 모형을 개발하였고, Suess 등(2002)은 질병 비발생 증명을 위하여 Bayesian 기법을 이용하는 방법을 제시하였다.

5.1 단순무작위추출

방법 1: 표본크기가 충분히 클 때 비율 p의 신뢰구간은 $p \pm z_{1-\alpha/2} \times SE(p)$이므로 95% 신뢰구간의 폭(width)은 오차한계(margin of sampling error, $\pm d$)의 2배(1.96)이다.

$$width = 2 \times z_{1-\alpha/2}\sqrt{p(1-p)/n}$$

$$\frac{width}{2} = z_{1-\alpha/2}\sqrt{p(1-p)/n}$$

오차한계(기대정밀도)가 적어도 d보다 작다고 가정하면 다음과 같은 표본크기 공식이 유도되며, 이 공식은 우군 수준의 유병률 추정을 위한 연구에서 우군 수를 계산할 때 사용할 수 있다.

$$z_{1-\alpha/2}\sqrt{p(1-p)/n} \leq d$$

$$d^2 \geq \frac{z_{1-\alpha/2}^2 pq}{n} \Leftrightarrow d \geq z_{1-\alpha/2}\frac{\sqrt{pq}}{\sqrt{n}}$$

① $n \geq \dfrac{z_{1-\alpha/2}^2 pq}{d^2}$ $[q = 1-p]$ [절대적 정밀도]

② $n \geq \dfrac{z_{1-\alpha/2}^2(1-p)}{d^2 \times p}$ $[q = 1-p]$ [상대적 정밀도]

이 공식은 무한모집단에서 기대 유병률 (expected prevalence)에 대한 오차한계 (기대정밀도, desired absolute precision, tolerance, d)와 완벽한 진단검사를 가정한 것이다. 또한 이항분포에 대한 정규 근사성 (normal approximation)을 가정하기 때문에 유병률이 $0.2 < p < 0.8$ 범위일 때 적절하게 사용할 수 있다. 흔히 진단검사의 민감도와 특이도는 0.95 이상으로 매우 높은 경우가 많은데 이와 같이 유병률이 0이나 1에 근사할 경우에는 정확 이항분포에 근거한 표본크기를 계산하는 것이 바람직하다 (Fosgate, 2005; 2009). 기대정밀도는 조사 결과에서 얻는 추정치의 최대 허용오차로 오차한계 (d) [혹은 신뢰구간의 폭 (width, w)의 절반 ($d = w/2$)]을 의미하며 연구자가 지정하는 값이다 (4.2.5절과 4.3.7절 참고). 흔히 ±5%와 ±10%를 많이 사용하며 정밀도를 높일수록 표본크기는 급격히 증가하므로 정밀도

의 수준과 비용 간 적절한 균형을 유지하는 것이 바람직하다. 정밀도의 수준에 따른 기대
유병률과 표본크기 간의 관계는 <그림 4-5>(제4장 참고)에서 설명하였다.

예를 들어 기대유병률 p=30%에 대하여 ±5%의 기대정밀도로 추정하는 것을 95% 신
뢰하는 표본크기는 유병률 추정치가 참값에서 ±5%의 오차한계(절대적 정밀도에 의한 유
병률의 신뢰구간 25-35%)로 추정되는 것을 95% 신뢰하기 위하여 323두가 필요하다는 것
을 의미한다.

$$n = \frac{1.96^2 \times 0.3(1-0.3)}{0.05^2} = 323$$

다른 예로 어느 지역에서 소 브루셀라병에 대한 항체 양성률이 20%로 알려져 있을 때
표본추정치가 모집단 유병률 참값의 4% 이내로 추정하는 데 필요한 표본크기를 계산하
여 보자. 이 경우 신뢰수준에 대한 언급이 없으므로 95% = 2SE의 관계에서 2SE는 4%를
초과하지 않아야 하므로 1SE = 2%가 된다. 따라서 약 400두가 필요하며 계산된 표본크
기가 모집단크기에 비하여 충분히 크면 유한모집단 보정계수를 적용한다.

$$n = \frac{0.2 \times (1-0.2)}{0.02^2} = 400$$

상대적 정밀도의 경우 이를테면 어느 지역의 양돈장에서 돼지생식기호흡기증후군 (PRRS)
백신 접종률을 조사한다고 가정하자. 전년도 조사결과에 의하면 PRRS 백신 접종률이 62%
로 추정되며, 당해년도 조사에서 접종률 참값의 ±5% (62% × 5% = 3.1%) 이내로 (상대
적 정밀도에 의한 유병률의 신뢰구간 58.9-65.1%) 추정하는 것을 95% 신뢰하기 위해서는
942두를 조사해야 한다.

$$n \geq \frac{z_{1-\alpha/2}^2(1-p)}{d^2 \times p} = \frac{1.96^2(1-0.62)}{0.05^2 \times 0.62} \approx 942$$

전술한 예제에서 기대 유병률은 사전유병률(prior prevalence)로서 정보를 알 수 있을 때
사용할 수 있으며 이 정보를 모른다면 최대 표본크기를 얻기 위하여 50%를 가정하여 계

산할 수 있다(4.2.5 참고). 기대 정밀도와 신뢰수준에 따른 표본크기를 요약하면 <표 5-1>
과 같다.

<표 5-1> 기대 정밀도와 신뢰수준에 따른 표본크기(Se = Sp = 100%)

| 기대
유병률 (%) | 신뢰수준 90% | | | 신뢰수준 95% | | | 신뢰수준 99% | | |
| | 기대 정밀도(%) | | | 기대 정밀도(%) | | | 기대 정밀도(%) | | |
	10	5	1	10	5	1	10	5	1
10	24	97	2,435	35	138	3,457	60	239	5,991
20	43	173	4,329	61	246	6,147	106	425	10,616
30	57	227	5,682	81	323	8,067	139	557	13,933
40	65	260	6,494	92	369	9,220	159	637	15,923
50	68	271	6,764	96	384	9,604	166	663	16,587
60	65	260	6,494	92	369	9,220	159	637	15,923

* 기대유병률 60%, 70%, 80%, 90%는 40%, 30%, 20%, 10%와 동일함.
* 예를 들어 50%의 기대유병률을 95% 신뢰수준에서 ∓5%의 정밀도로 추정할 경우 표본크기는 약 384두가 되며, 동일한 가정에서 ∓10%의
정밀도로 추정한다면 표본크기는 약 96두로 감소한다.

(ⅰ) 진단검사의 특성을 고려할 경우

한편 위의 식에서 진단검사의 특성을 고려하면 다음의 공식을 사용한다(Rahme와 Joseph,
1998, Dendukuri 등, 2004).

$$n = [\frac{z_{1-\alpha/2}}{d(Se + Sp - 1)}]^2 p(1-p)$$
$$p = TP*Se + (1-TP)*(1-Sp)$$

여기에서 p는 검사양성(test positive), 즉 현성 유병률로 유병률 추정치(TP)를 민감도
(Se)와 특이도(Sp)로 보정한 값이다. 만일 $Se = Sp = 100\%$인 경우 $p = TP$가 되어 <표
5-1>과 동일한 결과를 보인다. <표 5-1>에서 $Se = Sp = 90\%$를 가정하여 표본크기를
다시 계산하면 <표 5-2>와 같다.

<표 5-2> 기대 정밀도와 신뢰수준에 따른 표본크기($Se = Sp = 90\%$)

기대 유병률 (%)	신뢰수준 90%			신뢰수준 95%			신뢰수준 99%		
	기대 정밀도 (%)			기대 정밀도 (%)			기대 정밀도 (%)		
	10	5	1	10	5	1	10	5	1
10	50	200	4,992	71	283	7,087	122	490	12,241
20	65	260	6,507	92	370	9,239	160	638	15,957
30	76	304	7,589	108	431	10,775	186	744	18,611
40	82	330	8,238	117	468	11,697	202	808	20,203
50	85	338	8,455	120	480	12,005	207	829	20,734
60	82	330	8,238	117	468	11,697	202	808	20,203

(ii) 검정력을 고려할 경우

전술한 계산에서는 검정력(statistical power, $1 - \beta$)을 고려하지 않았는데 예를 들어 80%의 검정력을 유지하는 표본크기를 얻고자 한다면 위에서 계산된 표본크기(n)는 간단히 다음과 같이 보정(n_A)한다.

$$n_A \geq \ n + n \times (1 - power, \%)$$

한편 검정력을 고려할 때 양측검정에서 가설상의 수치 (즉 두 실험군 중 어느 한 군의 비율을 알고 있을 때)와 비교하는데 필요한 표본크기를 계산해야 하는 경우가 있다. 이를 테면 특정 약제 A의 치료효과에 대한 대규모 연구에서 20%의 성공률이 보고되었다고 하자. 동일한 조건에서 새로 개발한 약제의 치료 성공률을 평가한다고 할 때 약제 A의 성공률 20%를 알고 있기 때문에 신약 효과를 평가하는 연구에 약제 A를 포함시킬 필요가 없다. 이러한 연구 형태를 historical control study라고 하며 실험군이 1개인 상황이다. 따라서 단일 비율에 대한 이항검정을 위한 표본크기를 계산하게 되며 다음의 공식을 사용한다 (Rosner, 2006; Machin 등, 2009).

$$n = \frac{[z_{1-\alpha/2} + z_{1-\beta}\sqrt{\frac{p_1 q_1}{p_0 q_0}}]^2 (p_0 q_0)}{(p_0 - p_1)^2} = \frac{(z_{1-\alpha/2}\sqrt{p_0 q_0} + z_{1-\beta}\sqrt{p_1 q_1})^2}{(p_0 - p_1)^2}$$

예를 들어 유해물질을 생산하는 공장 인근에서 사육되는 소에서 특정 암 X의 유병률이

5%로 조사되었다. 일반 모집단의 소에서 암 X의 유병률은 2%로 알려져 있다고 할 때 $\alpha = 0.05$, $1 - \beta = 0.9$, $p_0 = 0.02$, $p_1 = 0.05$를 위의 식에 대입하면 5% 유의수준에서 이러한 3%의 차이를 발견할 90%의 검정력을 달성하는데 필요한 표본크기는 341두로 계산된다.

$$
n = \frac{[1.96 + 1.282\sqrt{\dfrac{0.05(0.95)}{0.02(0.98)}}]^2(0.02 \times 0.98)}{(0.05 - 0.02)^2}
$$

$$
= \frac{[1.96\sqrt{0.98(0.02)} + 1.282\sqrt{0.05(0.95)}]^2}{(0.05 - 0.02)^2} = 341
$$

따라서 일반 모집단에 비하여 조사지역의 연구 집단에서 암 유병률이 2.5배 높다고 할 때 5% 유의수준과 양측검정에서 341두를 조사한다면 유의한 차이를 발견할 확률이 최소 90%를 유지할 수 있음을 의미한다.

(iii) 유한모집단 보정

<표 5-2>는 무한모집단에서 이항분포에 대한 정규분포 근사성을 적용하여 계산한 것으로 모집단크기가 표본크기에 비하여 매우 크다는 가정이 성립할 때 적용할 수 있다. 만일 유한모집단에서 상대적으로 큰 표본크기를 추출하면 표준편차는 항상 과대추정되는데 예컨대 모집단 전체를 표본으로 추출하는 경우 이론적으로 표준편차는 0이다. 일반적으로 모집단크기(N)가 표본크기(n)에 비하여 작을 때 유한모집단으로 간주하여 계산과정에서 표준편차를 보정해 준다. 보정공식을 사용하는 절대적인 기준은 없지만 대략 표본크기가 모집단의 10%(혹은 5%) 이상일 때 ($n > 0.1M$) 사용한다(Thrusfield, 2005). 표본추출분율(f)은 n/N 이므로 표준편차에 유한모집단 보정계수(finite population correction factor)로 $\sqrt{1 - n/N}$ 을 곱한다($n = N$일 때 표준편차=0). 즉 무한모집단에서 계산된 표본크기를 n이라고 하면 보정된 표본크기(n_a)는 다음과 같다.

$$
n_a = \frac{n}{1 + f} = \frac{n}{1 + \dfrac{n}{N}} = \frac{nN}{n + N}
$$

앞의 예에서 모집단크기가 900두인 경우 무한모집단에서 계산된 323두는 238두로 감소한다.

$$n_a = \frac{323 \times 900}{323 + 900} = 238$$

이러한 결과는 소규모 모집단을 대상으로 하는 조사에서 동일한 정확도를 달성하기 위해서는 무한모집단에서 추출한 표본크기(n)보다 더 작은 표본을 추출한다는 것을 의미한다. 이 공식을 일반화하면 다음과 같은 공식이 된다(Farver 등, 1985, Elbers 등, 1995, Scheaffer 등, 1996, Humphry 등, 2004).

$$n = \frac{Npq}{\dfrac{(N-1)d^2}{z_{1-\alpha/2}^2} + pq}$$

여기에서 n＝표본크기, N＝모집단크기, p＝유병률($q = 1 - p$), d＝오차한계, z＝신뢰수준이다. 전술한 예에 대하여 유한모집단을 보정한 표본크기를 계산하면 동일한 결과를 보인다.

$$n = \frac{Npq}{\dfrac{(N-1)d^2}{z_{1-\alpha/2}^2} + pq} = \frac{900(0.3)(0.7)}{\dfrac{(900-1)0.05^2}{1.96^2} + (0.3)(0.7)} = 238$$

(iv) 유병률 추정치를 모를 때

표본크기 계산에서 모집단에서 유병률에 대한 사전정보(prior information)가 전혀 없다면 조사의 목적과 상황을 고려하여 적절히 설정해야 한다. 첫째, 감염검출이 목적이라면 유병률을 낮게 설정하여 표본크기를 크게 유지하는 것이 바람직하다. 둘째, 질병이 존재하는 것을 증명하는 경우에는 모집단에서 랜덤표본을 추출하는 대신 고위험군을 대상으로 선발하는 것이 적절하다. 이를테면 장내 병원체 검출을 위해서는 설사증상을 보이는 돼지를 대상으로 하고, *T. gondii* 검출을 위하여 모돈에 비하여 유병률이 높은 비육돈이나 출하돈을 대상으로 검사를 하며, PRRS 바이러스를 검출하기 위해서는 "6−8주령의 포유 후기 돈을 대상으로 조사하는 것이 표본크기를 줄이는 방법이 된다. 셋째, 조사의 목적이 유병률을 추정하는 것이라면 이항분포의 특성을 활용하여 최대 표본크기를 활용하는 방법을 사용한다. 즉 이항분포에서 비율의 표준편차와 관련된 중요한 특성은 $p=0.5$일 때 최대의 표준편차를 갖고 이를 중심으로 좌우는 대칭적이므로 표본크기는 $p=0.5$일 때 최대가 된다. 예를 들어 $z=1.96$, $p=0.5$에서 신뢰구간의 폭(w)이 0.05보다 넓지 않다고 가정하면[$w=0.05$, 오차한계=0.025] 표본크기는 1,537두가 되고, $p=0.1$이라면 약 554두로 표본크기는 감소한다.

$$n \geq (\frac{1.96}{0.025})^2 0.5(1-0.5) \approx 1,537$$

$$n \geq (\frac{1.96}{0.025})^2 0.1(1-0.1) \approx 554$$

이 공식을 이용할 때 전염성이 매우 강한 질병일 경우 계산된 표본크기에 5~7배 증가시키는 것이 바람직하다(Leech와 Sellers, 1979). 유병률 추정치에 대한 정보가 없을 경우 표본크기를 증가시키면 낮은 수준의 유병률도 검출할 확률이 증가하지만 조사에 소요되는 비용이 증가하기 때문에 특히 위험 집단에 초점을 맞추는 목표 감시활동(targeted surveillance)을 대안으로 고려할 필요가 있다.

방법 2: 다른 방법으로는 질병검출을 위한 표본크기(제6장 참고)에서 설명한 공식을 사용할 수 있다.

$$n = \frac{\log(1-C)}{\log(1-p)}$$

여기에서 C는 적어도 1두의 감염된 개체를 검출할 신뢰수준, p는 모집단에서 개체수준에서 유병률의 참값, n은 표본크기이다(Martin 등, 1992). 방법 1과 마찬가지로 모집단에 비하여 표본크기가 크면 보정계수를 적용한다. 위의 식에서 분모의 $1-p$는 검사결과가 음성인 비율, 즉 1에서 개체수준의 기대유병률을 빼 준 값으로 $P(T-)=(1-Se)p+Sp(1-p)$이다. 따라서 민감도와 특이도가 완벽하지 않을 경우 다음의 공식을 사용한다(Christensen과 Gardner, 2000).

$$n = \frac{\log(1 - C)}{\log[(1 - Se)p + Sp(1 - p)]}$$

방법 3: 모집단크기와 사전에 설정한 유병률 추정치에 대한 정보를 알 때 적어도 1두의 양성 개체를 검출하는 데 필요한 표본크기는 Cannon과 Roe(1982)가 제시한 공식을 사용하여 계산할 수 있다. 자세한 내용은 질병 청정증명(제12장 참고)에서 설명한다.

$$n = (1 - (1 - P)^{\frac{1}{d}}) \times (N - \frac{d - 1}{2})$$

방법 4: 한편 우군수준의 유병률 추정에 필요한 표본크기 계산 공식을 사용할 수 있으며 방법 1에서 제시한 공식과 동일하다(Humphry 등, 2004, Thrusfield, 2005).

$$n = [\frac{1.96}{d}]^2 \times \frac{[(Se \times P) + (1 - Sp)(1 - P)][(1 - Se \times P) - (1 - Sp)(1 - P)]}{(Se + Sp - 1)^2}$$

5.2 계통추출

계통표본추출이 단순무작위표본추출과 같이 대표성이 유지되고 표본추출구조(sampling frame)에 주기성(periodicity)이 없다는 가정이 충족되면 단순무작위표본추출에서 사용한 동일한 공식을 사용하여 표본크기를 계산할 수 있다(Levy와 Lemeshow, 1999, Thrusfield, 2005). 보다 정확한 계산을 위해서는 복잡한 공식을 사용해야 한다(Lohr, 1999).

5.3 집락추출

집락추출에서는 모집단을 흔히 동일한 크기를 갖는 다수의 집락(cluster)으로 구분한 후 집락 수를 무작위로 선발한다. 이 방법은 한 지역에서 상대적으로 많은 개체를 조사할 수 있기 때문에 조사의 비용을 절감할 수 있는 장점이 있다. 집락의 크기(집락 내 개체 수)를 동일하게 유지하는 것은 편의성도 있지만 집락크기가 다른 경우와 비교할 때 편견(bias)을 최소화할 수 있고 표본추출 효율성이 상대적으로 높기 때문이다. 집락추출을 이용하여 유병률을 추정하기 위해서는 집락 수, 집락당 선발두수, 기대유병률(p), 정밀도(d), 유의수준(α), design effect(D), 집락 내 상관계수(ρ) 등에 대한 정보를 필요로 한다. 자세한 내용은 제11장에서 설명한다.

5.4 유병률 참값 추정

Marchevsky(1974), Rogan과 Gladen(1978)은 현성 유병률($AP = \hat{p}$)에 개체수준의 민감도(Se)와 특이도(Sp)를 보정하여 유병률의 참값($p_{rg} = TP$)을 추정하는 공식을 제시하였다.

$$AP = P(T+) = TPSe + (1 - TP)(1 - Sp) = (1 - Sp) + (Se + Sp - 1)TP$$

이 식에서 TP에 대하여 정리하면 유병률 참값 추정 공식을 얻는다.

$$p_{rg} = TP = \frac{AP + Sp - 1}{Se + Sp - 1} = \frac{AP - (1 - Sp)}{Se + Sp - 1}$$

여기에서 $AP < (1 - Sp)$ 이거나 $Se + Sp = 1$인 경우에는 이 공식은 음의 값을 갖거나 정의되지 못하는 문제가 있다(Hilden, 1979, Shoukri와 Edge, 1995). 예를 들어 현성 유병률이 매우 낮고 특이도가 100% 이하일 때 계산결과의 음수 값은 0으로 대치한다(Audigé 등, 2003). 표본검사 결과 전 두수 음성일 때 양성두수의 최댓값과 유병률 추정치에 대해서는 제6장에서 설명한다.

5.5 신뢰구간

5.5.1 Rogan – Gladen 유병률

Rogan과 Gladen(1978)의 유병률 추정 공식에 대한 신뢰구간은 다음과 같이 계산한다.

(i) 민감도와 특이도의 추정치를 알 때

유병률 참값(P_T)의 표준오차를 이용하여 신뢰구간을 계산할 수 있다(Lew와 Levy, 1989, Greiner와 Gardner, 2000).

$$p_{rg} = P_T = \frac{AP + Sp - 1}{Se + Sp - 1}$$

$$var_1(p_{rg}) = \frac{AP(1 - AP)}{nJ^2}$$

여기에서

$AP =$ 현성 유병률

$n =$ 표본크기(감염개체와 비감염개체의 합)

$J = Se + Sp - 1$(Youden index, Youden, 1950)

95% 신뢰구간: $p_{rg} \pm 1.96 \sqrt{var_1(p_{rg})}$

표본추출분율(f)이 큰 경우(약 10% 이상) 분산추정치 계산 공식에서 분자에 $(1-f)$를 곱하여 보정한다.

$$var_1(p_{rg}) = \frac{AP(1 - AP)(1 - f)}{nJ^2}$$

(ii) 민감도와 특이도의 추정치를 모를 때

연구를 통하여 민감도와 특이도를 직접 추정한 후 이 값을 표준오차 계산에 사용하거나(Greiner와 Gardner, 2000), Taylor 근사성을 이용하여 표준오차를 계산할 수 있다(Shoukri 와 Edge, 1995).

$$var_2(p_{rg}) = \frac{AP(1-AP)}{nJ^2} + \frac{Se(1-Se)P_T^2}{n_1 J^2} + \frac{Sp(1-Sp)(1-P_T)^2}{n_2 J^2}$$

여기에서

AP = 현성 유병률

P_T = 유병률의 참값(true prevalence)

$A = AP(1-AP)/n$

$B = Se(1-Se)/n_1$

$C = Sp(1-Sp)/n_2$

n_1, n_2: 연구대상 집단과 유사한 다른 집단에 대한 별도의 연구에서 Se와 Sp를 추정
 하기 위해 사용한 자료에서 감염된 개체 수와 비감염개체 수

95% 신뢰구간: $p_{rg} \pm 1.96 \sqrt{var_2(p_{rg})}$

이를 간단히 정리하면 다음과 같다(Locksley 등, 2008).

$$var_2(p_{rg}) = [A + BP_T^2 + C(1-P_T)^2]/J^2$$

예를 들어 젖소 200두에 대하여 민감도가 30%이고 특이도가 96%인 검사법으로 조사한 결과 26두가 검사양성이라고 할 때 유병률의 참값은 34.6%이고 95% 신뢰구간은 [16.7%, 52.5%]로 추정된다. 한편 민감도와 특이도에 대한 불확실성을 감안하여 다른 연구로부터 얻은 정확도 자료를 사용할 수 있다. 즉 감염군 415두와 비감염군 359두를 대상으로 조사한 결과 민감도 28.9%, 특이도 95.3%를 얻었다고 가정하자. 이 경우 유병률의 참값에 대한 95% 신뢰구간은 [13.5%, 55.7%]로 계산된다(실습예제 유병률 추정 참고).

5.5.2 이항비율

(ⅰ) 정규분포 근사성

단순무작위추출을 이용한 표본조사에서 유병률의 95% 신뢰구간은 이항분포에 대한 정규근사 공식을 사용할 수 있다. 표본크기를 n, 현성 유병률을 p (x/n)라고 할 때 양성

개체 수가 이항분포를 따르면 이항분포의 정규분포 근사성(normal－theory method)을 이용하여 신뢰구간을 계산한다 (Kraemer, 1992; Armitage와 Berry, 1994).

$$p \pm Z_{1-\alpha/2}\sqrt{\frac{p(1-p)}{n}}$$
$$x \sim B(n,\ p) \approx N(np, np(1-p))$$

근사성 조건: (1) $0.05 \leq p \leq 0.95$, $np \geq 5$, $n(1-p) \geq 5$ 또는
         (2) $np(1-p) \geq 5$

이항비율에 대한 정규 근사성을 이용한 방법은 관찰된 비율 (유병률, p)이 매우 낮거나 매우 높은 경우 혹은 민감도 (특이도)가 95% 이상인 진단검사에 대해서는 적절한 방법이 아니다 (5.1절 참고). 즉 비율자료에 대하여 이항분포를 이용한 신뢰구간 계산공식은 $0.05 \leq p \leq 0.95$, $np \geq 5$, $n(1-p) \geq 5$ 또는 $np(1-p) \geq 5$를 충족할 때 유효하게 사용할 수 있으며(Thrusfield, 2005) $p < 0.05$이거나 $p > 0.95$ 경우에는 사용할 수 없다. 그 이유는 비율이 너무 낮을 경우에는 음의 값을 얻고 반면에 비율이 1(100%)에 근접하는 경우 신뢰구간이 100%를 초과할 수 있기 때문이다(Newcombe, 1998, Locksley 등, 2008). 따라서 이항분포에 대한 정규분포 근사성을 만족하지 않을 때 비율의 신뢰구간은 이항확률분포나 F분포에 근거한 정확(exact) 신뢰구간(Fosgate, 2005, 2009), Wilson's method(Wilson, 1927), 모의시험(Johnson, 1997, Jones 등, 2004) 등으로 계산한다.

Fleiss(1981)는 이항분포에 대한 정규분포 근사성의 추정치를 향상시키기 위하여 계산 공식의 분자에 $\frac{1}{2n}$을 빼 줌으로써 연속성을 보정한 방법을 제시하였다.

$$\frac{p - \dfrac{1}{2n}}{\sqrt{\dfrac{pq}{n}}} \leq z_{1-\alpha/2}$$

이 통계량의 95% 신뢰구간(P_L, P_U)은 다음과 같다.

$$P_L: \frac{(2np + z_{1-\alpha/2}^2 - 1) - z_{1-\alpha/2}\sqrt{z_{1-\alpha/2}^2 - (2 + \dfrac{1}{n}) + 4p(nq+1)}}{2(n + z_{1-\alpha/2}^2)}$$

$$P_U: \frac{(2np + z_{1-\alpha/2}^2 + 1) + z_{1-\alpha/2}\sqrt{z_{1-\alpha/2}^2 + (2 - \frac{1}{n}) + 4p(nq - 1)}}{2(n + z_{1-\alpha/2}^2)}$$

이 공식은 $0.3 \leq P \leq 0.7$일 때 $\sqrt{pq}$는 비교적 일정하기 때문에 다음과 같은 간편 공식을 사용할 수 있다.

$$P_L: p - z_{1-\alpha/2}\sqrt{\frac{pq}{n}} - \frac{1}{2n}$$

$$P_U: p + z_{1-\alpha/2}\sqrt{\frac{pq}{n}} + \frac{1}{2n}$$

예를 들어 어느 모집단에서 200두의 소를 선발하여 검사한 결과 양성 개체가 80두로 확인되었다면 $p = 0.4$, $np = 200 \times 0.4 = 80$, $n(1 - p) = 200(1 - 0.4) = 120$이므로 공식의 가정을 만족하므로 유병률의 신뢰구간은 $[33.2\%, 46.8\%]$로 계산된다.

$$0.4 \pm 1.96\sqrt{\frac{0.4(1 - 0.4)}{200}} \quad \Leftrightarrow \quad (0.332, 0.468)$$

(ii) 이항분포를 이용한 정확(exact) 신뢰구간

이항비율 p의 정확 신뢰구간 $[p_1, p_2]$은 다음의 조건을 만족하는 p_1과 p_2를 찾으면 된다(Fosgate, 2005, 2009).

$$\text{하한: } P(X \geq x | p = p_1) = \sum_{k=x}^{n}\binom{n}{k}P_1^k(1 - P_1)^{n-k} = \frac{\alpha}{2}$$

$$\text{상한: } P(X \leq x | p = p_2) = \sum_{k=0}^{x}\binom{n}{k}P_2^k(1 - P_2)^{n-k} = \frac{\alpha}{2}$$

여기에서 $\sum_{k=0}^{x}\binom{n}{k}P^k(1 - P)^{n-k}$를 직접 계산하는 것이 간단하지 않기 때문에 이항비율에 대한 정확 신뢰구간을 계산한 표(Rosner, 2006; Altman 등, 2000)를 활용하거나 통계패키지 (Daly, 1992)나 엑셀에서 제공하는 함수 등을 이용하여 계산할 수도 있다. 예를 들어 고

농도의 saccharin 사료를 20마리의 쥐에게 섭취한 결과 2마리에서 방광암이 발생하였다고 할 때 비율의 신뢰구간을 계산하여 보자. 이 예에서 $20(2/20)(18/20) = 1.8 < 5$이므로 이항분포에 대한 정규 근사성을 사용할 수 없다. 따라서 이항비율에 대한 95% 정확 신뢰구간은 엑셀의 $BINOMDIST()$ 함수를 사용하여 계산한다. p_1과 p_2의 값을 0.01에서 1.0 까지 범위에 대하여 계산한 결과의 일부를 요약하면 <표 5-3>과 같다.

$$P(X \geq 2|p = p_1) = 1 - P(X \leq 1|p = p_1) = 1 - BINOMDIST(1, 20, p_1, TRUE)$$
$$= 0.025$$
$$P(X \leq 2|p = p_2) = BINOMDIST(2, 20, p_2, TRUE) = 0.025$$

〈표 5-3〉 엑셀을 사용한 이항비율에 대한 95% 정확 신뢰구간

p_1	$1 - BINOMDIST(1, 20, p_1, TRUE)$	p_2	$BINOMDIST(2, 20, p_2, TRUE)$
0.01	0.017	0.29	0.043
0.02	0.060	0.30	0.035
0.03	0.120	0.31	0.029
0.04	0.190	0.32	0.023
0.05	0.264	0.33	0.019
0.06	0.340	0.34	0.015

이 표에서 $P(X \geq x|p = p_1) = \alpha/2$를 만족하는 p_1의 최댓값, $P(X \leq x|p = p_2) = \alpha/2$를 만족하는 p_2의 최솟값을 찾으면 $p_1 = 0.01$와 $p_2 = 0.32$가 된다. 따라서 방광암 비율의 95% 신뢰구간은 $[0.01, 0.32]$이 된다.

(iii) 포아송분포(Poisson distribution)를 이용한 정확 신뢰구간

유병률이 낮거나 매우 드문 질병에 대하여 정규근사법(normal approximation)을 적용하기 위해서는 단위 기간($t = 1$) 동안 평균 관찰건수 λ가 매우 커야 한다. 이러한 조건을 충족하지 못하면 포아송분포를 이용한 정확 신뢰구간을 계산해야 한다. t 기간(time period) 동안 관찰한 x 건수가 포아송분포를 따른다면 평균(μ)은 $\mu = \lambda t$이므로 단위 기간 동안 평균 관찰건수(λ)는 $\lambda = x/t$가 된다. 관찰된 사건수를 x, 검사두수를 T라 할 때 λ의 정확 신뢰구간은 $[\mu_1/T, \mu_2/T]$의 조건을 만족하는 μ_1과 μ_2를 찾으면 된다.

하한: $P(X \geq x | \mu = \mu_1) = \displaystyle\sum_{k=x}^{\infty} \frac{e^{-\mu_1}\mu_1^k}{k!} = \frac{\alpha}{2} = 1 - \sum_{k=0}^{x-1} \frac{e^{-\mu_1}\mu_1^k}{k!}$

상한: $P(X \geq x | \mu = \mu_2) = \displaystyle\sum_{k=0}^{x} \frac{e^{-\mu_2}\mu_2^k}{k!} = \frac{\alpha}{2}$

여기에서 $\displaystyle\sum_{k=0}^{x} \frac{e^{-\mu_2}\mu_2^k}{k!}$ 를 직접 계산하는 것이 간단하지 않기 때문에 포아송비율에 대한 정확 신뢰구간을 계산한 표(Thrusfield, 2005; Rosner, 2006; Altman 등, 2000)를 활용하거나 통계패키지 (Daly, 1992)를 사용하여 계산한다. <표 5-4>는 관찰건수(x)에 대한 포아송 분포의 정확 신뢰구간(x_L, x_U)을 예시한 것이다.

〈표 5-4〉 관찰두수(x)에 따른 포아송분포의 신뢰구간(x_L, x_U)

x	90%		95%		99%	
	x_L	x_U	x_L	x_U	x_L	x_U
0	0	2.996	0	3.689	0	5.298
1	0.051	4.744	0.025	5.572	0.005	7.430
2	0.355	6.296	0.242	7.225	0.103	9.274
3	0.818	7.754	0.619	8.767	0.338	10.977
4	1.366	9.154	1.090	10.242	0.672	12.594
5	1.970	10.513	1.623	11.668	1.078	14.150
6	2.613	11.842	2.202	13.059	1.537	15.660
7	3.285	13.148	2.814	14.423	2.037	17.134
8	3.981	14.435	3.454	15.763	2.571	18.578
9	4.695	15.705	4.115	17.085	3.132	19.998
10	5.425	16.962	4.795	18.390	3.717	21.398
12	6.924	19.443	6.201	20.962	4.943	24.145
14	8.464	21.886	7.654	23.490	6.231	26.836
16	10.036	24.301	9.145	25.983	7.567	29.482
18	11.634	26.692	10.668	28.448	8.943	32.091
20	13.255	29.062	12.217	30.888	10.353	34.668
50	38.965	63.287	37.111	65.919	33.664	71.266
70	56.830	85.405	54.568	88.441	50.327	94.577
100	84.139	118.079	81.364	121.627	76.120	128.761

다른 방법으로는 엑셀의 함수를 이용하여 계산할 수 있다. 예를 들어 세균 배양용 petri dish에서 성장한 세균수가 포아송분포를 따른다고 할 때 어느 시료를 배양한 결과 15개의 세균을 관찰한 경우 신뢰구간을 계산하여 보자. 포아송분포의 모수 λ에 대한 95% 정확 신뢰구간은 엑셀의 *POISSON* 함수를 사용한다.

$$P(X \geq 15|\mu = \mu_1) = 1 - P(X \leq 14|\mu = \mu_1) = 1 - POISSON(14, \mu_1, TRUE) = 0.025$$
$$P(X \leq 15|\mu = \mu_1) = POISSON(15, \mu_2, TRUE) = 0.025$$

포아송분포의 모수 μ에 대하여 계산한 결과의 일부를 요약하면 <표 5−5>(95%), <표 5−6>(90%)과 같다. 따라서 본 예의 경우 95% 신뢰구간은 [8.4, 24.74], 90% 신뢰구간은 [9.25, 23.1]으로 추정된다.

〈표 5−5〉 엑셀을 사용한 포아송분포의 모수 μ에 대한 95% 정확 신뢰구간($x=15$)

μ_1	$1 - POISSON(14, \mu_1, TRUE)$	μ_2	$POISSON(15, \mu_2, TRUE)$
5	0.0002	22	0.0769
6	0.0014	23	0.052
7	0.0057	24	0.0344
8	0.0173	24.2	0.0316
8.2	0.0209	24.6	0.0266
8.3	0.0229	24.7	0.0254
8.32	0.0234	24.72	0.0252
8.34	0.0238	24.74	0.0250
8.36	0.0242	24.76	0.0248
8.38	0.0247	24.78	0.0246
8.4	0.0251	25	0.0223
8.5	0.0274	26	0.0142
8.6	0.0299	27	0.0088

〈표 5−6〉 엑셀을 사용한 포아송분포의 모수 μ에 대한 90% 정확 신뢰구간($x=15$)

μ_1	$1 - POISSON(14, \mu_1, TRUE)$	μ_2	$POISSON(15, \mu_2, TRUE)$
5	0.0002	20	0.1565
6	0.0014	21	0.1111
7	0.0057	22	0.0769
8	0.0173	23	0.0520
9	0.0415	23.1	0.0499
9.1	0.0448	23.2	0.0480
9.2	0.0483	23.3	0.0460
9.21	0.0487	23.4	0.0442
9.22	0.0490	23.5	0.0424
9.23	0.0494	23.6	0.0407
9.24	0.0498	23.7	0.0390
9.25	0.0501	23.8	0.0374
9.26	0.0505	23.9	0.0359

한편 계산의 편리를 위하여 간편 근사공식을 사용할 수 있으며, 관찰건수의 95% 신뢰하한 (x_L)과 신뢰상한 (x_U) 값은 다음과 같이 계산한다(Altman 등, 2000). 방법 2는 $x > 10$일 때 95% 신뢰구간에 대하여 적용한다.

방법 1: $x_L = (\dfrac{z_{1-\alpha/2}}{2} - \sqrt{x})^2$, $x_U = (\dfrac{z_{1-\alpha/2}}{2} + \sqrt{x+1})^2$

방법 2: $x_L = \dfrac{x - 2\sqrt{x}}{n}$, $x_U = \dfrac{x + 2\sqrt{x}}{n}$

예를 들어 우결핵에 대한 피내검사에서 245,600두 중 120두가 양성으로 확인된 경우 포아송분포를 이용한 유병률의 95% 신뢰구간은 100,000두당 [41, 59]두로 계산된다.

유병률: $120/245,600 = 0.000049 = 0.0049\%$

$x_L = (\dfrac{1.96^2}{2} - \sqrt{120})^2 = 99.5$

$x_U = (\dfrac{1.96}{2} + \sqrt{120+1})^2 = 143.5$

신뢰하한: $x_L = (99.5/245,600) \times 100,000 = 41$두$/100,000$

신뢰상한: $x_U = (143.5/245,600) \times 100,000 = 59$두$/100,000$

표본크기(검사두수)가 매우 크면 이항분포에 대한 정규분포 근사성을 이용한 결과와 동일한 값을 보인다. 계산의 편리를 위하여 이항분포에 대한 정규 근사성과 포아송분포에 대한 확률분포 표를 이용할 수도 있다(<표 5-4>). 예를 들어 2000두의 개를 무작위로 선발하여 종양을 검사한 결과 2두에서 양성으로 확인되었다면 평균 유병률은 0.1%로, 100,000두당 100두의 양성 개체로 추정된다. 포아송 확률분포 표에서 x=2일 때 95% 신뢰구간의 하한값은 0.242, 상한값은 7.225이므로 95% 신뢰구간은 다음과 같다.

$x_L = (0.242/2,000) \times 100,000 = 12$두$/100,000$

$x_U = (7.225/2,000) \times 100,000 = 361$두$/100,000$

(iv) Wilson's method(Wilson, 1927)

$A = 2r + z^2$, $B = z\sqrt{z^2 + 4rq}$, $C = 2(n + z^2)$, $q = 1 - p$

$r = $ 민감도인 경우 양성 개체 수, 특이도인 경우 음성개체 수

$r \neq 0$ 일 때 95% 신뢰구간: $[\dfrac{A-B}{C}, \dfrac{A+B}{C}]$

$r = 0$ 일 때 95% 신뢰구간: $[0, \dfrac{z^2}{n+z^2}]$

$r = n$ 일 때 95% 신뢰구간: $[\dfrac{n}{n+z^2}, 1]$

(v) Score CI(Agresti와 Coull, 1998)

$$\dfrac{P_A + (Z_{\alpha/2}^2 / 2n) \pm Z_{\alpha/2} \sqrt{\dfrac{P_A(1-P_A) + (Z_{\alpha/2}^2/4n)}{n}}}{1 + (\dfrac{Z_{\alpha/2}^2}{n})}$$

(vi) 변형 Wald CI(Agresti와 Coull, 1998)

$$P_A \pm Z_{\alpha/2} \sqrt{P_A(1-P_A)/(n+4)}$$

$$P_A = \dfrac{(x+2)}{(n+4)}$$

(vii) Quadratic equation(Fleiss, 1981)

$$P_L = \dfrac{(2np + Z_{\alpha/2}^2 - 1) - Z_{\alpha/2} \sqrt{Z_{\alpha/2}^2 - (2 + 1/n) + 4p(nq+1)}}{2(n + Z_{\alpha/2}^2)}$$

$$P_U = \dfrac{(2np + Z_{\alpha/2}^2 + 1) + Z_{\alpha/2} \sqrt{Z_{\alpha/2}^2 + (2 - 1/n) + 4p(nq-1)}}{2(n + Z_{\alpha/2}^2)}$$

$$p = P_A; \quad q = 1 - P_A$$

5.5.3 초기하분포의 비율

이항분포는 많은 생물학적 현상의 결과를 나타내는 유용한 분포이지만 유한모집단에서 비복원추출하는 경우에는 초기하분포 (hypergeometric distribution)를 사용하는 것이 적절하다. 예를 들어 어느 유한모집단 (N)에서 n두의 표본을 선발하여 검사한 결과 x두가 양

성이라면 이 때 양성율의 신뢰구간은 초기하분포를 사용해야 한다. 유한모집단에서 어느 개체가 표본으로 선발될 확률이 N/n으로 동일하다고 가정하면 비복원추출로 n두의 표본을 선발할 때 이 중 x두가 감염되어 있을 확률 (즉 성공확률 p)은 다음과 같이 계산된다 (Shai와 Khurshid, 1995).

$$P(X = x) = \frac{\binom{Np}{x}\binom{N(1-p)}{n-x}}{\binom{N}{n}}, \quad x = \max\left(0, \ n - N(1-p)\right), \ ..., \ \min(n, Np)$$

여기에서 성공확률 p의 신뢰구간은 정확확률 계산법 (exact method), 이항 근사성 (binomial approximation), 정규 근사성 (normal approximation)으로 추정할 수 있다.

（ⅰ) 초기하분포를 이용한 정확 신뢰구간

초기하 비율 p의 정확 $100(1-\alpha)\%$ 신뢰구간 $[p_L, p_U]$은 다음의 조건을 만족하는 p_L과 p_U를 찾으면 된다.

$$P(X \geq x | p = p_L) = \frac{\sum_{k=x}^{\min(n, Np_L)}\binom{Np_L}{k}\binom{N(1-p_L)}{n-k}}{\binom{N}{n}} = \frac{\alpha}{2}$$

$$P(X \leq x | p = p_U) = \frac{\sum_{k=\max(0, n-N(1-p_U))}^{x}\binom{Np_U}{k}\binom{N(1-p_U)}{n-k}}{\binom{N}{n}} = \frac{\alpha}{2}$$

여기에서 분자를 직접 계산하는 것이 간단하지 않기 때문에 초기하비율에 대한 정확 신뢰구간을 계산한 표를 활용하거나 통계패키지나 엑셀에서 제공하는 함수 등을 이용하여 계산할 수 있다. SAS 패키지를 사용하는 경우 PROBHYPR 함수를 사용하면 된다.

(ⅱ) 초기하분포의 이항 근사성

p가 작고 ($p < 0.1$) N이 크면 ($N \geq 60$) 위의 두 식은 이항분포에 근사한다 (5.5.2절 참고).

$$P(X \geq x | p = p_L) = \sum_{k=x}^{n} \binom{n}{k} P_L^k (1 - P_L)^{n-k} = \frac{\alpha}{2}$$

$$P(X \leq x | p = p_U) = \sum_{k=0}^{x} \binom{n}{k} P_U^k (1 - P_U)^{n-k} = \frac{\alpha}{2}$$

이 식은 F 분포를 사용하여 다음과 같이 계산할 수 있다 (Shai와 Khurshid, 1995).

$$p_L = \frac{x}{x + (n - x + 1) F_{1-\alpha/2}(2(n-x+1), 2x)}$$

$$p_U = \frac{(x+1) F_{1-\alpha/2}(2(x+1), 2(n-x))}{(n-x) + (x+1) F_{1-\alpha/2}(2(x+1), 2(n-x))}$$

(iii) 초기하분포의 정규 근사성

대략적으로 $np \geq 4$일 때 초기하함수는 평균이 np이고 분산이 $np(1-p)(N-n)/(N-1)$인 정규분포에 근사한다.

$$P(X \geq x | p = p_L) = P(Z \geq \frac{x - 0.5 - np_L}{\sqrt{np_L(1-p_L)\frac{N-n}{N-1}}}) = \frac{\alpha}{2}$$

$$P(X \leq x | p = p_U) = P(Z \leq \frac{x + 0.5 - np_U}{\sqrt{np_U(1-p_U)\frac{N-n}{N-1}}}) = \frac{\alpha}{2}$$

이 식에서 p_L과 p_U에 대하여 정리하고 연속성을 보정하면 다음의 공식이 유도된다. 이 식에서 신뢰하한은 $\pm$ 기호에서 위쪽 기호를 사용하고, 신뢰상한은 $\pm$ 기호에서 아래쪽 기호를 사용하여 계산한다.

$$(p_L, \ p_U) = \frac{1}{2u}[u + (2x - n \mp 1) \pm \sqrt{u^2 - \frac{2u}{n}\{(x \pm 0.5)^2 + (n - x \mp 0.5)^2\} + (2x - n \pm 1)^2}]$$

$$u = n + (1 - \frac{n}{N})z_{1-\alpha/2}^2$$

한편 p가 매우 작지 않고 n이 충분히 크면 표본비율 x/n는 평균이 p이고 분산이 $\{\frac{N-n}{N(n-1)}\}(\frac{x}{n})(1-\frac{x}{n})$인 정규분포에 근사하는 변수로 간주하여 연속성을 보정한 공식은 다음과 같다. 이 공식은 간편하지만 정확성이 낮은 단점이 있다.

$$\frac{x}{n} \pm [z_{1-\alpha/2} \sqrt{\frac{N-n}{N(n-1)}(\frac{x}{n})(1-\frac{x}{n}) + \frac{1}{2n}}]$$

전술한 세가지 방법에 대한 활용 사례는 실습예제를 참고하기 바란다.

5.6 우군수준 유병률 추정

방법 1: 표본추출 단위가 개별 동물이 아닌 우군(herd)일 때 우군수준 유병률 추정에 필요한 표본크기를 계산하는 가장 간단한 방법은 이항분포에 대한 정규 근사성을 적용하는 것이다(Snedecor와 Cochran, 1989; Humphry 등, 2004).

$$n = \frac{z^2_{1-\alpha/2}pq}{d^2} \quad [\,p = \text{우군수준 유병률}]$$

여기에서 p는 우군수준의 기대유병률(herd prevalence)이고 이 공식은 무한모집단에서 단순무작위추출과 완벽한 진단검사를 가정한 것이다.

방법 2: 개체수준 유병률에서는 분석 단위가 개별 동물이지만 우군수준에서는 우군이 분석 단위가 된다. 전체 모집단에서 감염된 우군의 비율인 우군수준의 유병률 추정에 필요한 표본크기를 계산하기 위해서는 먼저 양성판정 역치두수(k)를 적용하여 각 우군의 감염 여부를 결정해야 한다. $k=1$을 사용하는 경우 적어도 1두의 감염된 개체가 검출될 때 감염군으로 판정함을 의미한다. 모든 우군에 대하여 감염 여부를 판정하면 우군수준의 유병률을 추정할 수 있다. M개의 우군 중 i번째 우군에서 적어도 1두의 감염된 개체를 검출하는 데 필요한 표본크기는 다음과 같이 계산된다(Christensen과 Gardner, 2000).

$$n_i \geq \frac{\log(1-C)}{\log[Sp_i(1-P_{Ti})+(1-Se_i)P_{Ti}]}$$

C = 적어도 1두의 감염된 개체를 검출하는 신뢰수준

P_{Ti} = i번째 우군에서(사전에 지정한) 유병률의 참값

HSe, HSp = i번째 우군에서 검사의 민감도와 특이도

일반적으로 우군−특수(herd−specific) 민감도와 특이도에 대한 자료는 알 수 없기 때문에 모든 우군에 걸쳐 그 값이 일정하다는 가정을 전제로 할 때 각 우군에서 필요한 표본크기는 유병률의 참값, 신뢰수준, 개체수준에서의 민감도(Se)와 특이도(Sp)의 함수로 구성된다. 따라서 각 우군에서 적어도 1두의 감염된 개체 검출을 신뢰하는 데(C) 필요한 총 표본크기는 다음과 같다(Locksley 등, 2008).

$$n_T \geq \sum_1^M n_i = \log(1-C)\sum_1^M \{ \frac{1}{\log[Sp_i(1-P_{Ti})+(1-Se_i)P_{Ti}]} \}$$

만일 우군−특수 유병률 추정치를 필요로 하지 않는다면 위의 공식을 사용하여 총 표본크기를 계산한 후 목적표본추출(targeted 혹은 risk−based sampling)을 사용하여 감염되어 있을 가능성이 높은 개체를 선발하는 방법을 사용할 수 있다. 이 방법은 감염의 위험이 높은 개체에 대한 사전 정보를 이용할 수 있을 때 매우 유용하며, 단순무작위추출법에 비하여 주어진 신뢰수준에서 우군검사의 특성을 달성하는 데 표본크기가 감소하는 효과가 있다(Locksley 등, 2008).

방법 3: 제3장에서 설명한 우군수준의 유병률 참값에 대한 분산 추정치로부터 수용할 오차한계(신뢰구간의 최대 폭의 절반 값)를 달성하는 데 필요한 우군의 수(n_h)를 계산하는 공식을 유도할 수 있다(Wagner와 Salman, 2004).

$$var(HTP) = \frac{var(HAP)}{(HSe+HSp-1)^2} \quad [HAP = \frac{x_H}{n_H}]$$

$$SE(HTP) = \frac{HAP(1 - HAP)}{n_H(HSe + HSp - 1)^2}$$

이 공식에서 $HAP = \theta$ 라 하면 다음과 같이 정리할 수 있다.

$$var(HTP) = \frac{var(\theta)}{(HSe + HSp - 1)^2} = \frac{(\theta(1 - \theta))/n_h}{(HSe + HSp - 1)^2}$$

$$= \frac{(\theta(1 - \theta))}{n_h(HSe + HSp - 1)^2}$$

이러한 분산 추정치(Lew와 Levy, 1989)는 유병률 추정치의 오차한계를 추정하는 데 사용될 수 있다. 즉 신뢰수준 c에 해당하는 표준정규분포의 값을 Z_c라 하면 감염된 우군의 비율 θ에 대한 오차한계는 다음과 같다.

$$error \leq Z_c \sqrt{\frac{\theta(1 - \theta)}{n}}$$

따라서 Rogan과 Gladen(1978) 추정치[$var_1(p_{rg})$]의 오차한계를 대입하고 n_h에 대하여 전개하면 우군 수 계산에 필요한 표본크기 공식이 작성된다.

$$error \leq Z_{\alpha/2} \sqrt{\frac{\theta(1 - \theta)}{n_h(HSe + HSp - 1)^2}}$$

$$n_h = \frac{\theta + (1 - \theta)}{(HSe + HSp - 1)^2}(\frac{Z_{\alpha/2}}{error})^2$$

방법 4: Humphry 등 (2004)은 표본추출 단위가 개별 동물이 아니고 우군(herd, flock)인 경우 이단계표본추출을 이용하여 우군수준의 유병률을 추정할 때 1단계에서 우군 수를 계산하는 공식을 제안하였다. 이 공식은 Rogan과 Gladen 공식(1978)에서 이항분포에 대한 정규 근사성을 적용한 것이다(Locksley 등, 2008).

$$n = [\frac{Z_{1-\alpha/2}}{d}]^2 \times \frac{[(HSe \times p) + (1 - HSp)(1 - p)][(1 - HSe \times p) - (1 - HSp)(1 - p)]}{(HSe + HSp - 1)^2}$$

여기에서

n = 표본추출할 우군의 수

HSe = 우군수준 민감도

HSp = 우군수준 특이도

p = 우군수준의 기대유병률(herd prevalence)

d = 절대 정밀도(absolute precision)

이 공식은 개체수준에서 유병률을 추정하기 위한 표본크기 계산에도 사용할 수 있다. 예를 들어 어느 우군에서 기대유병률(P_{exp})이 30%, 절대정밀도 5%, 민감도 90%, 특이도 80%일 때 759두를 선발해야 한다.

$$n = [\frac{1.96}{0.05}]^2 \times \frac{[(0.9 \times 0.3) + (1 - 0.8)(1 - 0.3)][(1 - 0.9 \times 0.3) - (1 - 0.8)(1 - 0.3)]}{(0.9 + 0.8 - 1)^2}$$
$$= 759$$

이 예에서 보듯이 완벽한 진단검사에서는 표본크기가 323두인 반면 진단검사가 완벽하지 못할 경우에는 표본크기가 증가한다는 것을 알 수 있다.

$$n \geq (\frac{1.96}{0.05})^2 0.3(1 - 0.3) = 323$$

민감도와 특이도가 낮아지면 표본크기는 더욱 증가한다. 모집단의 크기가 작으면 계산된 표본크기에 유한모집단 보정계수를 적용한다. 주어진 우군수준 민감도(HSe)와 특이도(HSp)에서 우군수준 유병률(HTP: 10~80%)추정에 필요한 우군 수를 정밀도 10%, 신뢰수준 95%에서 요약하면 <표 5-7>과 같다. <표 5-8>은 우군 수준 유병률 10% 추정에 필요한 표본크기(정밀도 5~7.5%, 신뢰수준 95%)를 좀 더 세분화한 것이다. <표 5-7>과 <표 5-8>에서 보듯이 우군수준의 민감도 혹은 특이도가 증가하면 선발해야 할 우군 수는 감소한다. 또한 신뢰수준을 감소시키거나 정밀도를 낮추면 우군 수는 감소한다. 마찬가지로 이단계추출을 이용하여 우군수준 유병률을 추정하는 조사에서 개체수준에서의 민감도와 특이도가 낮을 때 우군수준 유병률에 대한 정확도와 신뢰도를 너무 높이면 1단계에서 선발할 우군 수가 급격히 증가한다.

〈표 5-7〉 우군수준 민감도(HSe)와 특이도(HSp)에서 우군수준 유병률(HTP: 10~80%) 추정에
필요한 우군 수(정밀도 10%, 신뢰수준 95%)

HSe	HSp						
	0.5	0.6	0.7	0.8	0.9	0.95	0.99
	$HTP = 10\%$						
0.5	NA	9,293	2,090	756	290	164	89
0.6	9,600	2,340	944	438	196	120	71
0.7	2,398	1,047	539	289	144	93	59
0.8	1,064	592	350	206	111	75	50
0.9	597	381	246	155	89	63	44
0.95	471	315	211	137	81	58	41
0.99	397	275	188	124	75	54	39
	$HTP = 20\%$						
0.5	NA	9,358	2,156	822	355	229	155
0.6	9,589	2,367	984	485	246	171	124
0.7	2,386	1,061	566	323	184	135	102
0.8	1,052	600	369	233	143	110	87
0.9	585	385	260	176	116	92	75
0.95	459	318	223	156	105	84	70
0.99	385	276	199	142	98	79	66
	$HTP = 30\%$						
0.5	NA	9,416	2,213	879	412	287	212
0.6	9,570	2,386	1,016	523	289	215	168
0.7	2,367	1,067	585	350	216	169	138
0.8	1,033	600	381	252	168	137	115
0.9	566	381	267	190	135	113	98
0.95	440	313	228	167	122	104	90
0.99	366	270	202	152	113	97	85
	$HTP = 40\%$						
0.5	NA	9,466	2,263	929	462	336	262
0.6	9,543	2,398	1,040	554	323	251	205
0.7	2,340	1,066	597	369	240	195	165
0.8	1,006	592	385	263	185	156	136
0.9	539	369	266	196	147	127	113
0.95	413	300	225	171	132	115	104
0.99	339	256	198	154	121	107	97

			$HTP = 50\%$				
0.5	NA	9,508	2,305	972	505	379	304
0.6	9,508	2,401	1,057	577	350	279	234
0.7	2,305	1,057	601	381	257	214	185
0.8	972	577	381	267	195	167	149
0.9	505	350	257	195	151	133	121
0.95	379	279	214	167	133	119	109
0.99	304	234	185	149	121	109	100
			$HTP = 60\%$				
0.5	NA	9,543	2,340	1,006	539	413	339
0.6	9,466	2,398	1,066	592	369	300	256
0.7	2,263	1,040	597	385	266	225	198
0.8	929	554	369	263	196	171	154
0.9	462	323	240	185	147	132	121
0.95	336	251	195	156	127	115	107
0.99	262	205	165	136	113	104	97
			$HTP = 70\%$				
0.5	NA	9,570	2,367	1,033	566	440	366
0.6	9,416	2,386	1,067	600	381	313	270
0.7	2,213	1,016	585	381	267	228	202
0.8	879	523	350	252	190	167	152
0.9	412	289	216	168	135	122	113
0.95	287	215	169	137	113	104	97
0.99	212	168	138	115	98	90	85

〈표 5-8〉 우군수준 민감도(HSe)와 특이도(HSp)에서 우군수준 유병률(HTP: 10%) 추정에 필요한 우군 수(정밀도 5~7.5%, 신뢰수준 95%)

정밀도 (%)	신뢰수준 (%)	우군수준 특이도 (%)	우군수준 민감도(%)			
			55	70	85	90
5	95	55	38,169	6,131	2,400	1,897
5	95	70	5,394	2,156	1,164	984
5	95	85	1,479	828	539	477
5	95	90	941	574	395	355
5	95	55	26,883	4,319	1,691	1,336
5	95	70	3,799	1,518	820	693
5	95	85	1,041	584	379	336
5	95	90	663	405	278	250
7.5	95	55	16,964	2,725	1,067	844
7.5	95	70	2,398	958	517	438
7.5	95	85	657	368	240	212
7.5	95	90	419	255	176	158
7.5	95	55	11,948	1,920	752	594
7.5	95	70	1,689	675	365	308
7.5	95	85	463	260	169	150
7.5	95	90	295	180	124	111

제6장 질병 검출

6.1 완벽한 진단검사와 무한모집단

질병 검출은 적어도 1두의 감염된 개체를 검출하는 데 필요한 표본크기를 계산하여 이들을 대상으로 검사한 결과 전 두수 음성일 때 질병 비발생이라는 결론을 유도하거나 모집단에서 유병률에 대한 정보가 전혀 없을 때 이를 추정하는 목적으로 사용된다(Cameron과 Baldock, 1998b). 가장 간단한 상황은 민감도와 특이도가 100%인 완벽한 진단검사와 무한모집단에서 단순무작위추출법을 사용하는 조사이다. 어느 모집단에서 유병률의 참값을 p라고 하면 이는 모집단에서 무작위로 추출된 1두의 개체가 감염되어 있을 확률이고, $1-p$는 감염되어 있지 않을 확률이다. 이 모집단에서 2두를 선발할 때 2두 모두 감염되어 있지 않을 확률은 $(1-p) \times (1-p)$이므로 n두 모두 감염되어 있지 않을 확률은 $(1-p)^n$이 된다. 각 시행의 결과가 양성 혹은 음성인 이러한 과정을 무수히 반복할 때 양성 개체가 x두일 확률은 이항분포를 따르고 다음과 같이 계산된다(Cochran, 1977).

$$P(T+=x) = \binom{n}{x} p^x (1-p)^{n-x}$$

여기에서 p는 검사 결과로 얻는 현성 유병률(AP^+)이다.

$$AP^+ = p*Se + (1-p)(1-Sp)$$
$$AP^+ = p \ [진단검사 완벽한 경우]$$

6.1.1 적어도 1두의 감염개체 검출

질병 비발생 증명에서 적어도 1두의 감염개체를 검출하는 것은 해당 우군을 감염군이나 비감염군으로 판정하기 위함이다. 특이도가 완벽하지 않은 검사를 사용하는 경우 우군을 양성으로 판정하기 위해서는 1두 이상의 양성 개체 검출을 필요로 하지만, 특이도가 100%라면 1두의 양성 개체를 검출하는 것만으로도 양성으로 판정하는 데 충분하다. 전술한 식에서 진단검사가 완벽하다고 가정할 때 질병 비발생을 증명하기 위한 판정조건으로 검사양성 개체를 0으로 지정하는 경우(예: 전 두수 음성일 때) $x=0$이 되므로 위의 식은 다음과 같이 정리된다.

$$P(T+=0)=(1-p)^n$$

따라서 유병률이 p인 모집단에서 n두의 표본을 선발하여 검사할 때 적어도 1두의 감염개체를 검출할 수 있는 신뢰수준($C=1-\alpha$)은 $C=1-(1-p)^n$이 된다(DiGiacomo와 Koepsell, 1986, Martin 등, 1992). 이 식을 n에 대하여 정리하면 다음과 같다.

$$C=1-(1-p)^n \Leftrightarrow (1-p)^n=1-C \Leftrightarrow n=\frac{\log(1-C)}{\log(1-p)}=\frac{\log\alpha}{\log(1-p)}$$

예를 들어 유병률이 10%인 모집단에서 적어도 1두의 감염된 개체를 검출하는 것을 95% 신뢰하기 위해서는 약 29두를 검사해야 한다.

$$n=\frac{\log(1-0.95)}{\log(1-0.1)}\approx 29$$

이 공식에서 분모는 검사결과 음성 개체 수이고, 분자의 $1-C$는 유의수준(α)으로 제1형 오류다. 여기에서 C를 계산하기 위해서는 유병률 p를 구체화할 필요가 있는데 유병률이 낮을 때 검출 확률을 높이기 위해서는 검사두수가 매우 증가해야 한다. 예를 들어 500두에 대한 검사에서 x두의 감염개체를 검출할 확률은 유병률이 1두($p=0.001$)일 때 0.39, 5두($p=0.005$)일 때 0.91로 추정된다. 마찬가지로 유병률이 $p=0.001$일 때 검출 확률이

80%와 90%가 되기 위해서는 각각 1,609두와 2,301두가 필요하며, 검출확률을 50%로 가정해도 693두가 필요하다. 계산된 표본크기가 모집단크기에 비하여 크다면($N > 1000$) 유한모집단 보정계수를 사용하여 표본크기를 보정하거나[$n_a = (nN)/(n+N)$] 초기하분포를 사용하여 표본크기를 직접 계산할 수도 있다(Martin 등, 1992).

이 공식은 첫째, 무한모집단에서 단순무작위추출법을 이용하고, 완벽한 진단검사를 가정할 때 사용한다. 예를 들어 유병률이 10%이고 민감도가 완벽할 때 적어도 1두의 감염된 개체 검출을 95% 신뢰하기 위해서는 29두가 필요하지만 민감도가 50%이면(특이도 100%) 동일한 신뢰수준을 유지하기 위해서 2배인 59두가 필요하다(표 6-4). 둘째, 이 공식에 의한 표본크기는 추정 유병률에 매우 민감한데 예를 들어 0.1%의 유병률을 가정하면 표본크기는 3,000두가 된다. 유병률이 감소하면 검출확률이 낮아지고 실험실 검사의 능력도 한계가 있기 때문에 개별 동물에서 이 질병을 검출할 확률도 감소한다. 셋째, 이 공식은 연구대상 동물이 모집단에서 동질하게 분포되어 있고, 병원체가 숙주 모집단에서 동질하게 분포되어 있다는 가정이 유효할 때 가장 적절하다. 예를 들어 야생조류에서 고병원성조류인플루엔자에 대한 유병률을 추정하는 연구에서 야생조류가 조사 대상 지역 내에 고르게 분포하지 않고 특정한 지역에 군집을 이루면서 서식하거나 바이러스가 특정한 개체에 한정하여 감염되어 있는 경우에는 적절하지 않을 수 있다.

<표 6-1>은 이 공식을 이용하여 적어도 1두의 감염된 개체를 검출하는 데 필요한 표본크기를 계산한 것이다. 예를 들어 유병률 5%에서 적어도 1두의 감염된 동물을 검출하는 것을 95% 신뢰하는 데 필요한 표본크기는 59두이다. 59두에 대한 검사결과 전 두수 음성이라면 해당 우군은 질병 비감염 상태이거나 감염이 존재한다면 유병률이 적어도 5% 이하일 것으로 해석한다.

〈표 6-1〉 적어도 1두의 감염된 개체를 검출하는 데 필요한 표본크기

유병률	신뢰수준(%)		
	90	95	99
0.0000001	23,025,850	29,957,322	46,051,700
0.0000010	2,302,584	2,995,731	4,605,168
0.0000100	230,258	299,572	460,515
0.0000200	115,129	149,786	230,257
0.0000500	46,051	59,914	92,102
0.0001000	23,025	29,956	46,050
0.0002000	11,512	14,978	23,024
0.0005000	4,605	5,990	9,209

0.0010000	2,302	2,995	4,603
0.01	230	299	459
0.02	114	149	228
0.05	45	59	90
0.10	22	29	44
0.15	15	19	29
0.20	11	14	21
0.25	9	11	17
0.30	7	9	13
0.35	6	7	11
0.40	5	6	10
0.45	4	6	8
0.50	4	5	7
0.55	3	4	6
0.60	3	4	6
0.65	3	3	5
0.70	2	3	4
0.75	2	3	4
0.80	2	2	3
0.85	2	2	3
0.90	1	2	2
0.95	1	1	2
0.99	1	1	1

6.1.2 신뢰도 추정

이론적으로 요구되는 표본크기를 줄이면 여러 가지 문제가 발생한다. 표본크기가 감소하면 질병을 검출할 확률, 즉 신뢰도가 낮아지며 유병률이 높아야 검출이 가능해진다. 예를 들어 우군크기가 2,000두인 모집단에서 15%의 유병률 검출을 99% 신뢰하기 위해서는 29두를 검사해야 하는데 만일 10두만을 검사하게 되면 신뢰도가 99%에서 80%로 낮아진다(<표 6-2>).

〈표 6-2〉 신뢰수준과 추정 유병률에 따른 표본크기(모집단크기=2,000)

신뢰수준 (%)	유병률		
	5%	10%	15%
99	90	44	29
95	59	29	19
90	45	22	15
85	37	19	12
80	32	16	10
75	28	14	9
70	24	13	8

표본크기의 감소로 초래되는 결과와 관련하여 5%의 유병률을 갖는 모집단에서 적어도 1두의 감염개체 검출을 95% 신뢰하는 데 필요한 표본크기를 모집단크기에 따라 요약하면 <표 6-3>과 같다. 이 표에서 이론적인 표본크기는 Cannon과 Roe(1982)의 공식을 사용하였고, 신뢰수준은 N, n, $e(\%)$를 알 때 근사추정공식(MacDiarmid, 1988)을 사용하여 계산한 것이다. 예를 들어 이론적으로 요구되는 표본크기에 대하여 모집단크기에서 10두로 줄이면 감염을 검출할 확률은 40-44% 수준으로 감소하고, 15두로 줄이면 53-75%로 감소한다.

⟨표 6-3⟩ 5%의 유병률을 갖는 모집단에서 95% 신뢰수준으로 1두의 감염개체를 검출하는 데 필요한 표본크기 조정에 따른 신뢰수준의 변화

모집단크기	이론적인 표본크기	신뢰수준 (%)	신뢰수준 감소(%)	
			10두	15두
20	19	95	40	75
40	31	95	44	61
60	38	95	43	58
80	42	95	42	57
100	45	95	42	56
120	47	95	41	56
160	49	95	41	55
200	51	95	41	55
300	54	95	40	54
400	55	95	40	54
500	56	95	40	54
1,000	57	95	40	54
2,000	58	95	40	53
>3,000	59	95	40	53

혈청학적 모니터링 프로그램의 목적이 질병을 신속히 검출하는 것이라고 할 때, 10~15%의 유병률 검출을 95% 신뢰하기 위해서는 19-29두를 검사해야 한다(<표 6-1>). 만일 검사 비용, 실험실의 시료 처리능력 한계 등의 이유로 요구되는 표본크기 이하로 과소표본을 검사한 경우 추정치의 신뢰도는 다음과 같이 계산한다.

$$n = \frac{z_\alpha^2 pq}{e^2} \quad \Leftrightarrow \quad e = z \times SE = z\sqrt{\frac{pq}{n}} \quad [\text{단 } p = 1 - q]$$

이 공식은 표본크기를 알 때 정밀도를 계산한 결과 이 값이 너무 크면 조사를 수행할 가치가 없음을 의미한다. Cannon과 Roe(1982)의 근사공식에서 N, n, $e(\%)$를 알 때 신뢰수준을 계산하는 공식은 감염 검출확률에서 설명한다.

6.2 완벽하지 않은 진단검사와 무한모집단

진단검사가 완벽하지 않을 때 검사양성과 검사음성 확률은 다음과 같다.

검사양성 확률: $P(T+) = p*Se + (1-p)(1-Sp)$
검사음성 확률: $P(T-) = p*(1-Se) + (1-p)Sp$

따라서 무한모집단에서 n두를 선발하여 검사할 때 양성 개체 수가 x두일 확률은 이항분포를 따르므로 다음과 같이 정리할 수 있다.

$$P(T^+ = x) = \binom{n}{x}[pSe + (1-p)(1-Sp)]^x [p(1-Se) + (1-p)Sp]^{n-x}$$

6.2.1 민감도(Se)가 완벽하지 않고 특이도(Sp)가 완벽한 경우

진단검사가 완벽할 때 적어도 1두의 감염개체를 검출할 확률(p)을 계산하는 공식에서 분모를 $p = p \times Se$로 대치한다(제5장 참고).

$$n = \frac{\log(1-C)}{\log(1-p)}$$

$$n = \frac{\log(1-C)}{\log(1-p \times Se)}$$

이 공식은 우군수준(herd-level)에서 유병률 추정에 필요한 표본크기를 계산하는 데 사용할 수 있으며 이때 p는 우군수준의 유병률이다(Martin 등, 1992, Locksley 등, 2008).

6.2.2 민감도와 특이도가 완벽하지 않을 경우

민감도와 특이도 모두 완벽하지 않다면 양성 개체는 감염군과 비감염군에서 각각 유래하므로 공식에서 분모의 $1-p$는 검사결과 음성 비율이다.

$$1 - p = P(T-) = (1 - Se)p + Sp(1 - p)$$

이를 정리하면 다음과 같은 공식이 작성된다.

$$n = \frac{\log(1 - C)}{\log[(1 - Se)p + Sp(1 - p)]}$$

신뢰확률을 C라 할 때 계산 결과는 '지정한 신뢰도 수준과 유병률에서 적어도 1두의 검사 양성 개체를 검출하는 데 필요한 표본크기'로 해석한다(Christensen과 Gardner, 2000). 이상의 내용을 정리하면 다음과 같다. 표 6-4는 상기의 공식을 사용하여 민감도와 특이도가 완벽하지 않을 때 무한모집단에서 적어도 1두의 감염된 개체를 검출하는데 필요한 표본크기를 요약한 것이다 (표 6-1과 비교).

(i) $Se = Sp = 1$인 경우($p = TP$)

$$n = \frac{\log(1 - C)}{\log(1 - TP)}$$

(ii) $Se < 1;\ Sp = 1$

$$n = \frac{\log(1 - C)}{\log[(1 - Se)TP + (1 - TP)]} = \frac{\log(1 - C)}{\log(1 - TP^*Se)}$$

(iii) $Se = 1;\ Sp < 1$

$$n = \frac{\log(1 - C)}{\log[(1 - TP)Sp]}$$

<표 6-4> 적어도 1두의 감염개체를 검출하는데 필요한 표본크기

| 유병률 | 민감도=특이도=100% | | | 민감도 50%, 특이도=100% | | |
| | 신뢰수준 (%) | | | 신뢰수준 (%) | | |
	90	95	99	90	95	99
0.01	230	299	459	460	598	919
0.05	45	59	90	91	119	182
0.10	22	29	44	45	59	90
0.20	11	14	21	22	29	44
0.30	7	9	13	15	19	29
0.40	5	6	10	11	14	21
0.50	4	5	7	9	11	17
0.60	3	4	6	7	9	13
0.70	2	3	4	6	7	11
0.80	2	2	3	5	6	10
0.90	1	2	2	4	6	8
0.95	1	1	1	4	5	8

6.3 완벽한 진단검사와 유한모집단

6.3.1 초기하분포에 근거한 근사식

유한모집단에서 표본추출하면 각 시행은 독립이 아니다. 즉 첫 번째 동물을 선발할 때 질병 양성인 개체가 선발될 확률은 d/N(d=감염두수, N=모집단크기)이다. 질병 양성인 동물이 선발될 때마다 d는 1두씩 감소하며, N은 매 개체가 선발될 때마다 감소하기 때문이다. 따라서 표본에서 검사양성인 동물이 없을 확률, 즉 질병 비발생 확률(P)은 첫 번째로 선발된 동물이 검사음성일 확률과 두 번째로 선발된 동물이 검사음성일 확률과 세 번째로 선발된 동물이 검사음성일 확률…… n번째로 선발된 동물이 검사음성일 확률의 곱이 된다.

$$P = \frac{(N-d)}{N} \times \frac{(N-d-1)}{(N-1)} \times \cdots\cdots \frac{(N-d-n+1)}{(N-n+1)} = \frac{(N-d)!(N-n)!}{N!(N-d-n)!}$$

진단검사가 완벽할 때 유한모집단에서 추출한 표본에서 질병 양성 두수가 x두일 확률은 초기하분포를 따른다(Cochran, 1977).

$$P(T^+ = x) = \frac{\binom{d}{x}\binom{N-d}{n-x}}{\binom{N}{n}}$$

질병 비발생 증명에서는 $x = 0$이므로 위의 공식은 간단히 다음과 같이 정리된다(Cannon과 Roe, 1982).

$$P(T+= 0) = \frac{(N-d)}{N} \times \frac{(N-d-1)}{(N-1)} \times \cdots\cdots \frac{(N-d-n+1)}{(N-n+1)}$$

$$= \frac{(N-d)!(N-n)!}{N!(N-d-n)!}$$

따라서 적어도 1두의 양성인 개체를 검출할 확률(P)은 다음과 같다.

$$P = 1 - \frac{(N-d)!(N-n)!}{N!(N-d-n)!}$$

위의 공식에서 factorial은 계산하기 어렵기 때문에 Cannon과 Roe(1982)는 편의적인 근사식을 제시하였다.

$$P(T^+ = 0) = [1 - \frac{d}{N - \frac{n-1}{2}}]^n$$

이 식에서 질병 비발생일 때 $x = 0$이므로 이를 표본크기 n에 대하여 정리하면 다음의 공식이 유도된다(Cannon, 2001).

$$n = [1 - (1-P)^{\frac{1}{d}}] \times (N - \frac{d-1}{2})$$

이 식은 초기하분포의 근사성을 사용하여 유한모집단에서 진단검사의 민감도와 특이도가 100%일 때 사용하며, 감염의 전파속도가 비교적 느린 질병에 가장 적합하다. 검사의 민감도가 100%가 아니라면 모집단에서 기대되는 감염된 개체 수(d)에 민감도를 보정해야 하므로(즉 $d = TP \times N \times Se$) 다음의 공식을 사용한다.

$$n = (1 - (1 - P)^{\frac{1}{d \times Se}}) \times (N - \frac{d-1}{2})$$

여기에서

n = 표본크기

N = 모집단크기

P = 적어도 1두의 감염개체를 검출할 신뢰확률(예: 95%)

d = 모집단에서 기대되는 감염된 개체 수 = $TP \times N$

TP = 유병률

$\frac{d}{N}$ = 모집단에서 기대되는 최소 유병률

이 공식을 활용하여 표본크기를 결정할 때 가정해야 할 모수는 모집단에서 감염되어 있는 개체 수(d)로, 이는 질병의 생물학적인 지식과 이전의 연구에서 얻은 추정치를 사용할 수 있다. 예를 들어 우결핵에 감염된 군에서 유병률이 5~10%라는 문헌이 있다면 이 자료를 사용할 수 있다. Cannon과 Roe(1982)는 이 공식에 근거하여 유한모집단에서 민감도와 특이도가 100%인 완벽한 진단검사와 초기하분포에 대한 이항분포의 근사성을 가정하여 적어도 1두의 감염된 개체를 검출하기 위한 표본크기를 계산하는 표를 제시하였다 [<표 6-5>(90% 신뢰수준), <표 6-6>(95% 신뢰수준), <표 6-7>(99% 신뢰수준)].

이 표는 두 가지 연구 형태에 적용할 수 있다. 상황 1은 모집단에서 감염된 개체의 비율(d/N)을 알 때, 즉 모집단에서 유병률이 일정 수준 혹은 그 이상으로 질병이 존재할 때 표본에서 적어도 1두 이상이 감염되어 있다는 것을 95% 혹은 99% 확신하는 데 필요한 최소 표본크기다. 예를 들어 기대유병률이 25%이고 표본크기가 120일 때 95% 신뢰수준에서 적어도 1두의 감염개체를 검출하기 위해서는 최소 10두를 검사해야 한다. Dugan 등(2006)은 미국의 19개 주를 대상으로 흰색꼬리사슴(White-Tailed Deer, *Odocoileus virginianus*)을 대

상으로 *Anaplasma phagocytophilium*의 혈청 유병률에 관한 조사에서 유병률 47%를 가정할 때 적어도 1두의 혈청양성 개체를 검출할 신뢰수준이 95~99%를 유지하기 위해서는 군당 6~9두를 검사해야 하는 것으로 계산하였다.

상황 2는 모집단에서 일정한 비율의 표본(표본추출 분율, n/N)을 선발하여 검사한 결과 전 두수 음성일 때 이 집단에서 양성 개체 수의 95% 신뢰한계이다. 예를 들어 140두로 구성된 모집단에서 25%를 추출하여 검사한 결과 전 두수 음성일 때 양성 개체 수의 90% 신뢰한계의 상한값은 9두(<표 6-5>)임을 의미한다. 역으로 해석하면 실제로 이 모집단이 6.4%(9/140)가 감염되어 있을 때 140두 중 25%(35두)를 검사하면 적어도 1두의 감염개체를 검출할 확률이 90%가 된다는 의미이다(USGS, 2003). 다른 예로 어느 모집단에서 20.6%(206/1,000)가 감염되어 있을 때 1,000두 중 10두(1%)를 검사하면 적어도 1두의 감염된 개체를 검출할 확률이 90%가 된다는 의미이다(<표 6-6>). 표에서 보듯이 동일한 모집단크기에서 유병률이 높을수록 적은 수의 표본이 요구됨을 알 수 있다. 이 표는 질병 비발생(유병률의 반대 개념)을 증명하는 연구에 활용할 수도 있으며 자세한 내용은 제12장의 질병 청정 증명에서 설명한다.

6.3.2 초기하분포에 근거한 정확 표본크기

정확 표본크기는 계산 과정이 복잡하므로 이미 계산된 표(<표 6-8>, <표 6-9>, <표 6-10>)를 활용하는 것이 간편하다(Cannon 과 Roe, 1982).

〈표 6-5〉 적어도 1두의 감염된 개체를 검출하기 위한 표본크기(90% 신뢰수준)

모집단 크기(N)	상황 1: 모집단에서 감염된 개체의 비율(P = d/N) 상황 2: 모집단에서 추출한 표본에 대한 검사결과 음성인 비율(n/N)													
	50%	45%	40%	35%	30%	25%	20%	15%	10%	5%	2%	1%	0.5%	0.1%
5	3	3	4	4	4	5	5	5	6	6	6	6	6	6
10	4	4	5	5	6	6	7	8	10	11	11	11	11	11
20	4	4	5	6	6	7	9	11	14	19	21	21	21	21
30	4	5	5	6	7	8	10	12	16	24	30	31	31	31
40	4	5	5	6	7	8	10	13	18	28	38	41	41	41
50	4	5	5	6	7	8	10	13	19	30	46	50	51	51
60	4	5	5	6	7	8	10	14	19	32	52	59	61	61
70	4	5	5	6	7	9	11	14	20	34	57	68	71	71
80	4	5	5	6	7	9	11	14	20	35	61	76	81	81
90	4	5	5	6	7	9	11	14	20	36	65	84	90	91
100	4	5	5	6	7	9	11	14	21	37	69	91	100	101
120	4	5	5	6	7	9	11	14	21	38	74	103	118	121
140	4	5	6	6	7	9	11	14	21	39	79	113	135	141
160	4	5	6	6	7	9	11	15	21	40	82	122	152	161
180	4	5	6	6	7	9	11	15	22	41	85	130	167	181
200	4	5	6	6	7	9	11	15	22	41	88	137	181	201
250	4	5	6	6	7	9	11	15	22	42	92	151	211	251
300	4	5	6	6	7	9	11	15	22	43	96	161	236	301
350	4	5	6	6	7	9	11	15	22	43	98	169	256	350
400	4	5	6	6	7	9	11	15	22	43	100	175	274	400
450	4	5	6	6	7	9	11	15	22	44	102	180	289	448
500	4	5	6	6	7	9	11	15	22	44	103	185	301	496
600	4	5	6	6	7	9	11	15	22	44	105	191	322	588
700	4	5	6	6	7	9	11	15	22	44	106	196	338	675
800	4	5	6	6	7	9	11	15	23	45	107	200	350	756
900	4	5	6	6	7	9	11	15	23	45	108	203	361	831
1,000	4	5	6	6	7	9	11	15	23	45	109	206	369	901
1,200	4	5	6	6	8	9	11	15	23	45	110	209	382	1,024
1,400	4	5	6	6	8	9	11	15	23	45	110	212	392	1,130
1,600	4	5	6	6	8	9	11	15	23	45	111	214	400	1,221
1,800	4	5	6	6	8	9	11	15	23	45	111	216	406	1,299
2,000	4	5	6	6	8	9	11	15	23	45	112	217	411	1,368
3,000	4	5	6	6	8	9	11	15	23	46	113	222	427	1,608
4,000	4	5	6	6	8	9	11	15	23	46	113	224	435	1,751
5,000	4	5	6	6	8	9	11	15	23	46	114	225	440	1,845
6,000	4	5	6	6	8	9	11	15	23	46	114	226	443	1,912
7,000	4	5	6	6	8	9	11	15	23	46	114	226	446	1,962
8,000	4	5	6	6	8	9	11	15	23	46	114	227	447	2,001
9,000	4	5	6	6	8	9	11	15	23	46	114	227	449	2,032
10,000	4	5	6	6	8	9	11	15	23	46	114	227	450	2,057

예 1) 1,000두로 구성된 어느 모집단에서 병원체 'X'에 감염된 동물의 비율이 10%라고 할 때 모집단에서 적어도 1두의 감염개체를 발견할 확률이 90% 되기 위해서는 23두를 선발하여 검사해야 한다.

$$N=1000, \quad d = TP \times N = 10\% \times 1000 = 100, \quad P = 0.90$$이므로

$$n = (1-(1-P)^{\frac{1}{d}}) \times (N - \frac{d-1}{2}) = (1-(1-0.90)^{\frac{1}{100}}) \times (1000 - \frac{100-1}{2}) \approx 23$$

예 2) 1,000두로 구성된 어느 모집단에서 20%의 개체를 선발하여 병원체 'X'에 대한 감염 여부를 검사한 결과 모두 음성으로 확인된 경우 이 우군에서 병원체 'X'에 감염되어 있는 개체의 90% 신뢰한계는 11두이다.

〈표 6-6〉 적어도 1두의 감염된 개체를 검출하기 위한 표본크기(95% 신뢰수준)

모집단 크기(N)	상황 1: 모집단에서 감염된 개체의 비율(P = d/N) 상황 2: 모집단에서 추출한 표본에 대한 검사결과 음성인 비율(n/N)													
	50%	45%	40%	35%	30%	25%	20%	15%	10%	5%	2%	1%	0.5%	0.1%
5	4	4	4	4	5	5	5	6	6	6	6	6	6	6
10	4	5	5	6	6	7	8	9	10	11	11	11	11	11
20	5	5	6	7	8	9	10	13	16	20	21	21	21	21
30	5	6	6	7	8	10	12	14	19	26	30	31	31	31
40	5	6	6	7	9	10	12	16	21	31	40	41	41	41
50	5	6	7	7	9	10	13	16	22	35	48	51	51	51
60	5	6	7	8	9	11	13	17	23	38	56	60	61	61
70	5	6	7	8	9	11	13	17	24	40	62	70	71	71
80	5	6	7	8	9	11	13	17	25	42	68	79	81	81
90	5	6	7	8	9	11	13	18	25	44	73	87	91	91
10.0	5	6	7	8	9	11	14	18	26	45	78	96	101	101
120	5	6	7	8	9	11	14	18	26	47	86	111	120	121
140	5	6	7	8	9	11	14	18	27	49	92	124	139	141
120	5	6	7	8	9	11	14	18	26	47	86	111	120	121
140	5	6	7	8	9	11	14	18	27	49	92	124	139	141
160	5	6	7	8	9	11	14	18	27	50	97	136	157	161
180	5	6	7	8	9	11	14	18	27	51	102	146	174	181
200	5	6	7	8	9	11	14	19	27	51	105	156	191	201
250	5	6	7	8	9	11	14	19	28	53	113	175	228	251
300	5	6	7	8	9	11	14	19	28	54	118	190	260	301
350	5	6	7	8	9	11	14	19	28	55	122	201	287	351
400	5	6	7	8	9	11	14	19	28	55	125	211	311	401
450	5	6	7	8	9	11	14	19	29	56	127	219	331	450
500	5	6	7	8	9	11	14	19	29	56	129	225	349	500
600	5	6	7	8	9	11	14	19	29	57	132	236	379	597
700	5	6	7	8	9	11	14	19	29	57	134	243	403	691
800	5	6	7	8	9	11	14	19	29	57	136	250	422	782
900	5	6	7	8	9	11	14	19	29	58	138	255	437	868
1,000	5	6	7	8	9	11	14	19	29	58	139	259	451	951
1,200	5	6	7	8	9	11	14	19	29	58	140	265	471	1,102
1,400	5	6	7	8	9	11	14	19	29	58	142	269	487	1,236
1,600	5	6	7	8	9	11	14	19	29	58	143	273	500	1,354
1,800	5	6	7	8	9	11	14	19	29	58	143	276	509	1,459
2,000	5	6	7	8	9	11	14	19	29	59	144	278	517	1,553
3,000	5	6	7	8	9	11	14	19	29	59	146	285	543	1,895
4,000	5	6	7	8	9	11	14	19	29	59	147	288	556	2,108
5,000	5	6	7	8	9	11	14	19	29	59	147	290	564	2,253
6,000	5	6	7	8	9	11	14	19	29	59	147	292	570	2,358
7,000	5	6	7	8	9	11	14	19	29	59	148	293	574	2,437
8,000	5	6	7	8	9	11	14	19	29	59	148	294	577	2,499
9,000	5	6	7	8	9	11	14	19	29	59	148	294	579	2,548
10,000	5	6	7	8	9	11	14	19	29	59	148	295	581	2,588

예 1) 1,000두로 구성된 어느 우군에서 병원체 'X'에 감염된 동물의 비율이 10%라고 할 때 모집단에서 적어도 1두의 감염개체를 발견할 확률이 95% 되기 위해서는 29두를 선발하여 검사해야 한다.

예 2) 1,000두로 구성된 어느 우군에서 20%의 동물(표본)을 선발하여 병원체 'X'에 대한 감염 여부를 검사한 결과 모두 음성으로 확인된 경우 이 우군에서 병원체 'X'에 감염되어 있는 개체의 95% 신뢰한계는 14두이다.

〈표 6-7〉 적어도 1두의 감염된 개체를 검출하기 위한 표본크기(99% 신뢰수준)

모집단 크기(N)	상황 1: 모집단에서 감염된 개체의 비율(P=d/N) 상황 2: 모집단에서 추출한 표본에 대한 검사결과 음성인 비율(n/N)													
	50%	45%	40%	35%	30%	25%	20%	15%	10%	5%	2%	1%	0.5%	0.1%
5	4	4	5	5	5	5	5	6	6	6	6	6	6	6
10	6	6	6	7	8	8	9	10	10	11	11	11	11	11
20	7	7	8	9	10	12	13	16	18	20	21	21	21	21
30	7	8	9	10	11	13	15	19	23	29	31	31	31	31
40	7	8	9	10	12	14	17	21	27	36	40	41	41	41
50	7	8	9	11	12	14	18	22	30	42	50	51	51	51
60	7	8	9	11	13	15	18	23	32	47	59	61	61	61
70	7	8	9	11	13	15	19	24	33	51	68	71	71	71
80	8	8	10	11	13	15	19	25	34	54	76	80	81	81
90	8	8	10	11	13	16	19	25	35	57	83	90	91	91
100	8	9	10	11	13	16	20	25	36	60	90	100	101	101
120	8	9	10	11	13	16	20	26	37	64	102	118	121	121
140	8	9	10	11	13	16	20	27	38	67	113	135	140	141
160	8	9	10	11	13	16	20	27	39	69	122	151	160	161
180	8	9	10	11	14	16	20	27	40	71	130	166	179	181
200	8	9	10	12	14	16	21	27	40	73	136	180	199	201
250	8	9	10	12	14	17	21	28	41	76	150	210	244	251
300	8	9	10	12	14	17	21	28	42	78	160	235	286	301
350	8	9	10	12	14	17	21	28	42	80	168	256	325	351
400	8	9	10	12	14	17	21	28	42	81	174	273	360	401
450	8	9	10	12	14	17	21	28	43	82	179	288	392	451
500	8	9	10	12	14	17	21	29	43	83	184	300	421	501
600	8	9	10	12	14	17	21	29	43	84	190	321	471	600
700	8	9	10	12	14	17	21	29	43	85	195	337	512	700
800	8	9	10	12	14	17	21	29	44	86	199	349	547	798
900	8	9	10	12	14	17	21	29	44	86	202	360	576	895
1,000	8	9	10	12	14	17	21	29	44	87	205	368	601	991
1,200	8	9	10	12	14	17	22	29	44	87	208	382	642	1,175
1,400	8	9	10	12	14	17	22	29	44	88	211	391	674	1,348
1,600	8	9	10	12	14	17	22	29	44	88	213	399	700	1,510
1,800	8	9	10	12	14	17	22	29	44	89	215	405	720	1,661
2,000	8	9	10	12	14	17	22	29	44	89	216	410	737	1,800
3,000	8	9	10	12	14	17	22	29	44	89	220	426	792	2,353
4,000	8	9	10	12	14	17	22	29	44	90	223	434	822	2,735
5,000	8	9	10	12	14	17	22	29	45	90	224	439	840	3,009
6,000	8	9	10	12	14	17	22	29	45	90	225	442	853	3,214
7,000	8	9	10	12	14	17	22	29	45	90	225	444	862	3,374
8,000	8	9	10	12	14	17	22	29	45	90	226	446	869	3,501
9,000	8	9	10	12	14	17	22	29	45	90	226	448	874	3,604
10,000	8	9	10	12	14	17	22	29	45	90	226	449	879	3,690

예 1) 1,000두로 구성된 어느 모집단에서 병원체 'X'에 감염된 동물의 비율이 10%라고 할 때 적어도 1두의 감염개체를 발견할 확률이 99% 되기 위해서는 44두를 선발하여 검사해야 한다.

예 2) 1,000두로 구성된 어느 모집단에서 20%의 동물(표본)을 선발하여 병원체 'X'에 대한 감염여부를 검사한 결과 모두 음성으로 확인된 경우 이 우군에서 병원체 'X'에 감염되어 있는 개체의 99% 신뢰한계는 21두이다.

〈표 6-8〉 지정한 유병률 수준 혹은 그 이상으로 감염이 존재할 때 이를 검출할 99%의 확률을 유지하는 데
필요한 초기하분포를 이용한 표본크기

모집단크기	유병률(P)				
	P = 0.10	P = 0.05	P = 0.02	P = 0.01	P = 0.005
20	18	20	20	20	20
50	29	41	50	50	50
100	35	59	90	99	100
200	39	72	136	180	198
300	41	77	159	235	286
500	42	82	183	300	420
1,000	43	86	204	367	601
2,000	43	88	215	409	736
5,000	44	89	223	438	839
1,0000	44	89	225	443	888
∞	44	90	228	458	919

〈표 6-9〉 지정한 유병률 수준 혹은 그 이상으로 감염이 존재할 때 이를 검출할 95%의 확률을 유지하는 데
필요한 초기하분포를 이용한 표본크기

모집단크기	유병률(P)				
	P = 0.10	P = 0.05	P = 0.02	P = 0.01	P = 0.005
20	15	19	20	20	20
50	22	34	48	50	50
100	25	44	77	95	100
200	27	51	105	155	190
300	27	53	117	189	−
500	28	55	128	224	−
1,000	28	57	138	258	450
2,000	28	58	143	278	517
5,000	28	58	146	289	563
10,000	28	58	147	294	596
∞	28	58	148	298	598

〈표 6-10〉 지정한 유병률 수준 혹은 그 이상으로 감염이 존재할 때 이를 검출할 90%의 확률을 유지하는 데 필요한 초
기하분포를 이용한 표본크기

모집단크기	유병률(P)				
	P = 0.10	P = 0.05	P = 0.02	P = 0.01	P = 0.005
20	13	18	20	20	20
50	18	30	45	50	50
100	20	36	68	90	100
200	21	40	87	136	180
300	21	42	95	160	235
500	21	43	102	184	300
1,000	22	44	108	205	368
2,000	22	44	111	216	410
5,000	22	45	113	224	439
10,000	22	45	113	227	449
∞	22	45	114	229	459

6.4 완벽하지 않은 진단검사와 유한모집단

유한모집단에서 진단검사가 완벽하지 않은 경우 초기하분포에 근거한 공식이 제안되어 있지만 계산과정이 매우 복잡하고, Cameron과 Baldock(1998a, b)은 이항분포의 근사성을 적용한 공식을 제시하였으나 이 방법 역시 계산이 간단하지 않기 때문에 FeeCalc 프로그램(Cameron, 1999)을 사용하여 계산한다. 이 프로그램은 표본크기를 계산하는 확률분포의 옵션으로 정확 초기하분포(유한모집단에서 완벽하지 않은 검사), 초기하분포에 대한 변형 이항분포 및 이항분포(무한모집단에서 완벽하지 않은 검사)를 제공하고 있다. 자세한 내용은 제12장에서 설명한다.

6.5 질병 검출확률과 실패확률

6.5.1 검출확률

Cannon과 Roe(1982)의 공식을 변형하면 d두의 감염개체가 존재하는 모집단에서 표본을 선발하여 검사할 때 적어도 1두의 감염된 개체를 검출할 확률(P)을 계산할 수 있다.

$$
\begin{aligned}
P &= \frac{(N-d)}{N} \times \frac{(N-d-1)}{(N-1)} \times \cdots \frac{(N-d-n+1)}{(N-n+1)} \\
&= (\frac{N-d-(n-1)/2}{N-(n-1)/2})^n \\
&= 1 - [1 - \frac{n}{N - \frac{d-1}{2}}]^n
\end{aligned}
$$

이 공식은 N, n(표본추출분율), d(모집단에서 감염된 개체 수)를 알 때 적어도 1두의 감염개체를 검출할 신뢰확률(p)을 계산할 때 사용한다. 이를 정리하면 <표 6-11>(10% 표본추출), <표 6-12>(20% 표본추출), <표 6-13>(30% 표본추출), <표 6-14>(40% 표본추출), <표 6-15>(50% 표본추출) 및 <표 6-16>(60% 표본추출)과 같다.

<표 6-11> 표본추출분율과 모집단 내 감염두수에 따라 적어도 1두의 감염개체를 검출할 신뢰확률(표본추출분율 10%)

크기(N)	검사두수	모집단 내 감염두수									
		1	2	3	4	5	6	7	8	9	10
10	1	0.100	0.200	0.300	0.400	0.500	0.600	0.700	0.800	0.900	1.000
20	2	0.100	0.195	0.284	0.368	0.447	0.521	0.589	0.652	0.710	0.763
30	3	0.100	0.193	0.279	0.359	0.433	0.501	0.563	0.620	0.672	0.719
40	4	0.100	0.192	0.277	0.355	0.427	0.492	0.552	0.606	0.655	0.700
50	5	0.100	0.192	0.276	0.353	0.423	0.487	0.545	0.598	0.646	0.689
60	6	0.100	0.191	0.275	0.351	0.421	0.484	0.541	0.593	0.640	0.682
70	7	0.100	0.191	0.274	0.350	0.419	0.481	0.538	0.589	0.636	0.677
80	8	0.100	0.191	0.274	0.349	0.418	0.480	0.536	0.587	0.633	0.674
90	9	0.100	0.191	0.274	0.349	0.417	0.478	0.534	0.585	0.630	0.671
100	10	0.100	0.191	0.273	0.348	0.416	0.477	0.533	0.583	0.628	0.669
200	20	0.100	0.190	0.272	0.346	0.413	0.473	0.527	0.576	0.620	0.660
300	30	0.100	0.190	0.272	0.345	0.411	0.471	0.525	0.574	0.617	0.657
400	40	0.100	0.190	0.271	0.345	0.411	0.470	0.524	0.573	0.616	0.655
500	50	0.100	0.190	0.271	0.345	0.411	0.470	0.524	0.572	0.615	0.654
600	60	0.100	0.190	0.271	0.344	0.410	0.470	0.523	0.571	0.615	0.654
700	70	0.100	0.190	0.271	0.344	0.410	0.470	0.523	0.571	0.614	0.653
800	80	0.100	0.190	0.271	0.344	0.410	0.469	0.523	0.571	0.614	0.653
900	90	0.100	0.190	0.271	0.344	0.410	0.469	0.523	0.571	0.614	0.653
1,000	100	0.100	0.190	0.271	0.344	0.410	0.469	0.522	0.571	0.614	0.653

예) 100두(N)로 구성된 모집단에 5두의 양성 개체가 존재할 경우 10%의 표본(n=10)을 선발할 때 모집단에서 적어도 1두의 감염개체를 발견할 신뢰확률은 약 41.6% 정도이다.

<표 6-12> 표본추출분율과 모집단 내 감염두수에 따라 적어도 1두의 감염개체를 검출할 신뢰확률(표본추출분율 20%)

크기(N)	검사두수	모집단 내 감염두수									
		1	2	3	4	5	6	7	8	9	10
10	1	0.199	0.377	0.532	0.665	0.776	0.864	0.931	0.975	0.997	0.997
20	2	0.199	0.367	0.507	0.623	0.716	0.792	0.851	0.896	0.930	0.955
30	3	0.199	0.364	0.500	0.611	0.700	0.772	0.828	0.873	0.907	0.934
40	4	0.199	0.363	0.494	0.605	0.692	0.762	0.818	0.862	0.896	0.923
50	5	0.199	0.362	0.493	0.602	0.688	0.757	0.812	0.855	0.890	0.916
60	6	0.199	0.362	0.492	0.599	0.685	0.753	0.808	0.851	0.885	0.912
70	7	0.199	0.361	0.491	0.598	0.683	0.751	0.805	0.848	0.882	0.909
80	8	0.199	0.361	0.491	0.597	0.681	0.749	0.803	0.846	0.880	0.907
90	9	0.199	0.361	0.490	0.596	0.680	0.748	0.801	0.844	0.878	0.905
100	10	0.199	0.360	0.488	0.595	0.679	0.746	0.800	0.843	0.877	0.904
200	20	0.199	0.360	0.488	0.592	0.675	0.741	0.794	0.837	0.871	0.898
300	30	0.199	0.360	0.488	0.591	0.674	0.740	0.793	0.835	0.869	0.896
400	40	0.199	0.359	0.487	0.590	0.673	0.739	0.792	0.834	0.868	0.895
500	50	0.199	0.359	0.487	0.590	0.672	0.738	0.791	0.833	0.867	0.894
600	60	0.199	0.359	0.487	0.590	0.672	0.738	0.791	0.833	0.867	0.894
700	70	0.199	0.359	0.487	0.590	0.672	0.738	0.790	0.833	0.866	0.893
800	80	0.199	0.359	0.487	0.344	0.672	0.738	0.790	0.832	0.866	0.893
900	90	0.199	0.359	0.487	0.590	0.672	0.737	0.790	0.832	0.866	0.893
1,000	00	0.199	0.359	0.487	0.589	0.672	0.737	0.790	0.832	0.866	0.893

예) 100두(N)로 구성된 모집단에 5두의 양성 개체가 존재할 경우 20%의 표본(n=20)을 선발할 때 모집단에서 적어도 1두의 감염개체를 발견할 신뢰확률은 약 67.9% 정도이다.

<표 6-13> 표본추출분율과 모집단 내 감염두수에 따라 적어도 1두의 감염개체를 검출할 신뢰확률(표본추출분율 30%)

크기(N)	검사두수	모집단 내 감염두수									
		1	2	3	4	5	6	7	8	9	10
10	1	0.298	0.529	0.704	0.829	0.912	0.963	0.989	0.999	1.000	1.000
20	2	0.297	0.517	0.676	0.789	0.867	0.919	0.953	0.974	0.987	0.994
30	3	0.297	0.513	0.668	0.778	0.854	0.906	0.941	0.963	0.978	0.987
40	4	0.297	0.512	0.664	0.772	0.847	0.899	0.934	0.958	0.973	0.984
50	5	0.297	0.511	0.662	0.769	0.843	0.895	0.930	0.954	0.970	0.981
60	6	0.297	0.510	0.661	0.767	0.841	0.892	0.928	0.952	0.968	0.979
70	7	0.297	0.509	0.659	0.765	0.839	0.889	0.926	0.950	0.967	0.978
80	8	0.297	0.509	0.659	0.764	0.838	0.888	0.925	0.949	0.966	0.977
90	9	0.297	0.509	0.658	0.763	0.837	0.887	0.924	0.948	0.965	0.977
100	10	0.297	0.508	0.658	0.762	0.836	0.883	0.923	0.948	0.964	0.976
200	20	0.297	0.507	0.655	0.759	0.832	0.832	0.919	0.944	0.961	0.973
300	30	0.297	0.507	0.655	0.758	0.831	0.832	0.918	0.943	0.960	0.972
400	40	0.297	0.507	0.654	0.758	0.831	0.881	0.917	0.942	0.960	0.972
500	50	0.297	0.507	0.654	0.758	0.830	0.881	0.917	0.942	0.960	0.972
600	60	0.297	0.507	0.654	0.757	0.830	0.881	0.917	0.942	0.959	0.972
700	70	0.297	0.507	0.654	0.757	0.830	0.881	0.917	0.942	0.959	0.971
800	80	0.297	0.507	0.654	0.757	0.830	0.881	0.916	0.941	0.959	0.971
900	90	0.297	0.507	0.654	0.757	0.830	0.881	0.916	0.941	0.959	0.971
1,000	100	0.297	0.507	0.654	0.757	0.829	0.880	0.916	0.941	0.959	0.971

예) 100두(N)로 구성된 모집단에 5두의 양성 개체가 존재할 경우 30%의 표본(n=30)을 선발할 때 모집단에서 적어도 1두의 감염개체를 발견할 신뢰확률은 약 83.6% 정도이다.

<표 6-14> 표본추출분율과 모집단 내 감염두수에 따라 적어도 1두의 감염개체를 검출할 신뢰확률(표본추출분율 40%)

크기(N)	검사두수	모집단 내 감염두수									
		1	2	3	4	5	6	7	8	9	10
10	1	0.394	0.658	0.825	0.921	0.971	0.993	0.999	1.000	1.000	1.000
20	2	0.394	0.644	0.799	0.892	0.944	0.973	0.988	0.995	0.998	0.999
30	3	0.394	0.640	0.791	0.892	0.935	0.966	0.982	0.991	0.996	0.998
40	4	0.393	0.638	0.788	0.878	0.931	0.962	0.979	0.988	0.994	0.997
50	5	0.393	0.637	0.785	0.875	0.928	0.960	0.978	0.987	0.993	0.997
60	6	0.393	0.636	0.784	0.873	0.927	0.958	0.976	0.986	0.993	0.996
70	7	0.393	0.635	0.783	0.872	0.924	0.957	0.975	0.986	0.992	0.996
80	8	0.393	0.635	0.782	0.871	0.924	0.956	0.975	0.985	0.992	0.995
90	9	0.393	0.635	0.782	0.870	0.923	0.955	0.974	0.985	0.992	0.995
100	10	0.393	0.634	0.781	0.870	0.920	0.955	0.974	0.983	0.991	0.995
200	20	0.393	0.633	0.779	0.867	0.920	0.953	0.972	0.983	0.990	0.994
300	30	0.393	0.633	0.778	0.866	0.919	0.952	0.971	0.982	0.990	0.994
400	40	0.393	0.633	0.778	0.866	0.919	0.951	0.971	0.982	0.990	0.994
500	50	0.393	0.633	0.778	0.866	0.919	0.951	0.971	0.982	0.989	0.994
600	60	0.393	0.633	0.778	0.866	0.919	0.951	0.970	0.982	0.989	0.994
700	70	0.393	0.632	0.774	0.865	0.919	0.951	0.970	0.982	0.989	0.994
800	80	0.393	0.632	0.774	0.865	0.918	0.951	0.970	0.982	0.989	0.993
900	90	0.393	0.632	0.774	0.865	0.918	0.951	0.970	0.982	0.989	0.993
1,000	100	0.393	0.632	0.774	0.865	0.918	0.951	0.970	0.982	0.989	0.993

예) 100두(N)로 구성된 모집단에 5두의 양성 개체가 존재할 경우 40%의 표본(n=40)을 선발할 때 모집단에서 적어도 1두의 감염개체를 발견할 신뢰확률은 약 92.3% 정도이다.

<表 6-15> 표본추출분율과 모집단 내 감염두수에 따라 적어도 1두의 감염개체를 검출할 신뢰확률(표본추출분율 50%)

크기(N)	검사두수	모집단 내 감염두수									
		1	2	3	4	5	6	7	8	9	10
10	1	0.487	0.763	0.905	0.969	0.993	0.999	1.000	1.000	1.000	1.000
20	2	0.487	0.749	0.884	0.949	0.980	0.993	0.998	0.999	1.000	1.000
30	3	0.487	0.745	0.877	0.943	0.975	0.989	0.996	0.998	0.999	1.000
40	4	0.487	0.742	0.874	0.940	0.972	0.987	0.995	0.998	0.999	1.000
50	5	0.487	0.741	0.872	0.938	0.971	0.986	0.994	0.997	0.999	1.000
60	6	0.487	0.740	0.871	0.937	0.970	0.986	0.993	0.997	0.999	0.999
70	7	0.487	0.740	0.870	0.936	0.969	0.985	0.993	0.997	0.999	0.999
80	8	0.487	0.739	0.869	0.935	0.968	0.985	0.993	0.997	0.998	0.999
90	9	0.487	0.739	0.869	0.935	0.968	0.984	0.992	0.996	0.998	0.999
100	10	0.487	0.739	0.868	0.934	0.967	0.984	0.992	0.996	0.998	0.999
200	20	0.487	0.738	0.866	0.932	0.966	0.983	0.991	0.996	0.998	0.999
300	30	0.487	0.737	0.866	0.932	0.965	0.982	0.991	0.996	0.998	0.999
400	40	0.487	0.737	0.866	0.931	0.965	0.982	0.991	0.995	0.998	0.999
500	50	0.487	0.737	0.865	0.931	0.965	0.982	0.991	0.995	0.998	0.999
600	60	0.487	0.737	0.865	0.931	0.965	0.982	0.991	0.995	0.998	0.999
700	70	0.487	0.737	0.865	0.931	0.965	0.982	0.991	0.995	0.998	0.999
800	80	0.487	0.737	0.865	0.931	0.965	0.982	0.991	0.995	0.998	0.999
900	90	0.487	0.737	0.865	0.931	0.965	0.982	0.991	0.995	0.998	0.999
1,000	100	0.487	0.737	0.865	0.931	0.965	0.982	0.991	0.995	0.998	0.999

예) 100두(N)로 구성된 모집단에 5두의 양성 개체가 존재할 경우 50%의 표본(n=50)을 선발할 때 모집단에서 적어도 1두의 감염개체를 발견할 신뢰확률은 약 96.7% 정도이다.

<表 6-16> 표본추출분율과 모집단 내 감염두수에 따라 적어도 1두의 감염개체를 검출할 신뢰확률(표본추출분율 60%)

크기(N)	검사두수	모집단 내 감염두수									
		1	2	3	4	5	6	7	8	9	10
10	1	0.576	0.844	0.953	0.990	0.999	1.000	1.000	1.000	1.000	1.000
20	2	0.576	0.832	0.938	0.979	0.994	0.998	1.000	1.000	1.000	1.000
30	3	0.576	0.828	0.933	0.975	0.991	0.997	0.999	1.000	1.000	1.000
40	4	0.576	0.826	0.931	0.973	0.990	0.997	0.999	1.000	1.000	1.000
50	5	0.576	0.824	0.929	0.972	0.989	0.996	0.999	1.000	1.000	1.000
60	6	0.576	0.824	0.928	0.972	0.989	0.996	0.998	0.999	1.000	1.000
70	7	0.576	0.823	0.928	0.971	0.989	0.996	0.998	0.999	1.000	1.000
80	8	0.576	0.823	0.927	0.971	0.988	0.995	0.998	0.999	1.000	1.000
90	9	0.576	0.822	0.927	0.970	0.988	0.995	0.998	0.999	1.000	1.000
100	10	0.576	0.822	0.926	0.970	0.988	0.995	0.998	0.999	1.000	1.000
200	20	0.576	0.821	0.925	0.969	0.987	0.995	0.998	0.999	1.000	1.000
300	30	0.576	0.821	0.925	0.968	0.987	0.995	0.998	0.999	1.000	1.000
400	40	0.576	0.820	0.924	0.968	0.987	0.994	0.998	0.999	1.000	1.000
500	50	0.576	0.820	0.924	0.968	0.987	0.994	0.998	0.999	1.000	1.000
600	60	0.576	0.820	0.924	0.968	0.987	0.994	0.998	0.999	1.000	1.000
700	70	0.576	0.820	0.924	0.968	0.986	0.994	0.998	0.999	1.000	1.000
800	80	0.576	0.820	0.924	0.968	0.986	0.994	0.998	0.999	1.000	1.000
900	90	0.576	0.820	0.924	0.968	0.986	0.994	0.998	0.999	1.000	1.000
1,000	100	0.576	0.820	0.924	0.968	0.986	0.994	0.998	0.999	1.000	1.000

예) 100두(N)로 구성된 모집단에 5두의 양성 개체가 존재할 경우 60%의 표본(n=60)을 선발할 때 모집단에서 적어도 1두의 감염개체를 발견할 신뢰확률은 약 98.8% 정도이다.

6.5.2 전 두수 음성일 때 유병률 추정

(ⅰ) 전 두수 음성일 때 양성 개체의 최대 두수

방법 1: 전술한 공식에서 d에 대해 정리하면 표본검사 결과 전 두수 음성일 때 양성 개체의 최대 기대두수를 얻을 수 있다.

$$d = [1 - (1-P)^{\frac{1}{n}}] \times [N - \frac{n-1}{2}] \approx [1 - (1-P)^{\frac{1}{n}}] \times [N - \frac{n}{2}] + 1$$

여기에서

d = 모집단에서 기대되는 감염된 개체의 최대 수

n = 표본크기

N = 모집단크기

P = 적어도 1두의 감염개체를 검출할 신뢰확률(= 신뢰수준)

$\frac{d}{N}$ = 모집단에서 이환된 동물의 최대 기대 수

표본검사 결과 전 두수가 검사음성일 때 감염이 존재한다는 가정하에서 지정된 신뢰수준을 달성하는 양성 개체의 최대 두수를 계산하면 <표 6-17>, <그림 6-1>과 같다. 예를 들어 모집단크기가 80두일 때 이 중 10%의 표본(n=8)을 검사하여 전 두수 검사음성이라면 모집단에서 기대되는 양성 개체의 최대 두수는 90% 신뢰수준에서 20두, 95% 신뢰수준에서 24두, 99% 신뢰수준에서 34두가 된다.

〈표 6-17〉 표본추출분율과 지정된 신뢰수준을 달성하는 양성 개체의 최대 두수

모집단크기	표본추출분율 10%			표본추출분율 20%			표본추출분율 30%		
	신뢰수준(%)			신뢰수준(%)			신뢰수준(%)		
	90	95	99	90	95	99	90	95	99
10	9	10	10	7	8	9	5	6	8
20	14	16	18	9	10	13	6	7	10
30	16	19	23	9	11	15	6	8	11
40	17	21	27	10	12	16	7	8	11
50	18	22	29	10	12	17	7	8	12

60	19	23	31	10	13	18	7	8	12
70	19	24	33	10	13	18	7	8	12
80	20	24	34	10	13	19	7	9	12
90	20	25	35	10	13	19	7	9	13
100	20	25	36	10	13	19	7	9	13
200	21	27	40	11	14	20	7	9	13
300	22	28	41	11	14	20	7	9	13
400	22	28	42	11	14	21	7	9	13
500	22	28	42	11	14	21	7	9	13
1,000	22	29	43	11	14	21	7	9	13

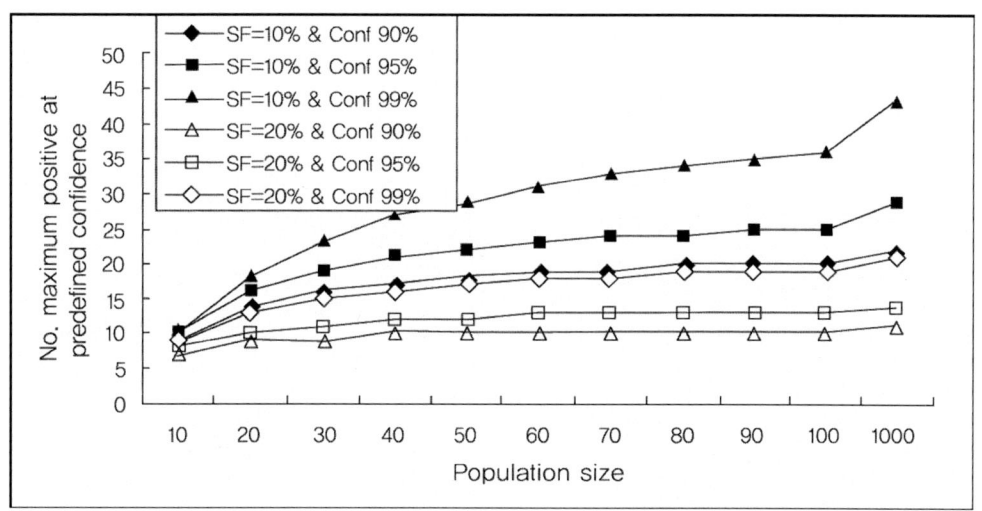

〈그림 6-1〉 표본추출분율(SF＝10, 20%)과 지정된 신뢰수준(Conf＝90, 95, 99%)을 달성하는 양성 개체의 최대 두수

방법 2: 적어도 1두의 감염개체를 검출하는 데 필요한 표본크기 계산 공식에서 p(적어도 1두의 감염개체 검출확률)에 대하여 정리하면 다음과 같다.

$$n = \frac{\log \alpha}{\log(1-p)} \quad \Leftrightarrow \quad p \le 1 - \alpha^{\frac{1}{n}}$$

여기에서 p는 모집단에서 기대되는 유병률이다. 예를 들어 어느 지역에 사육 중인 젖소 중 n두를 선발하여 질병 x에 대하여 검사한 결과 전 두수 음성이라면 "이 지역에서 질병 x의 유병률은 p 이하" 또는 "전 두수 음성을 관찰할 확률은 $\alpha\%$보다 같거나 작다"고 해석한다(EC, 2001). 예를 들어 30,000두의 표본을 검사한 결과 전 두수 음성이라면 모집단에서 유병률의 참값이 10,000두당 1두일 때 전 두수 음성을 관찰할 확률 5%(즉 적어도 1두의 양성 개체를 검출할 확률은 95%)를 만족하며 이 경우 모집단에서의 유병률의 최댓값은 0.0001이라고 해석한다.

$$p \leq 1 - \alpha^{\frac{1}{n}} \quad \Leftrightarrow \quad \frac{1}{10000} \leq 1 - \alpha^{\frac{1}{30000}} \quad \Leftrightarrow \quad \alpha = 0.0498 \approx 0.05$$

만일 10,000두의 표본을 검사하여 전 두수 음성이라면 모집단에서의 유병률은 10,000두당 약 2.8두가 된다. 한편 동일한 유병률(10,000두당 1두)에서 양성 개체 0두를 관찰할 확률이 1%(즉 적어도 1두의 양성 개체를 검출할 확률은 99%) 이하가 되기 위해서는 46,100두를 검사해야 한다.

다른 예를 들어 보자. 소 해면상뇌증(BSE)의 유병률은 대부분의 국가에서 매우 낮은 수준을 보인다. 우리나라에서 24개월 이상의 성우를 약 100만 두로 가정할 때 2009년 정상 도축 소 22,099두에 대한 검사에서 전 두수 음성으로 나타났다. 양성두수를 x라고 할 때 $x = 0$두를 관찰할 확률이 1%와 5%가 되기 위해서 유병률이 어느 정도로 존재해야 하는지 계산하면 다음과 같다.

$$5\%: \ p \leq \ 1 - 0.05^{\frac{1}{22099}}$$
$$= 0.0001356 = 1.4/10,000$$
$$1\%: \ p \leq \ 1 - 0.01^{\frac{1}{22099}}$$
$$= 0.0002084 = 2.1/10,000$$

즉 BSE가 성우 10,000두당 1.4두의 유병률로 존재할 때 $x = 0$두를 관찰할 확률이 5%가 된다. $x = 0$두를 관찰할 확률이 1%가 되기 위해서는 당연히 유병률이 더 높아야 하며 성우 10,000두당 2.1두의 유병률로 존재해야 한다.

엑셀의 이항분포 함수 $BINOMDIST()$를 사용하여 민감도 90%, 특이도 98.5%를 가정할 때 유병률과 검사두수에 따른 양성두수의 비율(%) 분포를 계산하면 <표 6-18>과 같다(Martin 등, 1992). 예를 들어 개체수준에서 민감도 90%와 특이도 98.5%인 검사를 이용하여 유병률 5%인 집단에서 20두를 검사할 때 양성 개체 수의 분포는 0두 29%, 1두 37%, 2두 22%, 3두 8%, 4두 2%이다.

〈표 6-18〉 유병률과 검사 두수에 따른 양성 개체의 비율(%) 분포(민감도 90%, 특이도 98.5%)

양성 개체 수	우군 내 유병률								
	0%			5%			30%		
	검사두수								
	10	20	40	10	20	40	10	20	40
0	86	74	55	54	29	9	4	0	0
1	13	23	33	34	37	22	14	1	0
2	1	3	10	10	22	27	25	4	0
3			2	2	8	21	26	9	0
4					2	12	18	15	0
5						6	8	19	1
6						2	3	19	3
7						1	1	15	5
8								9	8
9								5	11
10								2	13
11								1	14
12									13
13									11
>13									20

* 열의 합이 100%와 차이를 보이는 이유는 반올림에 의한 것임

(ii) 전 두수 음성일 때 유병률 추정

통계학적으로 적절히 계획된 표본크기(검사두수, n)로 검사한 결과 전 두수 음성일 때 ($x = 0$) 유병률 추정치의 신뢰구간 (5.5.2절 참고)은 다음과 같은 방법으로 계산된다 (Locksley 등, 2008).

방법 1: 표본검사 결과 전 두수가 검사음성일 때 감염이 존재한다는 가정하에서 양성 개체의 최대 두수(Cannon & Roe, 1982)를 알면 유병률에 대한 간접적인 추정치를 얻을 수 있다(<표 6-5>, <표 6-6>, <표 6-7>).

방법 2: n두에 대한 표본검사에서 전 두수 음성일 때 유병률의 정확 신뢰구간을 추정할 수 있다(Louis, 1981; Gu와 Novak, 2004; Loscalzo 2009). 즉 n두 중 검사양성 두수 (x)가 k두일 때 유병률 (0<p<1)을 추정한다고 가정하자. $x = k$두인 관찰된 사건을 관찰할 확률은 이항분포로 계산할 수 있으며 p에 대한 단측검정의 $100 \times (1 - \alpha)\%$ 신뢰한계의 상한값 (r_{upper})은 α가 된다.

$$\sum_{k=0}^{x} n! / [k! (n-k)!][r_{upper}^{k} (1 - r_{upper})^{n-k}] = \alpha \ \ [\text{단} \ \alpha = 1 - P]$$

전 두수 음성이라면 ($k = 0$일 때) 이 식은 간단히 $(1 - r_{upper})^n = \alpha$가 되고 r_{upper}에 대하여 정리하면 95% 신뢰구간은 다음과 같다.

$$[0, \ r_{upper} = 1 - (1 - P)^{\frac{1}{n}}] \ <=> \ [0, \ r_{upper} = 1 - \alpha^{\frac{1}{n}}]$$

방법 3: 변수 Y_i가 포아송분포[$Poisson(\lambda)$]를 따를 경우 포아송변수의 합 ($Y_1 + Y_2 + \ldots\ldots + Y_n = \Sigma Y_i$)도 포아송분포를 따른다. 따라서 만일 n개 표본이 있다면 $\Sigma Y_i = Poisson(\lambda n)$로 표기할 수 있다. 예를 들어 적어도 하나의 Y_i가 0이 아닐 확률이 95%라고 하면 다음과 같이 표현할 수 있다.

$$P(\Sigma Y_i = 0) = e^{-\lambda n} = 0.05$$

양변에 로그를 취하여 정리하면 다음과 같다.

$$\lambda n = -\ln(0.05) = 2.996 \approx 3$$
$$\lambda = \frac{3}{n}$$

위의 식은 $n \geq 20$이고 $\alpha = 0.05$일 때 적절하며(rule of three) 신뢰구간은 다음과 같다 (Hanley 등, 1983, Newman, 1995, DiGiacomo와 Koepsell, 1986, Locksley 등, 2008, Jovanovic과 Levy, 1997, Gu 등, 2004).

$$[0, \frac{3}{n}]$$

예를 들어 30두에 대한 검사에서 전 두수 음성일 경우 유병률 추정치의 95% 신뢰상한 값은 10%(즉 3/30)가 된다. 전 두수 음성일 때 $p = 0\%$로 판정할 수도 있지만 감염이 존재하는 경우 95% 신뢰수준에서 유병률이 10% 이하라고 해석하는 것이 바람직하다.

6.5.3 질병검출 실패확률

사전에 계획된 표본두수를 검사한 결과 전 두수가 음성인 경우 비감염군으로 판정할 수도 있지만 토착성 질병이거나 검사의 민감도가 높지 않다면 감염을 검출하는 데 실패하였을 가능성도 고려할 수 있다. 유병률 p인 무한모집단에서 n두의 표본에 대한 검사에서 양성 개체를 검출하는 데 실패할 확률은 $\beta = (1 - p)^n$으로 계산된다(Cannon과 Roe, 1982). 여기에서 p가 매우 작고 n이 매우 크면 다음의 근사관계가 성립한다.

감염 검출 실패확률: $\beta = (1 - p)^n \approx 1 - np$

한편 민감도가 완벽하지 않다면(특이도＝100%) Cannon과 Roe(1982)의 공식을 변형한다 (MacDiarmid, 1988).

감염 검출 실패확률: $\beta = (1 - \frac{n \times Se}{N})^{pN} \approx 1 - (pN)(\frac{n \times Se}{N}) \approx 1 - npSe$

$p =$ 유병률$= \frac{n \times Se}{N}$

$Se =$ 민감도

$N =$ 모집단크기

$n =$ 표본크기$(n = pN)$

이 식은 검사의 민감도가 완벽하지 못할 때 검출 가능한 유병률(detectable prevalence)을 적용한 것이다(James 1998). 검출 가능한 유병률은 유병률의 참값에 민감도를 곱한 값으로 이를테면 검사의 민감도가 95%라면 실제 양성 개체의 95%만을 검출할 수 있다는 개념이다. 따라서 Cannon과 Roe(1982)의 공식에서 민감도가 100%이면 $p = \dfrac{n \times Se}{N}$ 에서 $n = pN$ 이 되므로 두 공식은 동일하다.

<표 6-19>는 무한모집단에서 선발한 표본검사에서 감염개체를 검출하는 데 실패할 확률을 정리한 것이다. 예를 들어 10% 유병률에서 50두의 표본을 검사할 때 양성 개체를 검출하는 데 실패할 확률은 0.5%이지만, 동일한 표본크기에서 유병률이 1%라면 검출실패 확률은 60.5%로 높아진다. 따라서 표본크기를 고정시킬 때 유병률이 낮을수록, 유병률을 고정시킬 때 표본크기가 감소할수록 감염을 검출하는 데 실패할 확률은 증가한다.

〈표 6-19〉 무한모집단에서 일정한 크기의 표본을 선발하여 감염여부를 판정할 때 감염개체 검출 실패확률

유병률 (%)	모집단에서 선발된 개체 수 표본크기													
	5	10	15	20	25	30	50	75	100	200	300	400	500	1,000
1	0.951	0.904	0.860	0.818	0.778	0.740	0.605	0.471	0.366	0.134	0.049	0.018	0.007	0.000
2	0.904	0.817	0.739	0.668	0.603	0.545	0.364	0.220	0.133	0.018	0.002	0.000	0.000	0.000
3	0.859	0.737	0.633	0.544	0.467	0.401	0.218	0.102	0.048	0.002	0.000	0.000	0.000	0.000
4	0.815	0.665	0.542	0.442	0.360	0.294	0.130	0.047	0.017	0.000	0.000	0.000	0.000	0.000
5	0.774	0.599	0.463	0.358	0.277	0.215	0.077	0.021	0.006	0.000	0.000	0.000	0.000	0.000
6	0.734	0.539	0.395	0.290	0.213	0.156	0.045	0.010	0.002	0.000	0.000	0.000	0.000	0.000
7	0.696	0.484	0.337	0.234	0.163	0.113	0.027	0.004	0.001	0.000	0.000	0.000	0.000	0.000
8	0.659	0.434	0.286	0.189	0.124	0.082	0.015	0.002	0.000	0.000	0.000	0.000	0.000	0.000
9	0.624	0.389	0.243	0.152	0.095	0.059	0.009	0.001	0.000	0.000	0.000	0.000	0.000	0.000
10	0.590	0.349	0.206	0.122	0.072	0.042	0.005	0.000	0.000	0.000	0.000	0.000	0.000	0.000
12	0.528	0.279	0.147	0.078	0.041	0.022	0.001	0.000	0.000	0.000	0.000	0.000	0.000	0.000
14	0.470	0.221	0.104	0.049	0.023	0.011	0.001	0.000	0.000	0.000	0.000	0.000	0.000	0.000
16	0.418	0.175	0.073	0.031	0.013	0.005	0.000	0.000	0.000	0.000	0.000	0.000	0.000	0.000
18	0.371	0.137	0.051	0.019	0.007	0.003	0.000	0.000	0.000	0.000	0.000	0.000	0.000	0.000
20	0.328	0.107	0.035	0.012	0.004	0.001	0.000	0.000	0.000	0.000	0.000	0.000	0.000	0.000
22	0.289	0.083	0.024	0.007	0.002	0.001	0.000	0.000	0.000	0.000	0.000	0.000	0.000	0.000
24	0.254	0.064	0.016	0.004	0.001	0.000	0.000	0.000	0.000	0.000	0.000	0.000	0.000	0.000
26	0.222	0.049	0.011	0.002	0.001	0.000	0.000	0.000	0.000	0.000	0.000	0.000	0.000	0.000
28	0.193	0.037	0.007	0.001	0.000	0.000	0.000	0.000	0.000	0.000	0.000	0.000	0.000	0.000
30	0.168	0.028	0.005	0.001	0.000	0.000	0.000	0.000	0.000	0.000	0.000	0.000	0.000	0.000
32	0.145	0.021	0.003	0.000	0.000	0.000	0.000	0.000	0.000	0.000	0.000	0.000	0.000	0.000
34	0.125	0.016	0.002	0.000	0.000	0.000	0.000	0.000	0.000	0.000	0.000	0.000	0.000	0.000
36	0.107	0.012	0.001	0.000	0.000	0.000	0.000	0.000	0.000	0.000	0.000	0.000	0.000	0.000
38	0.092	0.008	0.001	0.000	0.000	0.000	0.000	0.000	0.000	0.000	0.000	0.000	0.000	0.000
40	0.078	0.006	0.000	0.000	0.000	0.000	0.000	0.000	0.000	0.000	0.000	0.000	0.000	0.000
50	0.031	0.001	0.000	0.000	0.000	0.000	0.000	0.000	0.000	0.000	0.000	0.000	0.000	0.000
60	0.010	0.000	0.000	0.000	0.000	0.000	0.000	0.000	0.000	0.000	0.000	0.000	0.000	0.000

예) 4%의 감염된 동물(유병률, P)이 존재하는 무한모집단에서 100두의 동물을 선발하여 병원체 'X'의 감염여부를 판정할 때 양성 개체를 검출하는 데 실패할 확률은 약 1.7% 이다.

6.5.4 음성결과의 중요성

가축을 수입하는 경우 새로운 질병이나 병원체가 수입국으로 유입되는 것을 차단하는 것이 중요하다. 유입 위험을 줄이기 위하여 수입국의 검역당국은 실험실 검사를 통하여 이들 동물이 특정한 질병에 감염되어 있는지 검역검사를 수행한다. 검사가 완벽하지 않다면 가양성 혹은 가음성 결과를 초래할 수 있는데 수입국에서는 가음성결과에 관심을 갖게 된다. 이러한 가음성 결과에 대해서는 검사결과 음성일 때 실제로 질병에 감염되어 있지 않을 확률(음성예측도)과 전 두수 음성일 때 감염되어 있을 확률에 관심을 두게 된다.

(i) 음성예측도

제4장에서 설명하였듯이 음성예측도(NPV)는 다음과 같이 계산된다.

$$NPV = P(D- \,|\, T-) = \frac{(1-p)Sp}{(1-p)Sp + p(1-Se)}$$

예를 들어 유병률이 2%인 모집단에서 무작위로 1두를 선발하여 민감도가 90%(즉 10%의 가음성)인 검사를 사용할 때 음성으로 확인되었다면 이 개체가 실제로 질병에 걸려 있지 않을 확률, 즉 음성예측도는 99.8%이다(<표 6-20>). 음성예측도는 민감도가 높고 유병률이 낮을수록 증가한다. 즉 민감도가 99%이고 유병률이 0.5%일 때 음성예측도는 99.995%이지만 민감도가 90%이고 유병률이 2%인 경우에는 99.8%로 감소한다.

〈표 6-20〉 검사결과 음성일 때 질병에 걸려 있지 않을 확률(음성예측도)

민감도	특이도	유병률			
		0.5%	1%	2%	5%
0.50	0.50	0.99500	0.99000	0.98000	0.95000
	0.75	0.99666	0.99331	0.98658	0.96610
	0.90	0.99722	0.99442	0.98879	0.97159
	0.95	0.99736	0.99471	0.98937	0.97305
	0.99	0.99747	0.99492	0.98980	0.97411
0.75	0.50	0.99749	0.99497	0.98990	0.97436
	0.75	0.99833	0.99664	0.99324	0.98276
	0.90	0.99861	0.99720	0.99436	0.98559
	0.95	0.99868	0.99735	0.99466	0.98634

	0.99	0.99873	0.99746	0.99487	0.98688
	0.50	0.99900	0.99798	0.99593	0.98958
0.90	0.75	0.99933	0.99866	0.99729	0.99303
	0.90	0.99944	0.99888	0.99774	0.99419
	0.95	0.99947	0.99894	0.99786	0.99449
	0.99	0.99949	0.99898	0.99794	0.99471
	0.50	0.99950	0.99899	0.99796	0.99476
0.95	0.75	0.99967	0.99933	0.99864	0.99650
	0.90	0.99972	0.99944	0.99887	0.99708
	0.95	0.99974	0.99947	0.99893	0.99724
	0.99	0.99975	0.99949	0.99897	0.99735
	0.50	0.99990	0.99980	0.99959	0.99895
	0.75	0.99993	0.99987	0.99973	0.99930
0.99	0.90	0.99994	0.99989	0.99977	0.99942
	0.95	0.99995	0.99989	0.99979	0.99945
	0.99	0.99995	0.99990	0.99979	0.99947

<표 6-20>은 적어도 1두의 감염된 개체가 포함될 확률을 최대 5.9% 허용하는 검사두수를 결정할 때 사용할 수 있다. 여기에서 5.9%는 수용 가능한 위험(acceptable risk)으로 이를테면 수출용으로 선적할 생축을 선발할 때 검사음성인 개체만 대상이 되지만 가음성인 개체도 포함될 수 있으며 이러한 위험의 최대 허용수준을 의미한다. 적어도 1두의 감염된 개체($C+$, 가음성)가 수출용으로 포함될 확률은 이항분포로 계산할 수 있다.

$$P(c \geq 1|T-) = 1 - P(c = 0|T-) = 1 - (NPV)^n$$

여기에서

c = 감염되어 있지만 검사음성 개체 수

NPV = 음성예측도

n = 검사두수

예를 들어 민감도 95%, 유병률 2%, 특이도 99%일 때 NPV=0.99897(<표 6-20>)이다. 수용 가능한 위험의 크기를 5.9%로 가정하면 표본크기는 56두로 계산된다. 엑셀의 solver 기능을 이용하면 $(0.99897)^n = 0.941$에서 n을 정확하게 추정할 수 있다.

$$1 - (NPV)^n = 0.059$$

$$n = \frac{\log(0.941)}{\log(0.99897)} = 56$$

(ii) 전 두수 음성일 때 감염확률

예를 들어 검사의 민감도가 95%라고 하면 이는 개별 동물 단위에서 볼 때 감염된 1두를 검출하지 못할 확률이 5%임을 의미하며, 이러한 결과는 검사결과 음성일 때 실제로 감염되어 있을 확률을 추정하는 것이다. 수입국의 검역 차원에서 가양성 개체는 질병 유입과 무관하므로 특이도를 100%로 간주해도 문제가 없다. 따라서 검사결과 음성일 때 동물이 실제로 감염되어 있을 확률을 베이즈 정리(Bayes' theorem)를 이용하여 계산하면 다음과 같다.

$$P(D+\,|\,T-) = \frac{P(1-Se)}{P(1-Se) + (1-P)Sp}$$

이 식에서 보듯이 검사음성인 개체가 실제로 감염되어 있을 확률은 유병률에 따라 다르며, 모집단에서 유병률이 증가할수록 검사음성인 동물이 감염되어 있을 확률은 증가한다(<표 6-21>). 어느 검사법이 가음성 결과를 초래하지 않는다면(민감도＝100%) $NPV = 1$, $P(D+\,|\,T-) = 0$이 되며 유병률이 0인 경우에도 동일한 결과를 얻는다. 위의 계산에서 보듯이 두 공식은 유병률과 검사의 민감도에 영향을 받는다.

〈표 6-21〉 검사음성일 때 감염되어 있을 확률[$P(D+\,|\,T-)$](특이도＝100%)

민감도	유병률	$P(D+\,|\,T-)$	민감도	유병률	$P(D+\,|\,T-)$
0.90	0.01	0.0010	0.95	0.01	0.0005
	0.05	0.0052		0.05	0.0026
	0.10	0.0109		0.10	0.0055
	0.15	0.0173		0.15	0.0087
	0.20	0.0244		0.20	0.0123
	0.30	0.0411		0.30	0.0209
	0.40	0.0625		0.40	0.0323
	0.50	0.0909		0.50	0.0476

제7장 두 집단 비율 비교

두 집단 비율을 비교하는 전형적인 상황은 이를테면 두 지역에 대하여 서로 다른 방역 정책(살처분과 백신접종)을 적용한 후 지역 간 유병률을 비교하는 경우다. 단일 집단 비율 추정을 위한 표본크기는 제5장에서 설명하였고, 본 장에서는 두 독립표본에서 유래한 비율 비교에 필요한 표본크기를 계산하는 과정을 설명한다.

7.1 독립표본

7.1.1 표본크기가 동일할 때

두 집단의 표본크기가 동일할 때 ($k = 1$) 비율에 대한 표본크기를 결정하기 위해서는 처치군에서 비율(p_1)과 대조군에서 비율(p_2)에 대한 정보가 필요하다. 예를 들어 처치군의 비율이 대조군의 비율보다 더 크거나 혹은 더 작은지에 관심을 둔다면 단측검정을 사용해야 한다. 양측검정의 가설은 $H_0: p_1 = p_2$, $H_A: p_1 \neq p_2$이고, 각 집단 당 표본크기 (n)은 아래의 두 공식으로 계산되며, p_1과 p_2가 매우 작지 않다면 (예: 0.05 이하) 식 ② (Snedecor와 Cochran, 1989)는 식 ①에 근사한다 (Campbell 등, 1995).

$$\text{일반형:} \quad n = \frac{[z_{1-\alpha/2}\sqrt{(1+\frac{1}{k}) \times \overline{p}\,\overline{q}} + z_{1-\beta}\sqrt{p_1 q_1 + \frac{p_2 q_2}{k}}]^2}{(p_1 - p_2)^2}$$

① $n = \dfrac{[z_{1-\alpha/2}\sqrt{2 \times \overline{p}\,\overline{q}} + z_{1-\beta}\sqrt{p_1 q_1 + p_2 q_2}]^2}{(p_1 - p_2)^2}$ [연속성 비보정]

② $n = \dfrac{(z_{1-\alpha/2} + z_{1-\beta})^2 [p_1(1-p_1) + p_2(1-p_2)]}{(p_1 - p_2)^2}$ [연속성 비보정]

여기에서

$n_2 = kn$ (n=실험군 당 표본크기. 총 표본크기= $n + n_2$)

$q_1 = 1 - p_1,\ \ q_2 = 1 - p_2$

$\overline{p} = \dfrac{p_1 + kp_2}{1+k}, \qquad \overline{q} = 1 - \overline{p}$

연속성 보정: 이 공식은 표본크기에 근사한 값을 제공하지만 표본크기가 작을 때에는 이항분포에 대한 정규분포 근사성을 충족하기 위하여 연속성 보정 (continuity correction)을 사용하면 더욱 좋은 근사값을 제공한다 (Fleiss, 1981; Beam 1992; Zar, 1996).

$n' = \dfrac{n}{4}\left[1 + \sqrt{1 + \dfrac{2(k+1)}{k \times n \times |p_1 - p_2|}}\,\right]^2$ [연속성 보정]

$k = 1:\ \ n' = \dfrac{n}{4}\left[1 + \sqrt{1 + \dfrac{4}{n \times |p_1 - p_2|}}\,\right]^2$ [연속성 보정]

집락표본: 만일 두 비율이 집락표본 (clustered sample)에 근거한 것이라면 위의 두 공식에서 design effect를 곱하여 표본크기를 계산해야 한다 (제 11장 참고).

7.1.2 표본크기가 다를 때

어느 한 집단에 대하여 다른 집단에서 보다 정확한 추정치를 얻고자 하거나 표본추출과 관련된 상대적 비용을 고려할 때 두 집단의 표본크기를 다르게 설정해야 하는 경우가 있다. 예를 들어 집단 1의 표본크기를 m이라 하면 집단 2의 표본크기는 km이고 ($n_1 < n_2$), 총 표본크기는 $N = km + m = (k+1)m$이 된다. 여기에서 k는 $0 < k < \infty$ 범위 내에서

연구자가 사전에 결정하는 값으로 표본크기가 작은 집단에 대하여 큰 집단의 표본크기를 할당비 (allocation ratio)로 지정한다. 할당비와 관련하여 두 집단의 표본크기가 동일한 $k = 1$에서 통계적 효율성 (efficiency)은 최대가 되며, $k = 2$일 때 검정력이 12.5%, $k = 3$일 때 검정력이 33% 손실된다 (Altman, 1993).

접근방법 1: 실험군당 표본크기를 직접 계산하는 경우

두 집단 중 표본크기가 더 큰 집단을 먼저 계산하며, 두 집단의 비율을 p_1과 p_2라 하면 연속성을 보정하지 않은 경우 (m)과 보정한 각 집단당 표본크기 (m')는 다음과 같다 (Fleiss 1981).

실험군 1: $$m = \frac{[z_{a/2}\sqrt{(k+1)\overline{p}\,\overline{q}} + z_{1-\beta}\sqrt{kp_1q_1 + p_2q_2}]^2}{k(p_2 - p_1)^2} \quad \text{[연속성 비보정]}$$

$$\overline{p} = (p_1 + kp_2)/(k+1), \quad \overline{q} = 1 - \overline{p}$$

$$m' = \frac{m}{4}[1 + \sqrt{1 + \frac{2(k+1)}{mk|p_2 - p_1|}}\,]^2 \qquad \text{[연속성 보정]}$$

실험군 2: km'

한편 m'는 두 집단의 표본크기가 동일할 때 ($k = 1$) 다음의 공식에 근사한다.

$$m' = m + \frac{(k+1)}{k|p_2 - p_1|}$$

접근방법 2: $k = 1$에 대한 표본크기를 할당비로 보정하는 경우

두 집단의 표본크기가 다를 때 먼저 $k = 1$에 대한 총 표본크기 (N)를 계산한 후 그 결과를 할당비로 보정하여 총 표본크기 (N')를 계산하는 방법이다 (Altman, 1993).

$$N' = N[\frac{(1 + k)^2}{4k}]$$

각 집단당 표본크기 (n_1, n_2)는 아래의 공식으로 계산한다.

$$n_1 = \frac{N'}{1 + k}, \ n_2 = \frac{kN'}{1 + k}$$

7.1.3 모의시험

Williams 등 (2007)은 전술한 공식을 사용하여 계산된 표본크기를 모의시험으로 추정된 결과와 비교한 연구에서 계산을 위해 지정한 검정력에 비하여 실제로 더 높은 수준의 검정력을 보여 불필요하게 표본크기가 증가한다고 지적하였다. 또한 위에서 제시한 공식들은 유병률이 5~80% 범위를 보이는 상황에서 흔히 사용된다. 예를 들어 외래성 질병이나 발생률이 매우 낮은 질병이 어떠한 이유로 유행적으로 발생한다면 통상적인 유병률에 비하여 매우 높은 유병률 즉 비율이 매우 크게 변화할 것으로 기대할 수 있다. 이 경우 위에서 제시한 공식을 사용하면 표본크기는 더 증가하는 결과를 초래할 수 있기 때문에 이러한 문제를 해결하는 대안으로 지정한 가정을 만족하는 표본크기를 모의시험으로 추정하는 방안을 고려할 필요가 있다.

7.2 종속표본

짝지어진 이분형 변수에서 유래한 2개의 비율을 검정하는 경우가 있다. 예를 들어 동일한 개체에 대하여 2개의 검사를 적용한 연구, 약물 투입 전, 후의 결과비교, 동일한 개체를 시간 경과에 따라 연속적으로 측정한 연구, 2개의 분류기준 (임상증상과 실험실 검사자료)에 따라 환자를 분류하는 연구 등은 이러한 예다. 짝지어진 표본 (paired sample)을 종속관계 (dependency)라 하며 7.1절에서 설명한 독립성관계 (independency)와는 분석방법이 다르다 (Julious와 Campbell, 1999; Julious 등, 1999). 동일한 개체에 2개의 진단검사를 적용할 때 검사결과 (양성 혹은 음성)별 관찰빈도 (observed frequency)는 표 7-1과 같이 4개로 분류되며 이를 관찰빈도 (observed frequency)와 기대비율 (expected proportion)로 요약하면 표 7-2와 같다.

〈표 7-1〉 이분형 짝지은 연구에서 반응결과와 관찰빈도

결과 분류	검사별 반응결과		쌍의 개수
	검사1	검사2	
1	양성	양성	$r1$
2	양성	음성	$s1$
3	음성	양성	$t1$
4	음성	음성	$u1$
계	$n_{pairs} = r1 + s1 + t1 + u1$		

〈표 7-2〉 표 7-1의 자료를 관찰빈도와 기대비율로 정리한 분할표

1차 검사	2차 검사		쌍의 개수 (비율, %)
	양성	음성	
① 관찰빈도			
양성	$r1$	$s1$	$r1 + s1$
음성	$t1$	$u1$	$t1 + u1$
쌍의 총 개수	$r1 + t1$	$s1 + u1$	$n_{pairs} (=n)$
② 기대비율			
양성	r	s	$p_1 = \dfrac{r+s}{n}$
음성	t	u	$1 - p_1$
쌍의 총 개수	$p_2 = \dfrac{r+t}{n}$	$1 - p_2$	1.0

이러한 연구에서 연구자는 두 검사 간 양성비율 (p_1, p_2)이 동일한지에 관심을 두므로 두 비율의 차이 $(d = p_1 - p_2)$는 결국 s와 t로 결정된다는 것을 알 수 있다.

$$p_1 = \frac{r+s}{n}, \ p_2 = \frac{r+t}{n}, \ d = p_1 - p_2 = \frac{s-t}{n}$$

즉 s와 t는 전체 쌍 중 비일치 쌍 (discordant pairs)이고 일치 쌍 (concordant pairs)은 분석의 대상이 아니다. 이러한 짝지은 종속표본에 대한 가설검정은 McNemar 분석을 사용하고 종속표본에 대한 연구에 필요한 표본크기도 이 검정에 근거한다. 계산과정을 정리하면 다음과 같다.

① 총 표본크기 즉 쌍의 총 개수 (n)를 계산하기 위해서는 먼저 전체 쌍 ($n_{pairs} = n$) 중 비일치 쌍의 비율 (P_{dis})을 <표 7-2>의 기대비율 분할표에서 계산한다.

$$P_{dis} = \frac{s + t}{n}$$

② 두 번째로 교차비 (odds ratio, OR)를 계산한다. 교차비는 어느 개체가 1차 검사에서 양성이고 2차 검사에서 음성일 가능성이 1차 검사에서 음성이고 2차 검사에서 양성일 가능성에 비하여 어느 정도 높은지를 나타내는 지표로 <표 7-2>에서는 다음과 같이 계산된다.

$$OR = \frac{s}{t}$$

다른 방법으로 s와 t는 주변 확률 (marginal probability) p_1과 p_2를 이용하여 지정할 수도 있다. 즉 두 검사의 결과가 음의 상관성 (negative correlation)을 보일 가능성은 낮으므로 두 분포가 독립이라면 최대의 표본크기를 계산하기 위하여 s와 t는 다음과 같이 계산된다 (Royston, 1993).

$$s = p_1(1 - p_2)$$
$$t = p_2(1 - p_1)$$

따라서 OR과 P_{dis}는 다음과 같이 계산되며, s와 t는 각 군에서 기대되는 정확도를 이용하여 지정할 수 있음을 의미한다.

$$OR = \frac{s}{t} = \frac{p_1(1 - p_2)}{p_2(1 - p_1)}$$
$$P_{dis} = s + t = p_1(1 - p_2) + p_2(1 - p_1)$$

③ 비일치 쌍의 개수 (n_{dis})와 총 표본크기 (n)는 다음의 공식으로 계산한다(Connett 등, 1987).
$$n_{dis} = \frac{[z_{1 - \alpha/2}(OR + 1) + 2 \times z_{1 - \beta}\sqrt{OR}]^2}{(OR - 1)^2}$$

$$n = \frac{[z_{1-\alpha/2}(OR+1) + z_{1-\beta}\sqrt{(OR+1)^2 - (OR-1)^2 \times P_{dis}}]^2}{(OR-1)^2 \times P_{dis}}$$

여기에서

$$s = p_1(1-p_2), \ t = p_2(1-p_1)$$

$$P_{dis} = s + t = p_1(1-p_2) + p_2(1-p_1)$$

$$OR = \frac{s}{t} = \frac{p_1(1-p_2)}{p_2(1-p_1)}$$

비일치 쌍의 개수 (n_{dis})는 총 쌍의 개수 (n)와 어느 1개의 쌍이 비일치 쌍일 확률 (P_{dis})의 곱이므로 ($n_{dis} = nP_{dis}$) 총 쌍의 개수 (표본크기)는 다음과 같이 근사적으로 추정할 수 있다.

$$n = \frac{n_{dis}}{P_{dis}}$$

비일치 쌍 (P_{dis})과 교차비 (OR)에 대한 표본크기를 요약하면 표 7-3 (신뢰수준 95%, 검정력 80%), 표 7-4 (신뢰수준 95%, 검정력 90%), 표 7-5 (신뢰수준 99%, 검정력 80%), <표 7-6> (신뢰수준 99%, 검정력 90%)과 같다. 이 표를 활용하는 방법은 실습문제를 참고하기 바란다.

신뢰구간: <표 7-1>의 자료에서 두 비율 간 차이 (d)의 표준오차와 $100(1-\alpha)$% 신뢰구간은 다음과 같다.

$$SE(d) = \frac{1}{m}\sqrt{s1 + t1 - \frac{(s1-t1)^2}{m}} \quad [s1, \ t1, \ m \text{은 관찰빈도임}]$$

신뢰구간: $d \pm z_{1-\alpha/2}SE(d)$

만일 소표본 (small sample)이라면 (흔히 $n_{pairs} < 20$) 연속성을 보정하거나 (continuity correction) 보다 정확한 방법으로 신뢰구간을 계산하는 것이 바람직하다(Newcombe, 1998; Altman 등, 2000).

예를 들어 <표 7-1>에서 $r1 = 161$, $s1 = 9$, $t1 = 14$, $u1 = 17$, $n_{pairs} = 201$이라면 관찰된 두 비율의 차이 (d)는 0.025, 표준오차 (SE)는 0.024이므로 95% 신뢰구간은 $[-0.02, 0.072]$로 계산된다. 95% 신뢰구간이 0을 포함하고 있으므로 두 비율의 차이는 통계적으로 유의한 차이가 없음을 의미한다.

$$d = p_1 - p_2 = \frac{175 - 170}{201} = 0.025$$

$$SE(d) = \frac{1}{201} \sqrt{9 + 14 - \frac{(9 - 14)^2}{201}} = 0.024$$

95% 신뢰구간: $0.025 \pm 1.96(0.024)$

〈표 7-3〉 종속표본에서 비일치 쌍 (P_{dis})과 교차비 (OR)에 따른 총 표본크기(신뢰수준 95%, 검정력 80%, 양측검정)

Pdis=s+t	OR=s/t								
	2	3	4	5	6	7	8	9	10
0.05	1,411	626	434	351	306	277	258	243	233
0.10	705	312	216	175	152	138	128	121	115
0.15	469	207	143	116	101	91	85	80	76
0.20	351	155	107	86	75	68	63	59	57
0.25	281	124	85	69	60	54	50	47	45
0.30	234	103	71	57	49	45	41	39	37
0.35	200	88	60	49	42	38	35	33	32
0.40	175	77	53	42	37	33	30	29	27
0.45	155	68	47	37	32	29	27	25	24
0.50	139	61	42	33	29	26	24	23	21
0.55	127	55	38	30	26	23	22	20	19
0.60	116	50	34	27	24	21	20	18	17
0.65	107	46	32	25	22	19	18	17	16
0.70	99	43	29	23	20	18	16	15	15
0.75	92	40	27	22	18	17	15	14	13
0.80	86	37	25	20	17	15	14	13	12
0.85	81	35	24	19	16	14	13	12	12
0.90	77	33	22	18	15	13	12	11	11
0.95	72	31	21	17	14	13	11	11	10
1.00	69	29	20	16	13	12	11	10	9

<표 7-4> 종속표본에서 비일치 쌍 (P_{dis})과 교차비 (OR)에 따른 총 표본크기(신뢰수준 95%, 검정력 90%, 양측검정)

Pdis=s+t	OR=s/t								
	2	3	4	5	6	7	8	9	10
0.05	1,888	837	580	469	408	370	344	325	310
0.10	942	417	288	233	202	183	170	160	153
0.15	627	277	191	154	134	121	112	106	101
0.20	469	206	142	114	99	90	83	78	75
0.25	375	164	113	91	79	71	66	62	59
0.30	312	136	94	75	65	58	54	51	49
0.35	267	116	80	64	55	50	46	43	41
0.40	233	101	69	55	48	43	40	37	35
0.45	206	90	61	49	42	38	35	33	31
0.50	185	80	55	43	37	33	31	29	27
0.55	168	73	49	39	34	30	28	26	25
0.60	154	66	45	36	30	27	25	23	22
0.65	142	61	41	33	28	25	23	21	20
0.70	131	56	38	30	25	23	21	19	18
0.75	122	52	35	28	24	21	19	18	17
0.80	114	49	33	26	22	19	18	16	15
0.85	108	46	30	24	20	18	16	15	14
0.90	101	43	29	22	19	17	15	14	13
0.95	96	40	27	21	18	16	14	13	12
1.00	91	38	25	20	16	15	13	12	11

<표 7-5> 종속표본에서 비일치 쌍 (P_{dis})과 교차비 (OR)에 따른 총 표본크기(신뢰수준 99%, 검정력 80%, 양측검정)

Pdis=s+t	OR=s/t								
	2	3	4	5	6	7	8	9	10
0.05	2,100	932	646	523	455	413	384	363	347
0.10	1,049	465	322	260	227	205	191	180	172
0.15	698	309	214	173	150	136	126	119	114
0.20	523	231	160	129	112	101	94	89	85
0.25	418	184	127	103	89	81	75	71	67
0.30	348	153	106	85	74	67	62	58	56
0.35	298	131	90	73	63	57	53	50	47
0.40	260	114	79	63	55	49	46	43	41
0.45	231	101	70	56	48	44	40	38	36
0.50	208	91	62	50	43	39	36	34	32
0.55	189	82	56	45	39	35	33	31	29
0.60	173	75	52	41	36	32	30	28	26
0.65	159	69	47	38	33	29	27	25	24
0.70	148	64	44	35	30	27	25	23	22
0.75	138	60	41	32	28	25	23	22	21
0.80	129	56	38	30	26	23	21	20	19
0.85	121	52	36	28	24	22	20	19	18
0.90	114	49	33	27	23	20	19	17	17
0.95	108	47	32	25	21	19	17	16	15
1.00	103	44	30	24	20	18	16	15	14

<표 7-6> 종속표본에서 비일치 쌍 (P_{dis})과 교차비 (OR)에 따른 총 표본크기
(신뢰수준 99%, 검정력 90%, 양측검정)

Pdis=s+t	OR=s/t								
	2	3	4	5.2	6	7	8	9	10
0.05	2,674	1,186	822	644	579	525	487	461	440
0.10	1,335	591	409	320	287	260	241	228	218
0.15	888	392	271	212	190	172	159	150	144
0.20	665	293	202	158	141	128	118	112	107
0.25	531	234	161	125	112	101	94	88	84
0.30	442	194	133	104	93	84	77	73	69
0.35	378	166	114	88	79	71	66	62	59
0.40	330	144	99	76	68	61	57	53	51
0.45	293	128	87	67	60	54	50	47	45
0.50	263	114	78	60	54	48	44	42	40
0.55	239	104	71	54	48	43	40	37	36
0.60	219	95	64	49	44	39	36	34	32
0.65	202	87	59	45	40	36	33	31	29
0.70	187	80	54	42	37	33	30	28	27
0.75	174	75	50	38	34	30	28	26	25
0.80	163	70	47	36	32	28	26	24	23
0.85	153	65	44	33	29	26	24	22	21
0.90	144	61	41	31	27	24	22	21	20
0.95	136	58	39	29	26	23	21	19	18
1.00	129	55	37	27	24	21	19	18	17

7.3 동등성 검정

원리: 흔히 약물의 치료효과를 비교하는 임상시험(clinical trial)에서는 기존 약제에 비하여 신약이 더 우수하다는 것에 관심을 두는 경우가 많다. 예를 들어 유방염을 치료하는 두 종류의 약제를 비교하는 연구를 가정하자. 7.1절에서 설명한 두 비율 간 검정에서는 두 약제의 치료효과가 동일하다는 귀무가설과 치료효과가 서로 다르다는 대립가설에 관심을 두었다. 이러한 연구를 통하여 연구자는 신약이 기존 약제에 비하여 더 우수하다는 것을 증명하기를 원하는 것이다(우월성 검정, superiority testing). 만일 연구결과 귀무가설을 기각하지 못하면 두 약제의 치료효과에 차이가 없다는 결론을 얻는데 이러한 결론이 반드시 두 약제의 치료효과가 동일하다는 것을 의미하는 것은 아니다.

이와는 반대로 어느 한 약제가 다른 약제에 비하여 치료효과가 더 우수하다는 것에 관심을 두는 것이 아니라(superiority testing) 두 약제의 치료효과가 동등하다는 가설에 관심을 두는 경우가 있는데 이를 동등성 검정(equivalence testing)이라고 한다. 즉 동등성 검정에서는 어느 약제의 치료효과가 다른 약제와 유의한 차이가 있다는 것을 증명하는 것이 아니라 두 약제의 치료효과가 본질적으로 동일하다는 것을 증명하는 것이 목적이다. 이를 위해서는 임상적으로 큰 의미가 없는 차이 즉 허용할 수 있는 최대 차이(maximum tolerable difference)를 설정하여 치료효과가 이러한 차이 이내에 위치하면 동등하다고 판정한다. 예를 들어 표준 약제 A와 새로 개발한 약제 B의 치료효과를 평가하는 연구에서 약제 B의 치료율 (p_2)이 약제 A의 치료율 (p_1)과 10% (임상적으로 의미가 있다고 판단하는 임의적인 역치로 δ로 표기함)의 차이를 보이지 않는다면 약제 B는 적어도 약제 A와 치료율에서 동등하다는 결론을 내릴 수 있다. 동등성 검정에서 귀무가설은 비동등성(non-equivalence), 대립가설은 동등성(equivalent)으로 설정한다(Fosgate, 2009). 즉 효과의 차이 $p_1 - p_2$가 $\pm \delta$ 범위 이내에 위치한다면 동등성을 입증하게 되는 것이다.

$$H_0 : 비동등성\,(non - equivalence\,),$$
$$H_0 : p_1 - p_2 \leq -\delta \ or \ p_1 - p_2 \geq \delta \ \ 또는 \ H_0 : |p_1 - p_2| \geq \delta$$

$$H_A : 동등성\,(equivalence\,)$$
$$H_A : -\delta < p_1 - p_2 < \delta \ \ 또는 \ H_A : |p_1 - p_2| < \delta$$

두 약제 간 치료효과의 차이에 대한 6개 가상의 임상시험 결과를 신뢰구간으로 예시하면 그림 7-1과 같다. 그림에서 x축은 치료효과이고, 점선의 구간은 임상적으로 의미가 없다고 연구자가 판단하는 범위 (δ)이다. 시험 A와 B의 경우 관찰된 치료효과의 신뢰구간이 δ 범위 내에 위치하므로 두 시험 모두 두 약제 간 관찰된 치료효과의 차이는 매우 작기 때문에 동등성에 대한 강력한 증거가 있음을 시사한다. 반면에 시험 C와 D의 경우 관찰된 치료효과의 신뢰구간이 δ 범위 밖에 위치하므로 두 약제 간 관찰된 치료효과의 차이가 매우 크기 때문에 동등성이 아니라는 강력한 증거가 있다. 한편 시험 E와 F에서는 신뢰구간의 일부는 δ 범위 내에 위치하고 일부는 δ 범위 밖에 위치하여 판정하기 쉽지 않다. 이 경우 보다 분명한 결론을 도출하기 위해서는 대규모의 시험을 추가로 수행하는 방안을 고려할 필요가 있다.

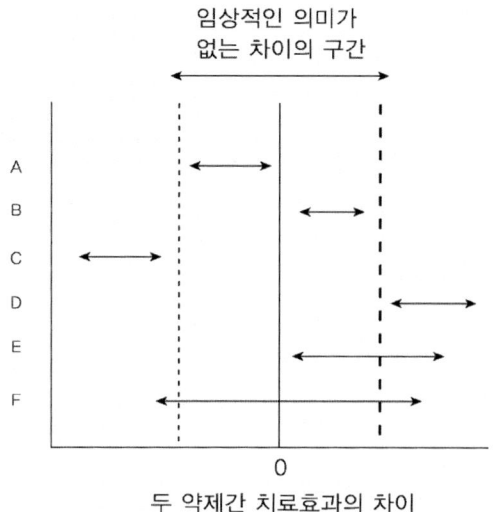

〈그림 7-1〉 동등성 검정에서 두 약제 간 치료효과의
차이 (δ) 예시

요약하면, 두 집단 간 비율 검정과 비교할 때 동등성 검정과 차이점은 첫째, 어느 한 군이 다른 군에 비하여 더 우수하다는 것에 관심을 두는 것이 아니고 적어도 열등하지 않다는 것에 관심을 두고 둘째, 열등하지 않다고 판단하는 최대 허용 차이 δ를 설정한다는 점이다. 흔히 동등성 연구를 active-control 연구라고도 하며, active는 표준 처치군, control은 실험적 처치군을 의미한다. 동등성 연구는 두 처치군 간 효과의 차이가 사전에 설정한 역치수준 δ를 초과하지 않는다는 것을 제시하기 위하여 수행된다.

간혹 이를테면 신약이 기존의 약제에 비하여 (우수하다면 더욱 좋지만) 반드시 더 우수할 필요가 없고 적어도 열등하지 않다는 것을 증명하는 경우가 있는데 이를 비열등성 검정(noninferiority testing)이라고 하며 항상 단측검정 (one-sided test)을 사용한다.

표본크기: 표준 약제군과 실험적 처치군의 치료율을 각각 p_1, p_2, 표본크기를 각각 n_1, n_2, 두 군간 차이를 δ, 검정력 β, 유의수준 α 라 하고, n_1에 비하여 n_2가 k배 크다면 (동수할당인 경우 $k = 1$) 다음의 공식을 사용한다.

$$n_1 = \frac{(p_1 q_1 + \frac{p_2 q_2}{k})(z_{1-\alpha/2} + z_{1-\beta})^2}{\delta^2}$$

$$n_2 = k n_1$$

돼지 생식기호흡기 질병을 진단하는 데 사용하는 중합효소연쇄반응(PCR) 검사의 정확도가 실험실 근무경력에 따라 다소 차이를 보인다고 하자. 검사자의 숙련도를 향상시키기 위한 교육과정을 이수할 때 검사결과가 전문가와 95% 신뢰수준에서 동일할 것으로 기대하고 있다. 예를 들어 어느 연구자가 전문가의 검사결과와 5% 이상의 차이를 보이지 않는다는 것을 80% 보장하기를 원한다면 몇 개의 시료가 필요한지에 관심을 두게 된다. 전술한 공식을 사용하면 총 470개가 필요한 것으로 계산된다.

제8장 변화율 추정

8.1 비율의 변화량

비율의 변화량(percent change) 추정은 이를테면 두 조사 시점 간 혈청 유병률의 변화(증가 혹은 감소)를 검출하는데 필요한 표본크기를 계산하는 상황이다. 비율의 변화를 추정하는데 필요한 표본크기는 제7장에서 설명한 두 집단 비율 비교를 위한 표본크기 계산 공식과 동일하다. 예를 들어 첫 번째 시점에서 조사 결과 유병률이 20%라고 할 때 두 번째 시점에서 유병률이 50% 감소(% proportional change), 즉 20%에서 10%로 감소하는 것을 검출하는데 표본크기는 95% 신뢰수준과 80% 검정력을 가정하면 처리군당 약 197두(총 394)가 필요하다.

$\alpha = 0.05,\ Z_\alpha = 1.96,\ Z_\beta = 0.84$ 이므로

$$n = (\frac{1.96 + 0.84}{0.2 - 0.1})^2 [0.2(1-0.2) + 0.1(1-0.1)] = 197$$

이를 정리하면 <표 8−1>(검정력=80%), <표 8−2>(검정력=90%)와 같다. <그림 8−1>은 초기 유병률(baseline prevalence)이 10%, 20%, 30%, 50% 변화할 때 필요한 표본크기를 나타낸 것으로 변화율이 작을수록 표본크기는 급격하게 증가한다. <표 8−3>에서 <표 8−10>은 지정한 신뢰수준과 검정력에서 비율의 변화량이 아니라 개별 비율(p1, p2)로 정리한 것이다(제7장에서 설명한 공식① 사용). 위 예제의 경우 <표 8−5>를 참조하면 199두가 되어 동일한 결과를 보인다.

유병률 추정치의 변화량을 추정하기 위한 조사에 필요한 표본크기를 계산하기 위해서

는 변화량의 표준오차를 계산해야 한다. 이 경우 과거 조사에서 얻은 추정치는 정확하지 않을 수 있기 때문에 새로운 추정치의 표준오차가 증가할 수 있다는 점에서 통상적인 방법으로 계산한 표본크기의 2배를 사용하는 방안을 고려할 필요가 있다(Bennett 등, 1991).

〈표 8-1〉 비율의 변화량 검출에 필요한 양측검정의 표본크기(신뢰수준＝95%, 검정력＝80%)

초기 유병률 (%)	비율의 변화량								
	10%	20%	30%	40%	50%	60%	70%	80%	90%
1	147,541	34,959	14,680	7,774	4,665	3,024	2,063	1,458	1,055
5	28,373	6,735	2,832	1,502	903	585	399	282	204
10	13,477	3,207	1,352	718	432	280	191	135	97
15	8,512	2,031	858	457	275	178	122	86	62
20	6,029	1,443	611	326	197	128	87	61	44
25	4,540	1,090	463	247	149	97	66	47	33

〈표 8-2〉 비율의 변화량 검출에 필요한 양측검정의 표본크기(신뢰수준＝95%, 검정력＝90%)

초기 유병률 (%)	비율의 변화량								
	10%	20%	30%	40%	50%	60%	70%	80%	90%
1	197,799	46,867	19,680	10,422	6,254	4,054	2,766	1,954	1,415
5	38,038	9,029	3,797	2,013	1,209	784	535	378	273
10	18,068	4,299	1,812	962	579	375	256	180	130
15	11,411	2,723	1,150	612	368	239	163	115	83
20	8,083	1,934	819	437	263	171	117	82	59
25	6,086	1,461	621	332	200	130	89	62	44

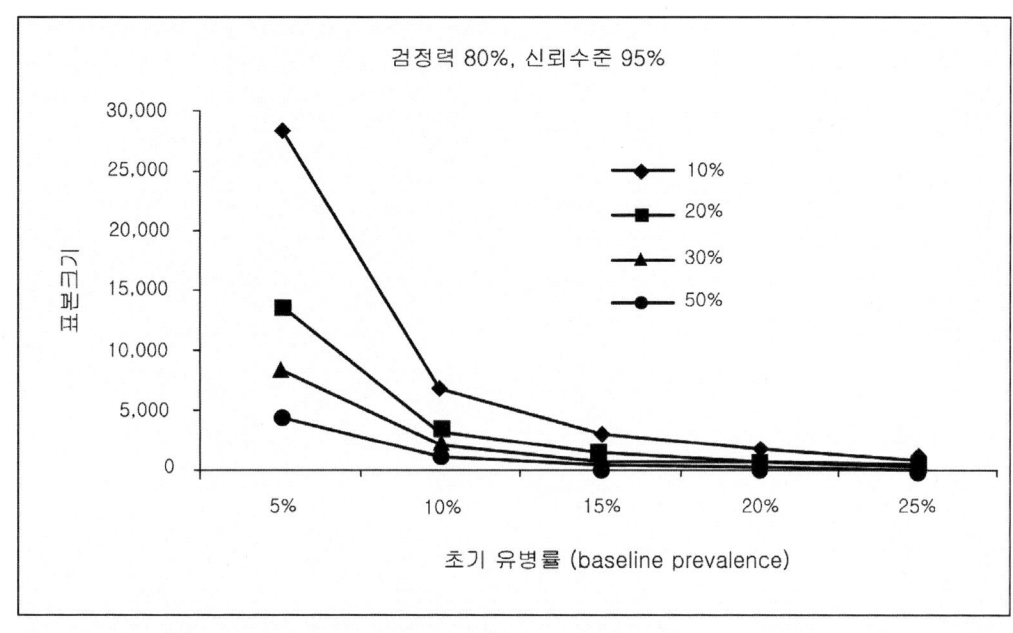

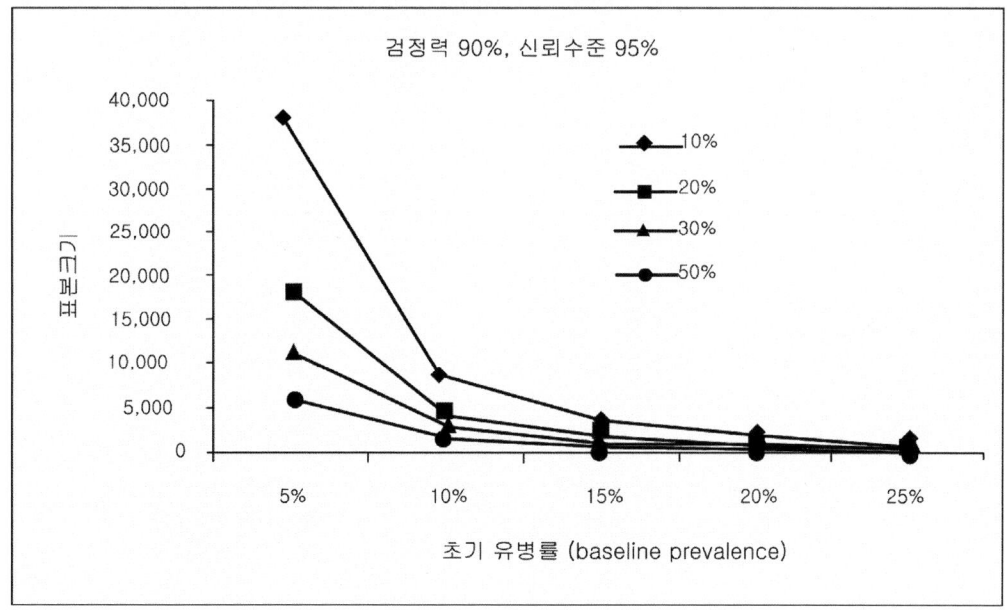

〈그림 8-1〉 비율의 변화량 검출에 필요한 표본크기

〈표 8-3〉 두 비율(P_1, P_2) 간 유의한 차이를 검출하는 데 필요한 양측검정의 표본크기(신뢰수준=90%, 검정력=80%)

P1	P2							
	0.1	0.2	0.3	0.4	0.5	0.6	0.7	0.8
0.05	343							
0.2	157							
0.3	49	231						
0.4	25	64	281					
0.5	16	31	74	305				
0.6	11	18	33	77	305			
0.7	8	12	19	33	74	281		
0.8	6	8	12	18	31	64	231	
0.9	4	6	8	11	16	25	49	157

* 가정: 이항분포에 대한 정규 근사성(normal approximation)

〈표 8-4〉 두 비율(P_1, P_2) 간 유의한 차이를 검출하는 데 필요한 양측검정의 표본크기(신뢰수준=90%, 검정력=80%)

P1	P2							
	0.1	0.2	0.3	0.4	0.5	0.6	0.7	0.8
0.05	381							
0.2	176							
0.3	58	250						
0.4	31	74	300					
0.5	20	37	83	325				
0.6	14	22	39	86	325			
0.7	10	15	23	39	83	300		
0.8	8	11	15	22	37	74	250	
0.9	6	8	10	14	20	31	58	176

* 가정: 정확 이항확률분포(exact binomial probability distribution)

〈표 8-5〉 두 비율(P_1, P_2) 간 유의한 차이를 검출하는 데 필요한 양측검정의 표본크기(신뢰수준=95%, 검정력=80%)

P1	P2							
	0.1	0.2	0.3	0.4	0.5	0.6	0.7	0.8
0.05	435							
0.2	199							
0.3	62	294						
0.4	32	82	356					
0.5	20	39	93	388				
0.6	14	23	42	97	388			
0.7	10	15	24	42	93	356		
0.8	7	10	15	23	39	82	294	
0.9	5	7	10	14	20	32	62	199

* 가정: 이항분포에 대한 정규 근사성(normal approximation)

〈표 8-6〉 두 비율(P_1, P_2) 간 유의한 차이를 검출하는 데 필요한 양측검정의 표본크기(신뢰수준=95%, 검정력=80%)

P1	P2							
	0.1	0.2	0.3	0.4	0.5	0.6	0.7	0.8
0.05	474							
0.2	219							
0.3	71	313						
0.4	38	91	376					
0.5	24	37	103	407				
0.6	17	27	48	107	407			
0.7	12	18	28	48	103	376		
0.8	9	13	18	27	45	91	313	
0.9	7	9	12	17	24	38	71	219

* 가정: 정확 이항확률분포(exact binomial probability distribution)

〈표 8-7〉 두 비율(P_1, P_2) 간 유의한 차이를 검출하는 데 필요한 양측검정의 표본크기(신뢰수준=90%, 검정력=90%)

P1	P2							
	0.1	0.2	0.3	0.4	0.5	0.6	0.7	0.8
0.05	474							
0.2	217							
0.3	67	320						
0.4	34	89	388					
0.5	21	42	101	423				
0.6	14	24	46	106	423			
0.7	10	16	25	46	101	388		
0.8	7	10	16	24	42	89	320	
0.9	5	7	10	14	21	34	67	217

* 가정: 이항분포에 대한 정규 근사성(normal approximation)

〈표 8-8〉 두 비율(P_1, P_2) 간 유의한 차이를 검출하는 데 필요한 양측검정의 표본크기(신뢰수준=90%, 검정력=90%)

P1	P2							
	0.1	0.2	0.3	0.4	0.5	0.6	0.7	0.8
0.05	513							
0.2	236							
0.3	76	339						
0.4	40	98	408					
0.5	25	48	111	442				
0.6	17	29	52	115	442			
0.7	13	19	30	52	111	408		
0.8	9	13	19	29	48	98	339	
0.9	7	9	13	17	25	40	76	236

* 가정: 정확 이항확률분포(exact binomial probability distribution)

〈표 8-9〉 두 비율(P_1, P_2) 간 유의한 차이를 검출하는 데 필요한 양측검정의 표본크기(신뢰수준=95%, 검정력=90%)

P1	P2							
	0.1	0.2	0.3	0.4	0.5	0.6	0.7	0.8
0.05	582							
0.2	266							
0.3	82	392						
0.4	42	109	477					
0.5	26	52	124	519				
0.6	17	30	56	130	519			
0.7	12	19	31	56	124	477		
0.8	9	13	19	30	52	109	392	
0.9	6	9	12	17	26	42	82	266

* 가정: 이항분포에 대한 정규 근사성(normal approximation)

〈표 8-10〉 두 비율(P_1, P_2) 간 유의한 차이를 검출하는 데 필요한 양측검정의 표본크기(신뢰수준=95%, 검정력=90%)

P1	P2							
	0.1	0.2	0.3	0.4	0.5	0.6	0.7	0.8
0.05	621							
0.2	286							
0.3	92	412						
0.4	58	118	496					
0.5	30	57	134	538				
0.6	21	34	62	139	538			
0.7	15	22	36	62	134	496		
0.8	11	16	22	34	57	118	412	
0.9	8	11	15	21	30	48	92	286

* 가정: 정확 이항확률분포(exact binomial probability distribution)

8.2 변이계수를 이용한 변화량 추정

변이계수(coefficient of variation)는 표본의 변동성(variability)을 표본 평균과 관련지어 정량화한 통계량으로 표준편차(s)를 평균(μ)으로 나누어 백분율로 표현한다. 오차한계(ME)는 평균의 백분율(%)로 표현할 수 있으며 이는 변이계수(CV)와 관련이 있다. 예를 들어 어느 양돈장의 월 평균 수입액이 50,000,000원이고 수입액의 표준편차가 200,000원이라면 표준편차는 평균 수입액 대비 4%의 오차(percent of error of the mean)에 해당한다.

$$CV = \frac{s_0}{\mu_0} = \frac{s_1}{\mu_1} \quad <-> \quad CV = \frac{s}{Mean} \quad <-> \quad Mean = \frac{s}{CV}$$

$$ME = \% * Mean \quad <-> \quad ME = \% * \frac{s}{CV} \quad <-> \quad ME^2 = \%^2 * \frac{s^2}{CV^2}$$

이러한 관계를 검정력을 고려한 표본크기 계산 공식의 일반형에 대입하면 다음과 같은 공식이 유도된다(van Belle, 2008).

$$n = \frac{(z_{1-\beta} + z_{1-\alpha/2})^2 \sigma^2}{(\mu_0 - \mu_1)^2}$$

$$n = \frac{2 * (z_{1-\alpha/2} + z_{1-\beta})^2 s^2}{\%^2 * \frac{s^2}{CV^2}} = \frac{2 * (z_{1-\alpha/2} + z_{1-\beta})^2 CV^2}{\%^2}$$

여기에서 분모의 %는 두 집단 평균(μ_0, μ_1)의 비(ratio of the means)이다.

$$\frac{\mu_0 - \mu_1}{\mu_0} = 1 - \frac{\mu_1}{\mu_0}$$

표준편차는 평균이 증가함에 따라 비례적으로 증가하기 때문에 변이계수를 사용할 경우 분산을 안정화시키기 위하여 대수로 변환된 값을 표본크기 계산에 사용한다. 아래의 식에서 n은 각 군당 표본크기이다.

$$n = \frac{2 * (z_{1-\alpha/2} + z_{1-\beta})^2 CV^2}{(\ln\mu_0 - \ln\mu_1)^2} = \frac{2 * (z_{1-\alpha/2} + z_{1-\beta})^2 CV^2}{(\ln\frac{\mu_0}{\mu_1})^2}$$

이 공식에서 흔히 사용하는 신뢰수준 95%와 검정력 80%를 가정하면 다음과 같은 근사 공식이 작성된다.

$$n = \frac{2*(1.96 + 0.84)^2 CV^2}{(\ln \frac{\mu_0}{\mu_1})^2} = \frac{16(CV)^2}{(\ln \frac{\mu_0}{\mu_1})^2}$$

흔히 연구자는 측정변수의 생물학적 변동의 크기에 대한 정보를 알지 못하는 경우가 많은데 이때 $CV = 35\%$를 적용하면 위의 식은 간단히 다음과 같이 정리된다.

$$n = \frac{16(0.35)^2}{(\ln \frac{\mu_0}{\mu_1})^2} = \frac{1.96}{(\ln \frac{\mu_0}{\mu_1})^2}$$

<표 8-11>(신뢰수준 95%, 검정력 80%), <표 8-12>(신뢰수준 95%, 검정력 90%), <표 8-13>(신뢰수준 95%, 검정력 95%)은 변이계수(CV)를 이용하여 두 집단 간 변화량 (percent change, 처리효과)을 추정하는 데 필요한 표본크기를 요약한 것이다. 예를 들어 어 느 연구자가 두 집단의 평균 변화량 20%(평균의 비는 $1 - 0.2 = 0.8$)에 관심을 갖고 있으 며 관찰 자료의 변동성(CV)이 약 30%로 기대된다고 가정할 때 이러한 차이를 검출할 80%의 검정력을 유지하기 위해서는 <표 8-11>을 참조하면 각 군당 29두가 필요하다.

$$n = \frac{2*(1.96 + 0.84)^2 0.3^2}{(\ln 0.8)^2} = 29$$

〈표 8-11〉 변이계수(CV)를 이용하여 두 집단 간 변화량(percent change)을 추정하는데 필요한 양측검정 의 표본크기(신뢰수준 95%, 검정력 80%)

CV	변화량(% change)									
	5	10	15	20	25	30	35	40	45	50
0.05	15	4	2	1	1	1	1	1	1	1
0.10	60	15	6	4	2	2	1	1	1	1
0.15	135	32	14	8	5	3	2	2	1	1
0.20	239	57	24	13	8	5	4	3	2	2
0.25	373	89	38	20	12	8	6	4	3	3
0.30	537	128	54	29	18	12	8	6	4	3
0.35	731	174	73	39	24	16	11	8	6	5
0.40	955	227	96	51	31	20	14	10	8	6
0.45	1,209	287	121	64	39	25	18	13	9	7
0.50	1,492	354	149	79	48	31	22	16	11	9

〈표 8 - 12〉 변이계수(CV)를 이용하여 두 집단 간 변화량(percent change)을 추정하는데 필요한 양측검정의 표본크기
(신뢰수준 95%, 검정력 90%)

CV	변화량(% change)									
	5	10	15	20	25	30	35	40	45	50
0.05	20	5	2	2	1	1	1	1	1	1
0.10	80	19	8	5	3	2	2	1	1	1
0.15	180	43	18	10	6	4	3	2	2	1
0.20	320	76	32	17	11	7	5	4	3	2
0.25	500	119	50	27	16	11	8	6	4	3
0.30	719	171	72	38	23	15	11	8	6	4
0.35	979	232	98	52	32	21	14	10	8	6
0.40	1,278	303	128	68	41	27	19	13	10	7
0.45	1,618	384	162	86	52	34	23	17	12	9
0.50	1,997	474	199	106	64	42	29	21	15	11

〈표 8 - 13〉 변이계수(CV)를 이용하여 두 집단 간 변화량(percent change)을 추정하는데 필요한 표본크기
(신뢰수준 95%, 검정력 95%)

CV	% Change									
	5	10	15	20	25	30	35	40	45	50
0.05	25	6	3	2	1	1	1	1	1	1
0.10	99	24	10	6	4	3	2	1	1	1
0.15	223	53	23	12	8	5	4	3	2	2
0.20	396	94	40	21	13	9	6	4	3	3
0.25	618	147	62	33	20	13	9	7	5	4
0.30	890	211	89	47	29	19	13	9	7	5
0.35	1,211	287	121	64	39	26	18	13	9	7
0.40	1,581	375	158	84	51	33	23	16	12	9
0.45	2,001	475	200	106	64	42	29	21	15	11
0.50	2,470	586	246	131	79	52	36	25	19	14

제9장 역치수준과의 비교

모집단에서 기대유병률이 역치유병률(threshold prevalence) 이상으로 발생하는지를 파악하기 위한 조사를 계획할 수 있다. 조사결과 모집단에서의 양성 개체 수가 역치수준 이상으로 발생한다고 판단되면 방역당국에서는 적절한 후속조치를 취하게 된다. 이러한 조사형태는 모집단에서의 기대유병률이 역치수준의 유병률과 다른지를 평가하는 것으로 조사의 목적이 대부분 초과발생에 관심을 두기 때문에 단측검정(one-tailed test)을 사용하게 된다.

역치유병률 p_0, 기대유병률 p_1, 유의수준 α, 검정력 $1-\beta$라 할 때 역치유병률과 비교를 위한 표본크기와 표본에서 양성 개체의 역치두수(d)는 다음과 같이 계산한다(Lwanga & Lemeshow, 1991).

$$n = \frac{[Z_{1-\alpha}\sqrt{p_0(1-p_0)} + Z_{1-\beta}\sqrt{p_1(1-p_1)}]^2}{(p_0-p_1)^2} \quad [Z_{1-\alpha} = 단측검정]$$

$$d = np_0 - Z_{1-\alpha}\sqrt{np_0(1-p_0)}$$

<표 9-1>, <표 9-2>, <표 9-3>은 역치유병률과 비교를 위한 표본크기를 95% 신뢰수준에서 95, 90%, 80% 검정력을 달성하는 수준을 요약한 것이다. 예를 들어 강원도의 젖소를 대상으로 질병 'X'에 대한 표본조사에서 유병률이 5%로 나타났다고 하자. 방역당국에서는 이 집단에 대한 혈청학적 검사에서 유병률이 15%를 초과하면 방역정책 Q를 적용할 계획이라고 할 때 95% 신뢰수준과 90% 검정력에서 조사의 목적을 달성할 수 있는 표본크기는 76두이고 방역정책을 시행하는 데 필요한 양성 개체의 역치두수는 6두가 된다(<표 9-2>). 즉 76두에 대한 표본검사에서 양성 두수가 6두 이상이면 기대유병률이 15%를 초과하는 것으로 간주하여 방역정책 Q를 적용한다는 것을 의미한다.

〈표 9-1〉 기대유병률과 역치유병률 비교를 위한 표본크기와 양성 개체의 역치두수(신뢰수준 95%, 검정력 95%)

(1) 표본크기

기대 유병률 (p_1)	역치유병률(p_0)								
	0.1	0.15	0.2	0.25	0.3	0.35	0.4	0.45	0.5
0.05	291	90	46	29	20	15	12	9	7
0.10		468	133	65	39	27	19	15	11
0.15			621	169	80	48	32	22	17
0.20				751	200	93	54	35	25
0.25					860	225	103	59	38
0.30						947	244	110	63
0.35							1,012	257	115
0.40								1,056	266
0.45									1,077

(2) 역치두수

기대 유병률 (p_1)	역치유병률(p_0)								
	0.1	0.15	0.2	0.25	0.3	0.35	0.4	0.45	0.5
0.05	20	7	4	3	2	2	2	1	1
0.10		57	19	10	6	5	4	3	2
0.15			107	32	17	11	8	6	5
0.20				168	49	24	15	10	8
0.25					235	66	33	20	13
0.30						307	85	40	24
0.35							379	102	48
0.40								448	119
0.45									511

〈표 9-2〉 기대유병률과 역치유병률 비교를 위한 표본크기와 양성 개체의 역치두수(신뢰수준 95%, 검정력 90%)

(1) 표본크기

기대 유병률 (p_1)	역치유병률(p_0)								
	0.1	0.15	0.2	0.25	0.3	0.35	0.4	0.45	0.5
0.05	239	76	40	25	18	13	10	8	6
0.10		378	109	54	33	22	16	12	10
0.15			498	137	66	39	26	19	14
0.20				601	161	75	44	29	20
0.25					686	180	83	48	31
0.30						753	195	88	50
0.35							804	205	92
0.40								837	211
0.45									853

(2) 역치두수

기대 유병률 (p_1)	역치유병률 (p_0)								
	0.1	0.15	0.2	0.25	0.3	0.35	0.4	0.45	0.5
0.05	16	6	3	2	2	1	1	1	0
0.10		45	14	8	5	4	3	2	2
0.15			84	25	13	8	6	4	3
0.20				132	38	19	12	8	6
0.25					186	52	25	15	10
0.30						242	66	31	19
0.35							298	80	38
0.40								352	93
0.45									402

〈표 9-3〉 기대유병률과 역치유병률 비교를 위한 표본크기와 양성 개체의 역치두수(신뢰수준 95%, 검정력 80%)

(1) 표본크기

기대 유병률 (p_1)	역치유병률 (p_0)								
	0.1	0.15	0.2	0.25	0.3	0.35	0.4	0.45	0.5
0.05	184	60	32	21	15	11	8	7	5
0.10		283	83	42	26	18	13	10	8
0.15			368	103	50	30	20	14	11
0.20				441	119	56	33	22	15
0.25					501	133	61	35	23
0.30						548	142	65	37
0.35							583	149	67
0.40								606	153
0.45									617

(2) 역치두수

기대 유병률 (p_1)	역치유병률 (p_0)								
	0.1	0.15	0.2	0.25	0.3	0.35	0.4	0.45	0.5
0.05	11	4	2	1	1	1	0	0	0
0.10		32	10	5	3	2	2	1	1
0.15			60	18	9	6	4	3	2
0.20				95	27	13	8	6	4
0.25					133	37	18	10	7
0.30						173	47	22	13
0.35							213	57	26
0.40								252	66
0.45									288

제10장 발생률 비교

  모집단에서의 기대 발생률(incidence rate)을 가설상의 발생률과 비교하는 경우가 있다. 이를테면 어느 집단에 대한 코호트연구에서 특정 질병에 대한 발생률이 40%로 추정된다고 할 때 이러한 발생률이 귀무가설상의 발생률 50%와 차이가 있는지를 검정하는 경우는 전형적인 예다. 이 경우 기대발생률과 가설상의 발생률 간의 차이가 크거나 작은지에 대하여 모두 관심을 가지므로 단측검정과 양측검정을 모두 고려할 수 있다.

  귀무가설 발생률 p_0, 대립가설 발생률 p_1, 유의수준 α, 검정력 $1 - \beta$라 할 때 두 발생률의 차이를 평가하기 위한 양측검정의 표본크기는 다음과 같이 계산한다(Lwanga & Lemeshow, 1991).

$$n = \frac{(Z_{1-\alpha/2}p_0 + Z_{1-\beta}p_1)^2}{(p_0 - p_1)^2}$$

  여기에서 $z_{1-\alpha/2}$는 귀무가설과 관련된 양측검정의 z값으로 단측검정에서는 $z_{1-\alpha}$를 사용한다. <표 10-1>과 <표 10-2>는 발생률 비교를 위한 표본크기를 95% 신뢰수준과 90% 검정력에서 단측검정과 양측검정의 표본크기를 요약한 것이다. 본 예제의 경우 95% 신뢰수준과 90%의 검정력을 달성하는 표본크기는 <표 10-1>을 참조하면 179두로 계산된다.

<표 10-1> 발생률 비교를 위한 표본크기(신뢰수준 95%, 검정력 90%, 단측검정)

대립가설	귀무가설 발생률(p_0)									
발생률 (p_1)	0.05	0.10	0.15	0.20	0.25	0.30	0.35	0.40	0.45	0.50
0.05		21	10	7	6	5	5	5	5	4
0.10	18		57	21	13	10	8	7	7	6
0.15	8	51		109	37	21	15	12	10	9
0.20	6	18	102		179	57	31	21	16	13
0.25	5	11	33	169		265	81	43	29	21
0.30	4	8	18	51	254		369	109	57	37
0.35	4	7	13	27	74	355		490	142	72
0.40	3	6	10	18	38	102	474		628	179
0.45	3	5	8	14	25	51	133	610		784
0.50	3	5	7	11	18	33	66	169	763	
0.55	3	4	6	9	14	23	41	83	209	934
0.60	3	4	6	8	12	18	29	51	102	254
0.65	3	4	5	7	10	15	23	36	62	122
0.70	3	4	5	7	9	13	18	27	43	74
0.75	3	3	5	6	8	11	15	22	33	51
0.80	3	3	4	6	7	10	13	18	26	38
0.85	3	3	4	5	7	9	12	16	21	30
0.90	3	3	4	5	6	8	10	14	18	25
0.95	3	3	4	5	6	7	9	12	16	21

<표 10-1>(계속)

대립가설	귀무가설 발생률(p_0)								
발생률 (p_1)	0.55	0.60	0.65	0.70	0.75	0.80	0.85	0.90	0.95
0.05	4	4	4	4	4	4	4	4	4
0.10	6	5	5	5	5	5	5	5	4
0.15	8	7	7	6	6	6	6	5	5
0.20	12	10	9	8	8	7	7	7	6
0.25	17	14	13	11	10	9	9	8	8
0.30	27	21	18	15	13	12	11	10	9
0.35	46	33	26	21	18	16	14	13	12
0.40	90	57	41	31	25	21	19	16	15
0.45	220	109	68	48	37	30	25	21	19
0.50	956	265	130	81	57	43	34	29	24
0.55		1,145	315	154	94	66	50	39	33
0.60	1,121		1,352	369	179	109	76	57	45
0.65	302	1,325		1,576	428	206	125	86	64
0.70	145	355	1,547		1,816	490	235	142	97
0.75	88	169	413	1,786		2,074	557	265	160
0.80	60	102	195	474	2,042		2,350	628	298
0.85	45	69	117	224	540	2,314		2,642	704
0.90	35	51	80	133	254	610	2,605		2,951
0.95	29	40	59	90	151	286	685	2,912	

〈표 10-2〉 발생률 비교를 위한 표본크기(신뢰수준 95%, 검정력 90%, 양측검정)

대립가설 발생률 (p_1)	귀무가설 발생률(p_0)									
	0.05	0.10	0.15	0.20	0.25	0.30	0.35	0.40	0.45	0.50
0.05		28	13	10	8	7	7	6	6	6
0.10	21		72	28	17	13	11	10	9	8
0.15	9	61		137	47	28	20	16	13	12
0.20	6	21	122		223	72	40	28	21	17
0.25	5	12	38	203		331	102	55	37	28
0.30	4	9	21	61	306		459	137	72	47
0.35	4	7	14	32	89	430		608	178	91
0.40	4	6	11	21	45	122	575		778	223
0.45	3	5	9	16	29	61	160	741		970
0.50	3	5	8	12	21	38	79	203	928	
0.55	3	5	7	10	16	27	49	99	252	1,136
0.60	3	4	6	9	13	21	34	61	122	306
0.65	3	4	6	8	11	17	26	42	74	147
0.70	3	4	5	7	10	14	21	32	51	89
0.75	3	4	5	7	9	12	17	25	38	61
0.80	3	4	5	6	8	11	15	21	30	45
0.85	3	3	4	6	7	10	13	18	25	35
0.90	3	3	4	5	7	9	12	16	21	29
0.95	3	3	4	5	6	8	11	14	18	24

〈표 10-2〉 (계속)

대립가설 발생률 (p_1)	귀무가설 발생률(p_0)								
	0.55	0.60	0.65	0.70	0.75	0.80	0.85	0.90	0.95
0.05	6	6	5	5	5	5	5	5	5
0.10	8	7	7	7	7	6	6	6	6
0.15	11	10	9	9	8	8	8	7	7
0.20	15	13	12	11	10	10	9	9	8
0.25	22	19	16	15	13	12	11	11	10
0.30	35	28	23	20	17	16	14	13	12
0.35	59	43	33	28	24	21	18	17	15
0.40	113	72	52	40	33	28	24	21	19
0.45	274	137	86	61	47	38	32	28	24
0.50	1,182	331	163	102	72	55	44	37	31
0.55		1,416	392	192	119	83	63	50	42
0.60	1,365		1,670	459	223	137	95	72	57
0.65	366	1,615		1,945	531	257	157	108	81
0.70	174	430	1,886		2,242	608	292	178	122
0.75	104	203	500	2,178		2,559	691	331	200
0.80	71	122	235	575	2,491		2,898	778	371
0.85	53	83	140	270	655	2,825		3,257	872
0.90	41	61	95	160	306	741	3,180		3,637
0.95	33	47	69	108	181	345	832	3,556	

제11장 질병 발생의 집락성

모집단에서 유병률을 추정할 때 흔히 단순무작위추출을 이용한 단면연구를 사용한다. 단순무작위추출에서는 표본추출구조를 작성할 수 있어야 하고 조사 지역이 넓은 경우 단순무작위 추출법으로 개별동물을 선발하는 것이 현실적으로 불가능한 경우가 있다. 그 대안으로 먼저 우군을 선발한 후 우군 내에서 개별 동물을 선발하는 집락추출이나 다단계추출을 사용하게 된다(Cameron 1998; Ziller 2002). 집락추출에서는 집락 내 모든 단위를 선발하지만 다단계추출에서는 집락 내에서 랜덤표본을 선발하는 것이 차이점이다.

집락추출 기법을 이용한 연구에서 표본크기를 계산할 때에는 질병발생의 집락성(clustering)을 고려해야 한다. 즉 집락추출에서 특정한 집락 내의 동물은 유사한 속성을 갖지만 집락 간에는 이질적인 속성을 갖기 때문에 집락 간 유병률의 차이는 집락 내 개체 간 유병률의 차이보다 크게 나타난다. 이와 같이 집락 내에서 개체 간 질병상태의 일치성(agreement), 동질성(homogeneity), 모임성(congregation)을 집락성이라고 한다. 이를테면 특히 광범위한 지역을 대상으로 유병률을 추정하는 조사에서는 우군과 같은 자연적으로 형성된 집단(group, herd)이나 행정구역과 같이 인위적으로 구성한 집락(cluster) 수준에서 개별 동물의 질병발생 양상이 다르다. 일반적으로 모집단에 대한 자료를 분석할 때 측정결과 이를테면 유병률을 집단수준과 개체수준에서 독립으로 가정한다. 그러나 표본추출 단위가 집락인 이단계표본추출에서는 이러한 독립성 가정이 충족되지 못하고 분석단계에서 이러한 집락성을 무시하면 추정치가 왜곡될 수 있다.

집락의 수준이 2인 경우를 clustering, 3개 이상인 multilevel clustering에 대하여 nesting이라는 용어를 사용한다. 따라서 clustering은 가장 단순한 형태의 nesting을 나타내는 용어다(Killip 등, 2004). 집락의 수준이 많을수록 복잡한 분석을 필요로 하기 때문에 수준이 2인 조사계획이 흔히 사용된다.

11.1 집락 내 상관계수

집락성의 크기(ρ)는 집락 내 상관계수(intracluster correlation coefficient, ICC)로 평가한다 (Bennett 등, 1991, Donald, 1993, McDermott 등, 1994, 1997). 집락 내 상관계수(ICC)는 집락 간 변동 (S_b^2)과 집락 내 변동 (S_w^2)의 합인 총 변동에서 집락 간 변동이 차지하는 비율 (구체적인 예는 집락 당 선발두수 참고)로 계산한다.

$$ICC = \rho = \frac{S_b^2}{S_b^2 + S_w^2}$$

집락 내 상관계수는 다음과 같이 해석할 수 있다.

첫째, 동일한 집락 내의 개체들이 상호 유사한 반응을 보이고, 집락 간에는 매우 다른 반응을 보이는 경우 즉 S_b^2이 클수록 ρ는 증가한다.

둘째, S_w^2이 0에 접근하면 ρ는 1에 근사한다. ρ는 문헌고찰이나 예비실험 등을 통하여 추정하며, 이 값이 클수록 의존성이 매우 높고 결과적으로 design effect (DE)가 증가한다.

셋째, ρ는 최소 0 이하의 값을 취할 수도 있는데 이는 표본추출 변동에 기인한 것으로 0으로 간주한다 (Bennett 등, 1991). ρ가 작다는 것은 집락 내 변동이 집락 간 변동 보다 더 크다는 것을 의미하고 ($S_w^2 > S_b^2$), $\rho = 0$은 관심을 두고 있는 질병이 모집단 내에서 완전히 랜덤하게 분포하고 있음을 의미한다 (즉 특정 집락 내 개체들 간 반응에 상관성이 전혀 없고 집락 간에는 유사한 반응을 보임). 따라서 ρ가 0에 근사하는 경우 어느 집락 내의 개체가 감염되어 있을 확률이 전체 모집단에서 선발된 개체와 큰 차이가 없기 때문에 집락표본추출에서 비용을 최소화하기 위해서는 집락수를 줄이고, 집락 당 선발두수를 증가시키는 전략이 적절하다. Wagner 등 (2003)은 요네병에 대한 연구에서 $\rho = 0.04$로 추정하여 집락성이 매우 낮은 질병임을 보고하였다.

넷째, 이론적으로 최대 $\rho = 1$의 값을 갖는데 이는 특정 집락 내의 개체들이 완전히 동일한 반응 ($S_w^2 = 0$)을 보이므로 총 표본크기는 감소하여 집락수 k가 된다 (design effect 참고). ρ가 클수록 조사비용이 증가하므로 ρ가 1에 근사할 때 비용을 최소화하기 위해서는 집락수 C를 증가시키고 집락 당 선발두수 k를 줄이는 전략이 바람직하다.

다섯째, 가축 질병에 대하여 ρ와 design effect를 제시한 문헌은 많지 않지만 ρ는 일반적으로 0.2보다 작은 것으로 알려져 있다(McDermott 등, 1994, 1997, Otte와 Gumm, 1997). 따라서 ρ에 대한 정보가 없다면 최댓값으로 0.2를 사용하여 표본크기를 계산할 수 있다(Donald 등, 1994).

11.2 Design Effect

일반적으로 표본크기를 계산할 때 모집단의 구성원 즉 표본추출 단위(sampling unit)가 상호 독립적이라는 가정을 전제로 한다. 예를 들어 집락추출에서와 같이 측정결과 (유병률)가 집락의 수준과 연관되어 있다면 분산 추정치가 과소평가되기 때문에 표본크기를 계산할 때 분산을 조정 즉 팽창시킬 필요가 있다. 즉 집락 내 개체 간 독립성이 충족되지 못할 때 분산을 팽창시킬 목적으로 집락 내 상관계수를 사용하여 보정한다는 의미에서 design effect(D)를 분산 팽창보정계수(variance inflation correction factor)라고도 한다(McDermott 등, 1994, 1997). 수학적으로 design effect는 집락 당 표본크기와 집락 내 상관성을 보정하여 계산하며 집락추출에서 발생하는 오차의 왜곡 정도를 나타낸다(Donner, 1987; Donald, 1993; Donald 등, 1994).

$$D = 1 + \rho(k-1)$$

여기에서
ρ＝집락 내 상관계수 (ICC)
k＝집락크기

이 식에서 보듯이 design effect는 ρ와 k로 결정되며, 집락 내 상관계수가 매우 작다고 하더라도 집락크기가 크면 design effect에 상당히 큰 영향을 미친다.

연구에 실제로 포함된 표본크기와 비교할 때 집락표본의 표본크기를 유효 표본크기(effective sample size, ESS)라고 한다(Killip 등, 2004). 집락수 C, 집락 당 선발두수(집락크기, cluster size)를 k라 할 때 총 표본크기 (n)는 $n = Ck$가 되며 집락성을 고려한 총 표본크기는 다음과 같이 계산된다.

$$ESS = \frac{Ck}{D} \quad [\text{단}, \ D = 1 + \rho(k-1)]$$
$$n = Ck = ESS \times D$$

참고로 전술한 관계를 좀 더 구체적으로 살펴보자. 비율(p) 추정을 위하여 집락추출 (CRS)에서 표준편차를 S_C, 단순무작위추출(SRS)에서 표준편차를 S_P라 할 때 집락추출의 design effect(D)는 다음과 같이 정의된다(Bennett과 Woods, 1991, Otte와 Gumm, 1997, Revie 등, 2005).

$$D = \frac{Var(CRS)}{Var(SRS)} = (\frac{S_C}{S_P})^2 = 1 + (k-1)\rho \quad \Leftrightarrow \quad \rho = \frac{D-1}{k-1}$$

여기에서

ρ = 집락 내 상관계수

k = 집락 당 표본크기

C = 집락수

$S_c = \sqrt{\dfrac{pqD}{n}}$ (집락추출, 총 표본크기=$k \times$집락 수)

$S_P = \sqrt{pq/n}$ (단순무작위추출)

이러한 관계에 의해 design effect는 다음과 같이 해석할 수 있다.

첫째, S_C와 S_P의 관계에서 $\sqrt{D}$는 단순무작위추출법과 비교할 때 집락추출을 사용함으로써 초래된 정밀도의 손실분(p의 표준오차의 증가분)이다(Bennett과 Woods, 1991). 즉 일정한 표본크기에서 집락추출의 표준오차는 단순무작위추출의 표준오차보다 크기 때문에 동일한 정확도를 달성하기 위해서는 단순무작위추출에 비하여 집락추출에서는 더 많은 표본크기를 요구한다.

둘째, $\rho = 0$이라면 $D = 1$이 되며 이는 연구에 사용한 표본추출계획의 정밀도가 단순무작위추출과 동일하고, 총 표본크기 ($Ck = ESS$)에 영향을 미치지 않는다. 공식 $D = 1 + (k-1)\rho$ 에서 보듯이 집락크기 k가 크고 상대적으로 집락수 C가 작을수록 design effect는 최소가 되며 이 때 총 표본크기에 미치는 영향이 가장 작다.

셋째, $\rho < 0$이거나 ρ가 매우 작으면 총 표본크기는 감소하며, $\rho = 1$이면 유효 표본크기가 감소하여 집락수 k가 된다.

넷째, $D > 1$은 단순무작위추출과 비교할 때 사용한 표본추출계획 (예: 집락추출)의 정밀도가 감소하고 (표본오차 증가), $D < 1$은 사용한 표본추출계획 (예: 층화추출)의 정밀도가 증가 (표본오차 감소)함을 의미한다. 예를 들어 $D = 3$은 동일한 표본크기를 단순무작위추출로 선발할 때와 비교하여 집락추출의 분산이 3배 더 크다고 할 수 있다. 이를 달리 해석하면 $D = 3$인 집락추출법에 비하여 단순무작위추출을 이용하면 표본크기가 1/3로 감소한다.

다섯째, 집락표본을 이용한 연구를 계획할 때 집락크기를 증가시키기 보다는 집락수를 증가시키는 것이 검정력을 더 높인다<표 11-2, 11-3> (Killip 등, 2004).

<표 11-1>은 집락 내 상관계수 $\rho = 0.02$에서 총 표본크기 (Ck)를 고정시킬 때 다양한 집락크기 (k)와 집락수 (C)에 따른 유효 표본크기 (ESS)의 변화를 정리한 것이다.

<표 11-2>는 집락 내 상관계수 $\rho = 0.02$에서 집락수 (C)를 고정시킬 때 다양한 집락크기에 따른 유효 표본크기의 변화를 정리한 것이다. 표에서 보듯이 집락크기가 증가함에 따라 design effect가 증가하여 결과적으로 유효 표본크기에 영향을 미친다.

<표 11-3>은 집락 내 상관계수 $\rho = 0.02$에서 집락크기 (k)를 고정시킬 때 다양한 집락수에 따른 유효 표본크기의 변화를 정리한 것이다.

〈표 11-1〉 총 표본크기 (Ck)를 고정시킬 때 다양한 집락크기와 집락수에 따른 유효 표본크기의 변화
(집락 내 상관계수, $\rho = 0.02$)

k (집락크기)	C (집락수)	Ck (총 표본크기)	D (design effect)	ESS (유효 표본크기)
10	30	300	1.18	255
20	15	300	1.38	218
30	10	300	1.58	190
40	7.5	300	1.78	169
50	6	300	1.98	152
60	5	300	2.18	138

〈표 11-2〉 집락수 (C)를 고정시킬 때 다양한 집락크기에 따른 유효 표본크기의 변화(집락 내 상관계수, $\rho = 0.02$)

k (집락크기)	C (집락수)	Ck (총 표본크기)	D (design effect)	ESS (유효 표본크기)
10	10	100	1.18	85
20	10	200	1.38	145
30	10	300	1.58	190
40	10	400	1.78	225
50	10	500	1.98	253
60	10	600	2.18	276

〈표 11-3〉 집락크기 (k)를 고정시킬 때 다양한 집락수에 따른 유효 표본크기의 변화(집락 내 상관계수, $\rho = 0.02$)

k (집락크기)	C (집락수)	Ck (총 표본크기)	D (design effect)	ESS (유효 표본크기)
10	10	100	1.18	85
10	20	200	1.18	170
10	30	300	1.18	255
10	40	400	1.18	339
10	50	500	1.18	424
10	60	600	1.18	509

단순무작위추출과 집락추출에서의 표본크기: 집락성을 고려하지 않은 단순무작위추출에서 정밀도(precision) 혹은 오차한계(margin of error)를 d라고 할 때 총 표본크기는 다음과 같이 계산된다(제5장 참고).

$$n = \frac{Z_{1-\alpha/2}^2 \sigma^2}{d^2} \quad [\sigma^2 = \sqrt{pq}, \ q = 1 - p]$$

만일 집락추출을 사용하였다면 집락크기 k, 집락수 C, 집락 내 상관계수를 ρ라 할 때 design effect를 고려한 총 표본크기($Ck = n$)는 다음과 같이 계산된다.

$$n = Ck = \frac{Z_{1-\alpha/2}^2 \sigma^2}{d^2} \times D = \frac{Z_{1-\alpha/2}^2 \sigma^2}{d^2} \times [1 + (k-1)\rho]$$

한편 제7장에서 설명한 두 독립표본의 비율비교에서 design effect(variance inflation factor)를 고려한 표본크기는 다음의 공식으로 계산된다(Killip 등, 2004; Campbell 등, 2004; Roudsari 등, 2007). 공식의 기호는 제7장에서 설명하였다.

$$① \quad n = \frac{[z_{1-\alpha/2}\sqrt{2 \times \overline{p}\,\overline{q}} + z_{1-\beta}\sqrt{p_1 q_1 + p_2 q_2}]^2}{(p_1 - p_2)^2} \times D$$

$$② \quad n = \frac{(z_{1-\alpha/2} + z_{1-\beta})^2 [p_1(1-p_1) + p_2(1-p_2)]}{(p_1 - p_2)^2} \times D$$

11.3 이단계표본추출

전술하였듯이 집락 내 상관계수는 다단계추출에서 유병률의 집락 내 및 집락 간 분산(between-cluster variance)을 고려한 표본크기를 계산하는 데 매우 유용하다(Levy와 Lemeshow, 1999; Elbers 등, 1995, Solis-Calderon 등, 2005). 집락성을 고려한 이단계추출에서 필요한 표본크기는 먼저 집락 내 선발두수를 계산한 후 집락 수를 계산한다.

(ⅰ) 집락당 선발두수

집락당 선발두수 (k)는 가장 간단한 상황은 k를 연구자가 임의적으로 고정하는 경우이다. 두 번째는 연구계획 단계에서 k와 집락수 (C)를 고정할 수 있는데 이 경우 집락당 개체수를 집락수로 나눈 평균 집락크기를 사용할 수 있다. 세 번째는 집락수 (C)가 고정된 경우로 독립성을 가정하여 계산된 표본크기 (ES)와 집락 내 상관계수를 이용하여 k를 계산할 수 있다 (Fosgate, 2009).

$$k = \frac{ES - \rho(ES)}{C - \rho(ES)}$$

네 번째는 모집단 크기, 감염 개체수, 신뢰수준을 고려하여 제6장에서 설명한 공식(Cannon과 Roe, 1982)을 사용하여 계산할 수 있다.

$$k = (1 - (1-P)^{\frac{1}{d}}) \times (N - \frac{d-1}{2})$$

마지막으로 조사비용과 관련하여 1차 단위 선발과 검사에 소요되는 비용 c_1, 2차 단위 선발과 검사에 소요되는 비용 c_2, 집락 내 상관계수 (ρ)를 이용하여 집락 당 선발두수 ($n_2 = k$)를 계산할 수 있다.

$$k = \sqrt{(\frac{c_1}{c_2})(\frac{1-\rho}{\rho})} = n_2$$

ρ 추정: 공식 $D = 1 + (k-1)\rho$을 이용하여 1차 단위를 선발하기 위해서는 집락 내 상관계수에 대한 정보가 필요하다. Design effect에 대한 정보가 있다면 전술한 공식 $\rho = (D-1)/(k-1)$을 이용하여 직접 계산하고, 관련 정보가 없는 경우에는 분산분석으로 추정한다 (표 11-4). 분산분석에서는 집락을 독립변수로 하고, 개별 동물의 질병상태를 종속변수로 하여 집락 (herd)을 랜덤효과(random effect)로 투입한다 (Donner, 1987; Elbers 등 1995, Elbers와 Stegeman, 1996; Solis-Calderon 등, 2005; Revie 등, 2005). 참고로 집락 내 상관계수의 신뢰구간은 Fisher의 z 변환을 사용하여 계산한다 (Zar 1996).

$$\rho = \frac{MSB - MSW}{MSB + (n-1) \times MSW}$$

여기에서

n=집락크기 (집락 내 평균 개체 수, mean cluster size)

MSB=집락 간 평균 제곱 (mean square between clusters)

MSW=우군 내 평균 제곱 (mean square within cluster)

〈표 11-4〉 집락 내 상관계수 추정을 위한 분산분석표

변동	자유도	평균제곱	평균제곱의 기댓값
집락수 (C)	$C-1$	MSC	$\sigma^2[1+(k-1)\rho]$
오차 (e)	$C(k-1)$	MSE	$\sigma^2(1-\rho)$
계	Ck		

k=집락당 선발두수(집락크기)

(ii) 집락 수

유병률 추정치를 모를 때: 집락 수($n_1 = C$)는 분산 성분을 이용하여 다음의 공식으로 계산한다.

$$C = n_1 = (\frac{z_{1-\alpha/2}}{d})^2 \times (\sigma_1^2 + \frac{\sigma_2^2}{n_2})$$

여기에서

$C = n_1 =$ 집락 수($= n_h$)

$\sigma_1^2 = (MSB - MSW)/n$ [$n =$ 집락 내 평균 개체 수]

$\sigma_2^2 = MSW$

$d =$ 오차한계

$n_2 =$ 집락당 선발두수(k)

집락당 선발두수를 고정할 때: 유병률 추정치(p), 표준오차(SE), 집락 내 상관계수(ρ), 집락 당 선발두수(k), design effect(D)를 계산한 후 지정한 유의수준(α)에서 요구되는 정밀도(d, SE)를 달성할 수 있는 표본크기를 계산할 수 있다(Otte와 Gumm, 1997). 집락 당 선발두수가 고정된 경우 집락 수(C)는 다음과 같이 계산한다(Tschopp 등, 2009).

$$C = \frac{p(1-p)D}{SE^2 k} \quad \text{또는} \quad C = (\frac{z_{1-\alpha/2}}{d})^2 \times \frac{p(1-p)D}{k}$$

집락추출에서는 집락 내 모든 개체를 조사하므로 집락수만 결정하면 된다. 따라서 이 계산공식은 일단계 집락표본추출(single-stage cluster sampling)에서 집락수를 결정하는 데 사용한다. 예를 들어 유병률 추정치 (p) 20%, $\rho = 0.02$, $k = 20$을 가정하면 design effect는 1.38이 된다.

$$D = 1 + (20 - 1) \times 0.02 = 1.38$$

여기에서 p의 추정치를 신뢰구간 ±5% 이내(정확도, $2SE = 5\%$)로 추정한다고 가정하면 $SE = 2.5\% = 0.025$이므로 집락 수는 18개가 된다.

$$C = \frac{0.2(1 - 0.2) \times 1.38}{0.025^2 \times 20} = 17.7 \approx 18$$

또는

$$C = (\frac{1.96}{0.05})^2 \times \frac{0.2(1 - 0.2) \times 1.38}{20} = 17$$

18개 집락에 대하여 집락 당 20두를 선발하므로 총 표본크기(ck)는 360두가 되며 이때 표준편차(S_p)는 0.025이므로 신뢰구간은 ±5%가 된다.

$$S_P = \sqrt{\frac{0.2 \times 0.8 \times 1.38}{360}} = 0.025$$

$$2SE = 5\%$$

만일 design effect를 고려하지 않는다면 13개의 집락을 선발하면 된다.

$$C = \frac{0.2(1 - 0.2)}{0.025^2 \times 20} = 12.8 \approx 13$$

$$C = (\frac{1.96}{0.05})^2 \times \frac{0.2(1 - 0.2)}{20} = 13$$

따라서 design effect를 고려하지 않을 경우 13개의 집락에서 총 표본크기(n)는 260두(20×13)이고, 표준편차(S)는 0.030이므로 신뢰구간은 ±6%가 되어 요구하는 수준보다 약간 낮은 정확도를 보인다.

$$SE = \sqrt{\frac{0.2 \times 0.8 \times 1.38}{260}} = 0.030$$

$$2SE = 6\%$$

본 예에서는 design effect를 고려할 때와 고려하지 않을 때 정확도가 미미하게 감소하였는데 그 이유는 예시의 목적으로 design effect를 낮게 설정하였기 때문이다. 만일 이 값을 높게 설정하면 조사에서 실제로 달성하게 되는 정확도는 요구하는 수준보다 상당히 낮아진다. 일반적으로 표본크기 계산에서 design effect를 무시하면 요구되는 수준보다 $\sqrt{D}$ factor만큼 넓은 신뢰구간을 갖는다. 가장 이상적인 표본크기는 가능하다면 집락 수를 최대화하는 것이다. 만일 조사가 층화추출법으로 수행된다면 각 층을 별도의 조사로 간주하여 각 층에서 요구하는 정확도를 달성하는 표본크기를 각각 계산하여 수행할 수도 있고, 이 경우 단일 층(stratum)에 대한 조사에 비하여 다소 높은 정확도를 달성할 수 있다.

제12장 질병 청정 증명

12.1 배경

흔히 조사의 목적이 모집단에서 감염개체를 검출하거나(제5장과 6장 참고) 질병 비발생(청정상태, disease freedom)을 증명하기 위하여 수행되는 경우가 많다. 질병 비발생 증명이 필요한 상황은 이를테면 판매 혹은 수출을 목적으로 사육하는 대단위 농장(양돈, 양계, 비육농장 등)에서는 이들 축군(herd)이 특정한 질병에 감염되어 있지 않다는 인증을 필요로 한다. 이러한 인증은 동물복지(animal welfare) 차원의 문제일 뿐만 아니라 질병 비발생이 검증되어야 동물의 안전한 거래를 보장할 수 있기 때문이다. 많은 국가에서 시행되는 질병관리 프로그램은 백신접종이나 검사 후 도태 정책을 통하여 질병박멸을 목적으로 수행되며 프로그램의 최종 단계에서는 모집단에서 질병이 완전히 제거되었다는 확신을 필요로 한다. 또한 국가의 동물위생 수준이 국제수준에 부합하지 않으면 수출국에서 수입국으로 가축 질병이 전파될 위험이 높기 때문에 동·축산물의 국제 교역이 성립하기 어렵다. 세계동물보건기구(OIE)에서는 청정국가, 지대 혹은 영역을 공식적으로 인정하는 절차를 명시하고 있는 질병에 대하여 청정상태 인정을 신청하고자 하는 회원국은 관련된 모든 문서를 OIE의 권고사항에 따라 작성하고, 대표자(permanent delegate)를 경유하여 OIE에 제출하도록 규정하고 있다(OIE, 2010).

감염개체를 검출하기 위한 조사에서는 유병률 추정치를 얻고 이러한 추정치의 정확도는 신뢰구간으로 평가한다. 한편 비발생 증명에 관심을 두는 조사의 결론은 '질병이 존재함' 혹은 '존재하지 않음'이 되며 이러한 결론은 이것이 참일 신뢰수준을 평가함으로써 정확도를 평가한다. 본 장에서는 축군에서 질병 비발생을 증명하는 데 필요한 표본크기를 결정하는 방법을 설명한다.

12.2 접근방법

   모집단에 감염개체가 매우 많으면 검출이 용이하기 때문에 소규모 조사로도 검출이 용이하지만 감염개체가 매우 적으면 감염개체를 검출하는 것이 매우 어려워 대규모 조사가 필요하다. 감염수준이 매우 낮은 질병 비발생 증명을 위한 조사에서는 두 가지 문제를 고려해야 한다. 예를 들어 400두로 구성된 어느 우군에 대한 검사 결과 전 두수 음성이라면 질병이 없다는 결론을 내리고 검사결과 감염된 1두가 검출되면 비발생이 아니라는 결론을 내리게 된다(OIE, 2010). 그러나 질병에 감염된 모집단이라고 하더라도 무작위로 선발한 어느 표본에 감염된 1두가 포함되어 있지 않다면(표본의 대표성 문제) 실제로는 질병이 발생하고 있음에도 불구하고 질병이 없다는 잘못된 결론을 얻는다. 표본크기를 증가시키면 감염된 1두가 표본에 포함될 확률이 증가하지만 전수조사가 아닌 이상 감염된 개체가 누락될 가능성은 여전히 존재한다. 또한 질병 비발생 증명에서는 비용을 고려하지 않을 수 없는데 모집단크기가 매우 큰 경우 모든 개체를 검사하는 것은 현실적으로 불가능하다. 두 번째 문제는 실험실 검사와 관련하여 진단검사의 특이도가 100%인 완벽한 검사는 없기 때문에 검사결과 양성 개체가 가양성일 가능성이 있다는 점이다. 이러한 결과는 특히 대단위 동물을 대상으로 하는 국가방역사업에서 실험실 검사결과를 해석하는 데 매우 어렵게 한다. 예를 들어 1,000두 혹은 5,000두에 대한 검사결과 1두의 양성 개체가 검출되었을 때 이 개체가 진정으로 감염된 것으로 확신할 수 있는지 아니면 가양성 결과로 해석해야 하는지와 모든 개체가 음성일 때 질병 비발생이라는 결론을 내릴 수 있는지 아니면 가음성 개체로 해석해야 하는지의 문제다. 민감도가 95%이고 특이도가 99%인 검사를 민감도 측면에서 보면 100두의 감염개체 중 95두는 양성결과를 보이지만 5두는 가음성결과를 보일 것으로 예상되고, 특이도 측면에서 보면 100두의 비감염개체 중 99두는 음성결과를 보이지만 1두는 가양성결과를 보일 것으로 예상할 수 있다. 따라서 진단검사가 완벽하지 않다면(완벽한 진단검사일수록 비용이 증가하고 시간과 인력이 필요함) 전 두수를 검사한다고 해도 질병 비발생 상태를 100% 확신할 수 없다는 것을 의미한다.

   질병 비발생 상태를 절대적으로 증명할 수 있는 과학적인 방법은 없지만 첫째, 적어도 1두의 감염된 개체를 발견하는 데 필요한 표본크기를 대상으로 검사한 결과 전 두수 음성이거나 둘째, 진단검사의 민감도와 특이도를 고려하여 충분히 많은 개체를 검사함으로써 어느 집단에 감염된 개체가 존재할 가능성이 매우 낮다는 결과를 제시할 수는 있다. 즉 감염된 개체를 포함하고 있을 가능성이 수용할 만한 수준(예: 5% 혹은 1%)보다 낮을 것이라는 결론은 얻을 수 있는 것이다. 예를 들어 지정한 유병률 수준에서 감염된 모집단으로부터 무작위 표본을 선발할 때 양성 개체를 검출할 이론적으로 기대되는 확률과 실제검사에서의 양성 확률을 비교하여 기대확률보다 관찰확률이 낮다면 "모집단에서 질병이 존재한다면 유병률은(표본크기를 계산하는 데 사용한) 사전에 지정한 유병률 수준보다 더 낮다"라고 해석할 수 있다. 실제로 모집단에서 완벽한 진단검사를 사용하여 전수조사를 수행하지 않는 한 감염이 없다는 것을 100% 신뢰도로 증명하는 것은 불가능하기 때문에 감염이 존재할 경우 지정한 비율보다 낮은 수준으로 존재한다는 것에 대한 인정할 만한 신뢰수준에서 적절한 증거를 찾는 것이 대안이다. 이러한 접근방법은 첫째, 전염성이 높은 질병이 모집단에 발생하고 있을 때 매우 낮은 수준의 유병률을 보일 가능성은 낮고 둘째, 전염성이 낮은 질병이 실제로 발생하고 있다고 하더라도 유병률이 매우 낮으면 이 정도의 수준은 어떠한 방법으로도 검출하기 어렵다. 셋째, 유병률이 매우 낮은 수준이라면 경제적(예: 질병에 따른 피해가 무시할 수준) 혹은 생물학적(예: 질병의 전파위험이 무시할 수준)으로 유병률의 참값을 확인할 가치가 없다. 넷째, 검사대상으로 선발된 표본은 모집단을 대표한다는 가정을 전제로 한다. 세계동물보건기구(OIE, 2010a)에서도 "감염이 없다는 것을 증명하는 것은 특정한 병원체에 의한 감염이 모집단에서 존재하지 않는다는 것을 회원국이 인정할 만한 신뢰수준에 합당한 증거"를 요구하고 있으며 많은 연구자는 이러한 접근법을 사용하고 있다(Griner와 Dekker, 2005). 요약하면 비발생을 증명하는 조사에서는 감염개체 수가 충분히 낮은 어떤 수준(사전에 설정한 수준)보다 같거나 낮다는 증거를 제시하는 접근방법을 사용한다.

12.3 표본크기 결정 시 고려사항

질병 비발생 증명을 목적으로 하는 조사에서는 모집단에 특정한 질병이나 병원체가 없다는 것을 높은 신뢰도로 확신할 수 있어야 한다. 유병률이 낮을수록 더 많은 두수를 조사해야 지정한 수준의 신뢰도를 달성할 수 있다. 비발생 증명을 위한 조사에서는 모집단에 실제로 검사양성 개체가 없다고 할 때 질병이 없다는 것을 95% 혹은 99% 확신하기 위해서는 몇 두를 검사하는지가 주요 관심사다. 전수조사를 시행하지 않는 상황에서 가장 합리적인 방법은 무엇인가? 이 경우 감염된 모집단에서 감염개체가 단 1두만 존재할 가능성은 매우 낮을 것이라는 점을 고려할 필요가 있다. 즉 전염성 질병은 전파될 것이고 전염성이 낮은 질병이더라도 사양관리와 사육환경을 공유한다는 점에서 최소한의 발생빈도는 보이기 때문에 감염된 모집단이라면 적어도 일정 두수 이상의 감염개체가 존재할 것으로 가정할 수 있다. 예를 들어 감염우군에서 우군 내 약 50%의 동물이 양성($p = 50\%$)이라고 가정할 때 이 농장에서 1두를 선발하여 검사할 때 양성농장을 양성으로 올바르게 판정할 확률은 50%이다. 일반적으로 올바르게 판정할 확률을 95% 수준으로 유지해야 하므로 2두를 검사하면 이 확률은 75%(추출된 동물의 절반인 25%는 음성일 것이므로)로 증가하고, 3두 87.5%, 4두 93.75%, 5두 96.875%이므로 $p = 50\%$인 상황에서 적어도 4~5두를 검사하면 양성농장을 검출할 확률은 대략 95%가 된다. 요약하면 적어도 1두의 감염개체를 검출할 확률이 95%가 되는 표본에 대한 검사에서 전 두수 음성이라면 이 우군에 질병이 없다는 것을 최소 95% 확신할 수 있게 된다. 비발생 증명을 위한 조사에서 필요한 표본크기를 계산할 때 고려할 사항은 다음과 같다.

12.3.1 가설설정

전수조사가 아닌 표본검사 결과에 근거하여 질병 비발생을 증명할 때 선발된 표본의 특성에 따라 양성 개체가 존재할 수도 있고 없을 수도 있기 때문에 잘못된 결론을 얻을 가능성이 매우 높다. 전술하였듯이 사전에 설정한 수준, 즉 최소 기대유병률(minimum expected prevalence)에서 감염개체를 검출하는 데 실패한다면 이는 곧 질병 비발생임을 증명하게 된다. 따라서 귀무가설은 "최소 기대유병률(p)보다 같거나 큰 수준으로 질병이 존재한다"는 것이고 대립가설은 "최소 기대유병률보다 작은 수준으로 질병이 존재한다"가 된다. 이를테면 유병률이 1% 이상이라는 귀무가설과 유병률이 1% 이하라는 대립가설을 설정하며 이는 단측검정에 해당한다.

H_0 : 유병률 $\geq p$

H_A : 유병률 $< p$

H_0 : 유병률 $\geq p$

12.3.2 제1종 및 제2종 오류

제4장에서 설명하였듯이 가설검정에서 제1종 오류(type I error, α 오류)는 참인 귀무가설을 잘못하여 기각할 확률이다(Cameron과 Baldock 1998b). 질병 비발생 증명을 위한 연구에서 귀무가설은 '질병 발생'이므로 제1종 오류는 모집단이 실제로 질병이 발생하고 있지만 비발생이라는 잘못된 결론을 내릴 확률이다(<표 12-1>). 귀무가설을 잘못하여 수용할 확률인 제2종 오류(type II error, β 오류)는 질병이 발생하고 있지 않지만 발생하는 것으로 잘못된 결론을 내릴 확률이다(Locksley 등, 2008). 일반적으로 α 오류는 0.05, β 오류는 0.1~0.2의 범위를 사용하지만 조사의 목적에 따라 어떤 오류를 더 중요하게 고려해야 하는지에 따라 조정할 수 있다. 예를 들어 질병 비발생 인증 프로그램에서는 어느 돈군이 감염되어 있는 것으로 판정되면 해당 돈군은 도태된다. 이 경우 농장주(수출국)의 입장에서는 실제로 감염되어 있지 않은 돈군이 감염된 돈군으로 잘못 판정될 확률, 즉 가설검정의 β 오류가 발생하는 것에 보다 관심을 갖고 β 오류의 수준이 최소가 되는 것을 원한다. 반면에 구매자(수입국)의 입장에서는 감염된 동물을 구입할 위험이 없어야 하므로 실제로 감염된 돈군이 감염되지 않은 돈군으로 잘못 판정될 확률인 α 오류가 최소화되는 것에 관심을 갖는다.

다른 예로 어느 지역에서 구제역이 종식된 후 이 지역에 구제역 양성 개체가 더 이상 없다는 것을 증명하기 위한 조사에서 구제역이 없는 것으로 확인되면 방역조치가 해제되어 가축판매가 재개되며, 적어도 1두의 양성 개체가 검출되어 비발생이 아니라고 판단되면 지속적인 방역조치가 적용된다. 신뢰수준($1-\alpha$)이 높다는 것은 실제로 질병이 존재할 때 비발생 상태를 선언할 위험(즉 제1종 오류)을 가능한 최소화한다는 것을 의미한다. 따라서 비발생 증명을 목적으로 하는 조사에서 α 오류가 증가하면(신뢰수준 감소) 질병 발생임에도 비발생으로 잘못 선언할 빈도가 증가되고 동물 간 혹은 국제교역에서 국가 간 감염이 전파될 위험이 높아지므로 이 경우 α 오류를 매우 낮은 수준으로 설정해야 한다. 한편 β 오류가 증가하여 질병 비발생이지만 질병 발생으로 잘못된 결론을 내리면 해당 지역에 장기간 방역정책이 지속됨으로써 가축의 이동이나 판매가 감소하고 국제교역의 기회를 상실하지만 교역 상대국으로의 질병 전파와는 무관하므로 이 경우 β 오류는 문제가 되지 않는다.

〈표 12-1〉 질병 비발생 증명을 위한 가설검정(H_0 : 질병발생)

검정결과	질병 상태의 참값	
	질병발생($D+$)	비발생($D-$)
귀무가설 수용	올바른 결정	가음성 ($type\ II,\quad \beta-error$)
귀무가설 기각	가양성 ($type\ I,\ \alpha-error$)	올바른 결정

12.3.3 최소 기대유병률

모집단에서 특정 질병의 임상적 혹은 혈청학적 증거를 확인하고자 표본조사를 수행하여 조사한 결과 "만일 질병이 존재한다면 사전에 설정한 유병률 수준보다 낮다"는 것을 확률의 개념으로 표현하게 된다. 즉 질병이 존재한다면 최소 기대유병률로 존재할 것이라는 가정에 근거하여 적어도 1두의 감염개체 검출확률을 95% 신뢰할 수 있는 표본크기를 계산한다. 유병률이 높으면 감염개체 검출이 용이하므로 표본크기가 감소하지만 유병률이 낮으면 검출이 어려워지므로 표본크기가 증가한다. 따라서 기대유병률이 매우 낮은 질병에 대하여 비발생을 증명하기 위해서는 매우 큰 표본이 필요하며 비용도 증가한다.

설정방법: 최소 기대유병률(우군 내, 우군 간)은 몇 가지 방법으로 설정할 수 있다(Martin 과 Cameron, 2002). 첫째는 관심을 두고 있는 질병에 대한 국제기준을 사용하는 방법으로 OIE에서는 우역(rinderpest), 전염성소흉막폐렴(contagious bovine pleuropneumonia), 소 브루셀라병, 소 해면상뇌증(bovine spongiform encephalopathy) 등 일부 질병의 비발생증명에 필요한 최소 기대유병률을 설정하고 있다. 국제기준이 없다면 교역과 관련하여 수입국에서는 유병률을 최소로 지정하여 수출국에서 해당 질병이 없다는 강력한 증거를 원하기 때문에 교역상대국의 요구조건을 충족하는 수준을 설정할 필요가 있다. 이러한 목적으로 우군수준의 유병률을 0.1%, 0.5% 1%를 흔히 사용한다(Martin과 Cameron, 2002). 두 번째는 질병의 생물학적 특성(biological plausibility)에 대한 지식 이를테면 병원체의 전염력과 진단검사의 특성에 영향을 받는다는 점을 고려하는 방법이다. 이를테면 조류인플루엔자와 같이 전염성이 매우 높고 전파속도가 매우 빠른 질병은 모집단에 감염이 존재한다면 항체 양전되는 개체의 비율이 높을 것이므로 최소 기대유병률을 높게 설정한다. 반대로 요네병, 결핵, 소 해면상뇌증 등과 같이 전염성이 낮거나 유전 질환과 같이 드문 질병이라면 최소 기대

유병률을 낮게 설정한다. 이를테면 구제역, 고병원성조류인플루엔자, 돼지열병의 경우 감염 후 생존한 개체의 80%는 혈청학적으로 양전될 것으로 기대되므로 최소 기대유병률은 30%, 요네병은 5% 이하로 지정할 수 있다. 한편 모집단의 크기가 매우 작으면(small herd) 0이 아닌 최솟값을 사용한다(Greiner와 Dekker, 2005). 예를 들어 모집단크기가 40두인 어느 우군에서 최소 유병률은 2.5%로 설정해야 이 우군에서 기대되는 감염두수가 최소 1두 ($40 \times 2.5\%$)가 되며, 그 이하로 설정하면 1두 미만이 되어 의미가 없어진다. 셋째, 충분히 무시할 수준의 유병률로 인정되는 값을 사용하거나 전염병의 유행에 대한 역학적 증거에 근거할 때 간섭행위가 없어도 점차 근절될 것이라고 간주할 수 있는 낮은 수준의 값을 사용한다. 넷째, 유병률에 대한 정보가 전혀 없는 경우 최악의 경우로 표본크기가 최대로 되는 50%의 유병률을 가정하여 계산한다(제5장 참고). 다섯째, 유병률이 극히 낮은 질병인 경우 감염개체를 검출하는 것이 매우 어렵기 때문에 감염의 증거를 찾기 위해서는 표본 크기가 현저히 증가하여 막대한 비용이 초래될 뿐만 아니라 이용 가능한 자원을 초과할 수 있다. 이 경우 기대유병률은 질병의 생물학적 특성에 전적으로 근거하기보다는 실현 가능한 수준의 유병률을 지정하거나 위험집단에 대한 목적표본추출(target sampling)을 고려할 필요가 있다.

요약하면 최소 기대유병률은 연구 대상 질병이 집단에 존재할 때 기대할 수 있는 최소 유병률이다. 이는 실제로 조사를 수행할 때 조사를 통하여 검출할 수 있는 가장 낮은 유병률 수준으로 모집단에서 질병이 이러한 지정된 수준 이하로 존재한다면 실제 조사에서 이를 검출할 수 없다.

<표 12-2>는 5%의 제1종 오류와 제2종 오류(95% 신뢰수준과 95% 검정력)에서 FreeCalc 를 이용하여 표본크기를 계산한 결과를 예시한 것이다. 이 표에 의하면 민감도와 특이도 가 99%일 때 528두를 선발하여 검사한 결과 양성 개체 수가 9두 이하일 경우(검사양성으로 추정된 개체 모두 가양성이라는 것을 보증할 수 있다면) 해당 모집단은 기대유병률 2%에서 청정상태로 간주할 수 있다. 즉 모집단에 감염이 존재한다면 유병률이 2% 이하임을 95% 신뢰한다는 결론을 얻을 수 있다.

<표 12-2> 기대유병률, 검사의 민감도 및 특이도에 따른 청정 증명을 위한 조사에서 필요한 표본크기
($\alpha = \beta = 0.05$, 신뢰수준=95%, 검정력-95%)

기대유병률 (%)	민감도 (%)	특이도 (%)	표본크기	모집단이 청정상태일 때 가양성 최대 두수
2	100	100	149	0
2	100	99	524	9
2	100	95	1,671	98
2	99	100	150	0
2	99	99	528	9
2	99	95	1,707	100
2	95	100	157	0
2	95	99	542	9
2	95	95	1,854	108
2	90	100	165	0
2	90	99	607	10
2	90	95	2,059	119
2	80	100	186	0
2	80	99	750	12
2	80	95	2,599	148
5	100	100	59	0
5	100	99	128	3
5	100	95	330	23
5	99	100	59	0
5	99	99	129	3
5	99	95	331	23
5	95	100	62	0
5	95	99	134	3
5	95	95	351	24
5	90	100	66	0
5	90	99	166	4
5	90	95	398	27
5	80	100	74	0
5	80	99	183	4
5	80	95	486	32
10	100	100	29	0
10	100	99	56	2
10	100	95	105	9
10	99	100	29	0
10	99	99	57	2
10	99	95	106	9
10	95	100	30	0
10	95	99	59	2
10	95	95	109	9

기대유병률 (%)	민감도 (%)	특이도 (%)	표본크기	모집단이 청정상태일 때 가양성 최대 두수
10	90	100	32	0
10	90	99	62	2
10	90	95	123	10
10	80	100	36	0
10	80	99	69	2
10	80	95	152	12

12.3.4 진단검사의 특성

표본크기 계산에서 진단검사의 특성은 매우 중요한 고려사항이다. 특이도가 100%가 아니라면 비감염개체 중 일부는 가양성으로 판정되기 때문에 실제로 모집단이 질병 비발생 상태임에도 질병발생으로 잘못 판정하게 된다. 마찬가지로 민감도가 100%가 아니라면 감염된 개체 중 일부는 가음성으로 판정되어 모집단에서 질병에 이환된 개체의 일부는 검출하지 못하여 질병 발생 상태임에도 질병 비발생으로 잘못 판정하게 된다. 전자에서는 건강한 우군을 도태하게 되며 후자에서는 감염된 개체가 여전히 우군에 남아 다른 개체에 감염을 전파하는 결과를 초래하므로 질병 검출을 위한 표본크기 계산에서 진단검사의 특성을 고려하는 것이 중요하다. 개체수준에서 검사의 민감도는 특이도에 비하여 표본크기에 더 큰 영향을 미친다. <표 12-2>에서 보듯이 유병률 2%에서 완벽한 진단검사를 가정하면 149두가 필요하다. 만일 특이도 100%에서 민감도가 99%로 감소하면 표본크기는 150두로 큰 변화가 없지만 민감도 100%에서 특이도가 99%로 감소하면 표본크기는 524두로 급격히 증가한다.

개체수준에서 검사의 민감도가 낮으면 표본크기가 증가하기 때문에 가능한 민감도가 높은 검사법(혹은 한 가지 이상의 검사를 수평검사로 활용하는 경우)을 선택하는 것이 좋다. 진단검사의 특성에 관한 자료가 없을 경우 다른 지역 혹은 국가에서 수행한 결과를 인용하기도 하는데 주의할 것은 이러한 추정치가 연구 대상모집단의 특성에 따라 다소 차이를 보일 수 있다는 점이다. 따라서 문헌고찰을 통하여 가능한 정확한 추정치를 확보하거나 예비실험을 통하여 진단검사의 대표 추정치를 직접 얻는 것이 최선이다. 개체수준에서 검사의 특이도는 가양성 결과와 관련하여 조사의 검정력에 심각하게 영향을 미친다 (Ziller 등, 2002). 따라서 실제로는 질병 비발생이지만 발생으로 잘못된 결론을 얻을 수 있으며 이러한 상황은 유병률이 매우 낮을 때 가음성보다는 가양성 결과가 더 높은 비율로 나타나기 때문이다(Cameron과 Baldock, 1998). 이러한 의미에서 질병 비발생 증명을 위한 조사에서는 특이도를 최대한 높이는 전략이 바람직하다. 이단계추출을 이용한 질병 비발생 증명을 위한 조사에서 우군수준의 민감도와 특이도는 개체수준에서의 민감도와 특이도, 검사 두수, 개별 동물에 대한 결과를 해석하는 방법 등에 영향을 받는다(Martin 1992, Donald 등, 1994, Jordan 1995, Cameron과 Baldock, 1998a, b).

12.3.5 우군수준에서 검사의 특성

이단계추출을 이용한 조사에서는 우군선발과 우군 내 개체선발의 2단계를 거치므로 진단검사의 특성은 우군수준(herd-level testing)과 개체수준에서 각각 고려해야 한다. 이를테면 특이도가 높으면 가양성 우군 수가 감소하므로 검사해야 할 우군 수는 감소하지만 이러한 특이도 수준을 달성하기 위해서는 우군당 검사두수가 현저히 증가한다. 우군 내 모든 동물을 검사하지 않고 표본을 검사하여 우군의 감염여부를 판정하는 경우 우군수준에서 진단검사의 특성은 매우 중요하다. 우군수준의 민감도는 감염된 우군을 감염우군으로 올바르게 판정하는 능력이다(Cameron과 Baldock 1998, Cameron 1999).

전술하였듯이 질병 비발생 증명을 위한 연구에서 제1종 오류(α)는 모집단이 실제로는 감염군이지만 비감염군으로 잘못된 결론을 내릴 확률이다. 따라서 우군수준의 민감도 (herd sensitivity, HSe)는 감염군을 감염군으로 올바르게 판정할 확률이므로 $1 - \alpha$가 된다. 예를 들어 개체수준에서 유의수준을 $\alpha = 0.05$로 지정하면 우군수준의 민감도($1 - \alpha$)는 95%가 된다(FreeCalc 활용사례 참고). 마찬가지로 비감염군을 감염군으로 잘못 판단할 확률이 β이므로 비감염군을 비감염군으로 올바르게 판정할 확률, 즉 우군수준의 특이도 (herd specificity, HSp)는 $1 - \beta$가 되며, 만일 $\beta = 0.2$로 지정하면 우군수준의 특이도 ($1 - \beta$)는 80%가 된다. 결국 우군수준의 민감도와 특이도는 우군수준에서 달성하기를 원하는 연구자의 의지인 셈이다. 이러한 관계로부터 우군수준에서 요구되는 민감도와 특이도, 개체수준에서의 검정력과 신뢰수준을 지정하면 개체수준에서의 표본크기와 이러한 조건을 달성하는 데 필요한 양성 개체 수의 최대 역치두수(cut-point number of reactors)를 계산할 수 있게 된다.

우군수준에서의 민감도와 특이도는 연구자의 의지에 따라 적절히 판단하여 지정하되

조사상황을 고려해야 한다. 즉 우군수준의 민감도는 조사결과에서 달성하는 신뢰수준과 관련이 있어 표본크기 계산에서 매우 중요하다. 특이도가 낮은 검사를 사용하면 유병률이 낮을수록 가음성에 비하여 가양성 두수가 더 많이 증가하고 이러한 증가는 조사비용과 관련이 있다. 즉 조사비용 측면에서 볼 때 일반적으로 가양성 개체를 진단하는 데 소요되는 추가비용에 비하여 감염검출 실패로 초래되는 피해(비용)가 더 크기 때문에 우군수준의 민감도가 특이도보다 더 중요할 수 있다.

12.4 소프트웨어 활용

진단검사가 완벽하지 않고 유한모집단일 경우 초기하분포를 사용한 공식이 제안되어 있지만 계산과정이 매우 복잡하기 때문에 Cameron과 Baldock(1998a, b)은 계산을 간편히 하고자 이항분포의 근사성을 적용한 공식을 제시하였다. 그러나 이 방법 역시 계산이 간단하지 않기 때문에 FeeCalc 프로그램(Cameron, 1999)을 사용하는 것이 편리하다. 계산절차와 활용사례를 예시하면 다음과 같다.

[계산과정]
① 질병 비발생을 가정할 때(대립가설 수용) 양성 두수를 관찰할 확률분포를 작성한다.
② 이 분포로부터 질병 비발생일 때 지정한 검정력$(1 - \beta)$을 충족하는 양성 개체의 최대 수를 계산한다. β는 질병이 존재한다는 귀무가설을 수용할 확률이므로 분포의 상단 꼬리 쪽에 해당하며, 질병 비발생일 때 양성 두수에 대한 최댓값의 기준점(cut-point)이 된다.
③ 귀무가설하에서 유병률이 p일 때 양성 개체 수에 대한 누적 확률분포를 작성하고 기준점과 같거나 작은 양성 개체 수를 관찰할 누적확률을 계산한다.
④ 누적확률이 크면 양성 개체는 질병 비발생 집단에서 유래하였을 가능성도 있지만 질병 발생 집단에서 유래하였을 가능성도 있다. 따라서 이 경우에는 두 집단을 구별하기가 어려워진다. 반대로 누적확률이 낮다면 기준점과 같거나 작은 양성 개체 수가 질병 발생 집단에서 유래하였을 가능성은 낮다. 표본크기가 작으면 [<그림 12-1>(A)] 귀무가설과 대립가설상의 두 분포가 겹치기 때문에 판단하기 어렵지만 표본크기가

증가하면 [<그림 12-1>(B)] 두 분포의 간격이 넓어져 판단하기 용이하다.

⑤ 질병 비발생증명에서 필요한 표본크기는 $p = 0$인 분포에서 $1 - \beta$의 확률을 갖는
기준점에서의 양성 개체 수가 유병률이 p인 분포의 좌측 꼬리에서 α 확률을 갖는
검사양성 개체 수와 일치하는 지점이 된다.

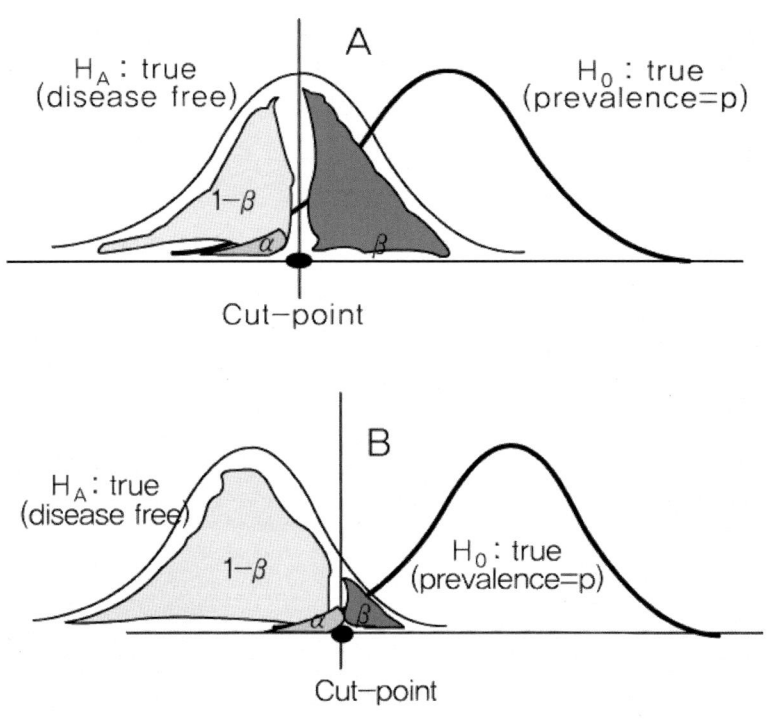

〈그림 12-1〉 모집단에서 유병률 $p = 0$과 $p = 0.2$일 때 양성 개체를 관찰할
확률분포(A = 표본크기 1,000, B = 표본크기 10,000).

[결과해석]

FreeCalc 프로그램에서는 질병이 존재할 때 최소 기대유병률에서 질병을 검출할 확률(신
뢰수준, p_1), 유의수준(p_0), 모집단크기를 지정하면 질병 비발생 증명에 필요한 표본크기
와 양성 개체의 최대 역치두수(threshold number)를 출력해 준다. 예를 들어 신뢰수준 95%,
최소 기대유병률 5%, 유의수준 0.1, 모집단크기 300을 입력하면 표본크기 121두와 역치두
수로 4를 출력한다. 이는 양성 개체가 최대 4두 검출된다고 하더라도 95% 신뢰수준에서
모집단은 여전히 질병 비발생이라고 해석한다(엄밀한 의미에서는 질병이 존재할 때 유병
은 5% 이하로 해석함). 실제로 121두에 대한 검사결과 양성 개체 수가 역치두수를 초과하

는 경우와 초과하지 않는 경우가 있다. 전자는 위의 예에서 양성 개체 수가 이를테면 5두인 상황으로 이 경우 신뢰수준은 Cameron과 Baldock(1998a)의 근사공식에 의하여 0.88로 계산되며(프로그램을 이용해도 동일한 결과를 보임) 이는 5%의 최소 유병률에서 질병 비발생이라는 것을 88% 확신한다는 의미이다. 즉 95%로 지정한 조건을 만족하지 못한다. 역으로 표현하면 유의수준이 0.12이므로 귀무가설의 유의수준 0.05보다 크기 때문에 질병 비발생을 증명하는데 실패한 것이 된다. 한편 후자는 이를테면 121두 중 3두의 양성 개체가 확인된 경우로 질병을 검출할 확률은 0.98, 유의수준은 0.44로 계산된다. 따라서 5% 유병률에서 질병이 없다는 것을 98% 신뢰한다(질병이 있다는 것은 56%만 신뢰함)는 결론을 내린다.

[계산공식 선택]

질병 비발생 증명을 위한 표본크기 계산공식으로 세 가지 선택사항을 제시하고 있다. 변형된 정확 초기하식(modified hypergeometric exact formula)은 정확한 표본크기를 제시하는 장점이 있어 가장 선호된다. 변형 이항근사식(modified binomial formula)으로 이는 초기하 확률에 대한 이항확률의 근사성을 적용한 방법으로 계산이 빠른 장점이 있다. 모집단크기에 비하여 표본크기가 매우 큰 경우를 제외하면 전자의 방법과 거의 동일한 결과를 보인다. 무한모집단 이항공식(infinite population binomial formula)은 무한모집단을 가정한 것으로 계산과정이 가장 빠르지만 모집단이 매우 크지 않으면 잘못된 결과를 얻을 수도 있다.

[모수입력 방법: 이단계표본추출]

단계 1: 우군 수

① 프로그램의 옵션버튼을 선택하여 제1종 오류 $\alpha = 0.05(1 - \alpha =$ 신뢰수준)와 제2종 오류 $\beta = 0.05(1 - \beta =$ 검정력)를 입력한다. 이 값은 신뢰수준 95%와 검정력 95%를 만족하는 표본크기를 계산하고자 하는 연구자의 의지이다. 제1종 오류는 우군수준에서의 유병률이 최소 기대유병률보다 실제로 클 때 크지 않다고 잘못된 결론을 내릴 확률이며, 제2종 오류는 우군수준의 유병률이 최소 기대유병률보다 크지 않을 때 크다고 잘못된 결론을 내릴 확률이다.

② 우군수준의 민감도는 개체수준에서 조사의 신뢰수준과 동일하다. 예를 들어 조사의

유의수준을 $\alpha = 0.05$로 가정하면 신뢰수준은 95%이므로 우군수준의 민감도로 95%를 입력한다. 한편 우군수준의 특이도는 개체수준에서 조사의 검정력과 동일하므로 $\beta = 0.1$로 지정하면 검정력은 90%이므로 우군수준의 특이도로 90%를 입력한다. 우군수준의 민감도와 특이도는 ①항에 의해 자동으로 결정되는 것이 아니고 우군수준에서 달성하기를 원하는 연구자의 의지이다.

③ 모집단크기(population size)로 총 우군 수를 입력한다.

④ 유병률 박스(prevalence box)에 우군수준의 현성 유병률인 최소 기대유병률을 입력한다. 기대유병률을 낮게 지정할수록 선발할 우군 수는 증가한다.

⑤ 계산(calculate) 버튼을 선택하고 결과를 확인한다.

예를 들어 $\alpha = 0.05$, $\beta = 0.05$, 우군수준의 민감도=65%, 우군수준의 특이도=95%, 모집단크기(우군 수)=4,721, 우군수준의 기대유병률=3.23%를 지정하면 우군 수 1,578개와 양성우군의 최대 역치수로 93개를 출력한다. 즉 1,578개 우군에 대한 검사결과 양성우군이 93개 이하일 때 농장수준에서의 유병률이 3.23% 이하라는 것을 95% 신뢰할 수 있다는 결론을 얻는다. 출력물의 해석을 보면 4,721개의 우군 중 1,578개 우군을 선발하여 검사할 때 93개 이하의 양성 우군이 검출되면 우군 간 유병률 3.23%에서 이 집단이 감염되어 있을 확률은 0.0499이라는 결과를 제시한다. 즉 양성 우군 수가 최대 93개일 때까지 95% 신뢰수준에서 여전히 질병 비발생이라는 결론을 얻을 수 있음을 의미한다.

단계 2: 우군 내 개체 수

이 단계에서 우군 내 선발 두수를 계산할 때 제1종 오류와 제2종 오류에 우군수준의 민감도와 특이도를 지정해 주는 것을 유의해야 한다(Locksley 등, 2008). 이를테면 우군수준의 민감도(HSe)를 달성하기 위해서는 개체수준에서의 제1종 오류(α)는 $1 - HSe$로 지정하고($1 - \alpha = HSe$, $\alpha = 1 - HSe$), 우군수준의 특이도(HSp)를 달성하기 위해서는 개체수준에서의 제2종 오류(β)는 $1 - HSp$로 지정한다($1 - \beta = HSp$, $\beta = 1 - HSp$).

① 옵션버튼을 선택하여 제1종 오류와 제2종 오류에 대하여 예를 들어 $\alpha = 0.35$와 $\beta = 0.05$를 입력한다는 것은 우군 수 계산에서 우군수준의 민감도와 특이도를 각각 65%와 95%로 지정하였기 때문에 $\alpha = 0.35$와 $\beta = 0.05$로 설정해야 우군수준의

민감도와 특이도를 달성할 수 있음을 의미한다. 제1종 오류는 개체수준에서의 유병률이 최소 기대유병률보다 실제로 클 때 크지 않다고 잘못된 결론을 내릴 확률이며, 제2종 오류는 개체수준에서의 유병률이 최소 기대유병률보다 실제로 크지 않을 때 크다고 잘못된 결론을 내릴 확률이다.

② 개체수준에서 검사의 민감도 90%와 특이도 95%를 입력한다.

③ 모집단크기(우군크기) 500을 입력한다.

④ 최소 기대유병률을 25%로 입력한다.

⑤ 표본크기 계산 공식으로 modified hypergeometric exact를 선택한다.

⑥ 계산 버튼을 선택하여 결과를 확인한다.

⑦ 선발된 우군크기가 모두 다르다면 전술한 과정을 우군크기별로 각각 계산한다.

본 예제에 대하여 우군 내 선발두수 13두와 양성 개체의 역치두수로 2두를 출력한다. 이는 "우군크기가 500두인 모집단에서 13두를 선발하여 검사할 때 2두 이하의 양성 개체가 확인되는 경우 우군 내 유병률 25% 수준에서 모집단이 감염되어 있을 확률이 0.05 이하(즉 비발생)"라는 것을 의미한다. 출력물의 해석을 보면 500두의 우군크기에서 13두를 선발하여 검사할 때 2두 이하의 양성 개체가 검출되면 우군 간 유병률 25%에서 이 집단이 감염되어 있을 확률은 0.2938(목표로 설정한 제1종 오류는 35%임)이다. 즉 양성 개체수가 최대 2두일 때까지 여전히 질병 비발생이라는 결론을 얻을 수 있다. 역치두수 2두는 양성 개체의 최대 수로 2두 이하의 양성 개체는 특이도가 완벽하지 않음에 기인한 가양성 개체를 의미한다. 따라서 실제 조사결과 양성 개체 기준 수보다 적은 수의 양성 개체 수가 검출되면 모집단은 여전히 질병 비발생 집단으로 간주하며, 역치두수 이상의 양성 개체가 검출되면 질병 비발생이라는 증거가 강하지 않다고 판단한다.

단계 3: 추가분석

마지막 단계에서는 선발된 각 우군 내 개별동물에 대한 검사결과에 근거하여 우군의 감염여부를 판정한다. 즉 양성 두수가 역치두수와 같거나 작으면 비감염군으로 판정하고 역치두수보다 많으면 감염군으로 분류한다. 선발된 우군에 대한 검사결과 일부 우군이 양성군으로 분류되었다고 하더라도 이러한 분류가 잘못된 것일 수도 있다. 즉 양성우군이 우군수준 검사의 특성에 기인한 오류인지를 결정하는 것인데 만일 이러한 오류에 의하여 양성으로 분류되었다면 모집단은 질병 비발생이라는 결론을 얻을 수 있다.

각 우군이 감염되어 있을 정확확률은 FreeCalc 프로그램의 modified hypergeometric 공식을 이용하여 계산한다. 각 우군의 감염여부가 결정되면 양성 우군의 총수를 1단계에서 계산된 양성 우군의 기준점과 비교하며 양성 우군 수가 역치 우군 수를 초과하면 이 집단은 감염군으로 판정한다. FreeCalc 프로그램에서 정확확률을 계산하는 과정은 다음과 같다.

① 프로그램에서 결과분석 버튼을 선택한다.
② 우군수준의 민감도와 특이도를 입력한다.
③ 모집단크기에 총 우군 수를 입력한다.
④ 유병률 박스에서 최대 기대유병률을 입력한다.
⑤ 옵션에서 α와 β확률을 입력한다.
⑥ 결과분석 화면에서 표본크기를 입력한다. 이 값은 검사해야 할 우군의 총수로 단계 1의 표본크기이다.
⑦ 양성 두수(number of positive reactors box)에서 감염군으로 분류되는 우군의 총수를 입력한다.
⑧ 계산 버튼을 누르고 결과를 확인한다.

[예시 1] 표본조사 결과 청정상태 증명을 위한 가설검정

FreeCalc 프로그램을 실행하여 'Analyze Results' 탭을 누르면 모집단크기, 표본크기, 민감도와 특이도, 최소 기대유병률, 양성결과 개수 등을 입력하는 화면이 나타난다(<그림 12-2>). 예를 들어 1,000두로 구성된 어느 모집단에서 기대유병률 2%에서 100두의 표본을 선발하여 민감도와 특이도가 각각 95%인 검사로 청정상태를 증명하는 조사를 수행하였다. 검사 결과 100두 중 1두가 양성으로 확인되었다고 할 때 이러한 결과가 청정상태임을 증명할 수 있는 수준인지 분석하여 보자. 귀무가설의 p는 유병률이 2%인 모집단에서 100두에 대한 표본검사에서 1두 이하의 양성 개체를 관찰할 확률이 0.006754이고, 대립가설의 p는 청정상태인 모집단에서 100두의 표본을 선발하여 검사할 때 1두 이상의 양성 개체를 관찰할 확률로 0.994079을 출력한다(<그림 12-3>). Conclusion 탭에서는 귀무가설을 기각하고 최소 기대유병률 2%에서 모집단이 청정상태라는 것을 99.325% 확신할 수 있다는 결과를 제시해 준다. 이는 제1형 오류 5%에서 모집단은 청정상태임을 의미한다.

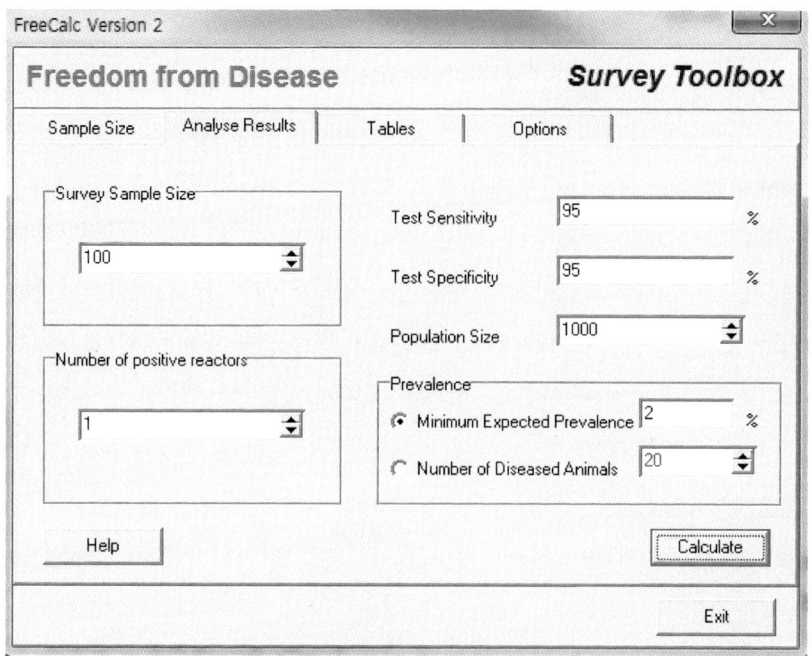

〈그림 12-2〉 FreeCalc 입력화면의 예

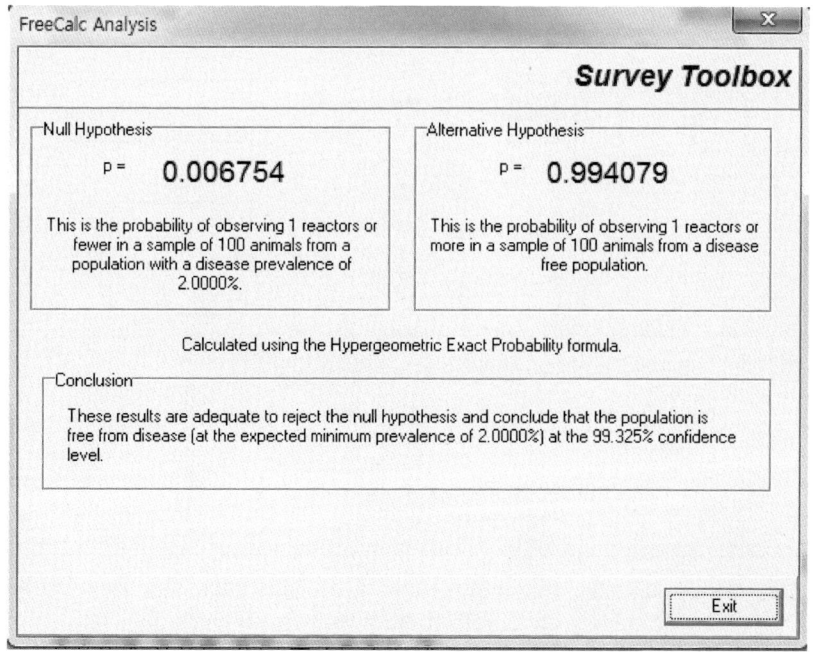

〈그림 12-3〉 모집단크기 1,000두 중 100두를 선발하여 민감도 95%, 특이도 95%인
진단법으로 검사한 결과 1두가 양성으로 확인되었을 때 기대유병률 2%,
제1형 오류 5%에서 청정상태 증명을 위한 조사결과의 예

[예시 2] 청정증명을 위한 조사에서 요구되는 표본크기 계산

기대유병률이 2%이고 모집단크기가 1,000두인 우군에 대하여 민감도 90%, 특이도 97% 인 검사법을 사용하여 청정상태를 증명하고자 한다. 먼저 Sample size 탭의 입력화면(<그림 12-4>)에서 민감도, 특이도, 기대유병률, 모집단크기를 지정한 후 Calculate 탭을 누르면 지정한 정확도(즉 전술한 진단검사법을 사용하여 모집단을 전수조사하더라도 지정한 제1형과 제2형 오류 수준)를 달성하지 못한다는 결과가 출력된다. 이 경우 기대유병률을 증가시키거나 오류수준을 증가시키는 등 입력모수를 조정할 필요가 있다. 예를 들어 기대유병률을 5%로 증가시키면 <그림 12-5>와 같은 결과를 얻는다. 화면 하단의 Explanation 탭을 보면 1,000두의 모집단에서 331두를 선발하여 검사할 때 양성두수가 23두 이하이면 5%의 유병률에서 모집단이 감염되어 있을 확률은 0.0491이라는 결과를 출력한다. 이는 수용 가능한 제1형 및 제2형 오류의 최댓값으로 지정한 5% 수준보다 작은 값이다.

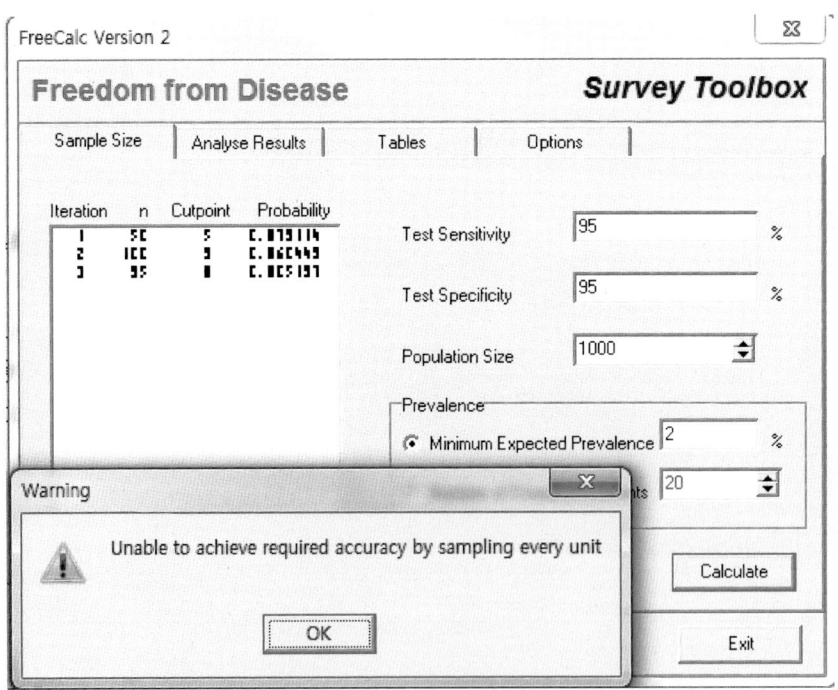

〈그림 12-4〉 기대유병률이 2%이고 모집단크기가 1,000두일 때 민감도 95%, 특이도 95%인 검사로 청정증명에 필요한 표본크기 계산의 예(제1형 오류＝제2형 오류 5%)

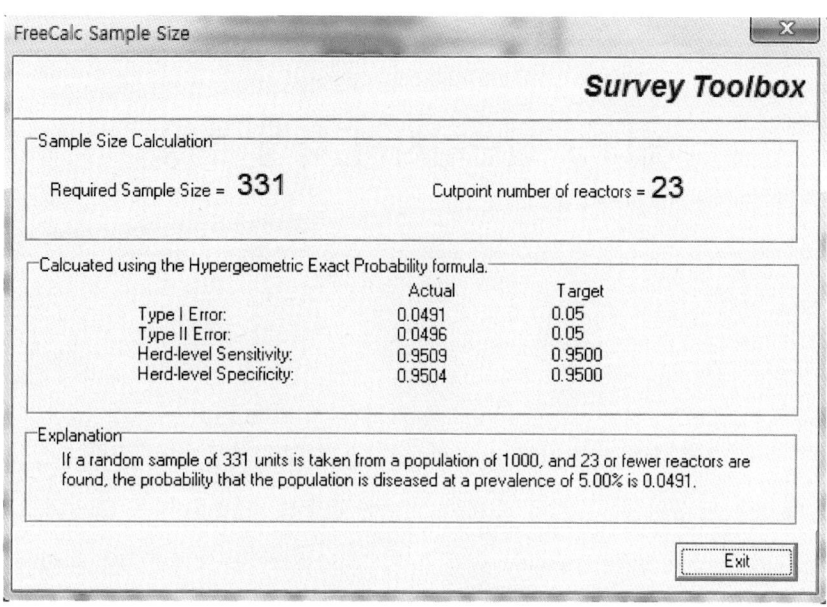

〈그림 12-5〉 기대유병률이 5%이고 모집단크기가 1,000두일 때 민감도 95%, 특이도 95%인
검사로 청정증명에 필요한 표본크기 계산의 예(제1형 오류＝제2형 오류 5%)

제13장 진단검사의 특성 추정

통계학적으로 유효한 표본크기를 산정하는 것은 연구결과를 유용하게 만들고 연구의 궁극적인 목적을 달성하는 데 매우 중요한 부분이지만 많은 경우 이를 간과하고 있다. 특히 진단검사의 특성인 민감도(sensitivity)와 특이도(specificity)를 추정할 때 흔히 기존의 연구결과나 과거의 경험, 비용, 편의성 등에 근거하여 표본크기를 결정하는 데 이러한 요인들을 고려하는 것도 중요하지만 추정치의 정밀도(precision)와 진단검사의 특성에 영향을 미치는 요인으로 유병률(prevalence)을 반드시 고려해야 한다(Flahault 등, 2005; Jones 등, 2003). 진단검사의 정확도를 평가하는 데 필요한 표본크기는 전형적으로 다음과 같은 상황에서 필요하다. 예를 들어 새로 개발된 검사 키트의 민감도가 90%로 기대된다고 하자. 유병률이 10%인 모집단에서 이 키트의 민감도가 95% 신뢰수준에서 적어도 75% 이상이라는 것을 95% (검정력) 확신하기 위해서 연구자는 감염 개체와 건강한 대조군 몇 두를 대상으로 평가해야 하는지에 관심을 두게 된다.

적정 수준보다 적은 수의 표본을 대상으로 하는 경우 민감도나 특이도가 정확하게 추정되지 못하여 중요한 정보를 제공하는 데 실패할 수 있다. 또한 진단검사를 개발하는 데 적용한 모집단의 유병률과 상당한 차이를 보이는 표본을 대상으로 진단검사를 평가하는 경우 잘못된 정보를 제공한다. 일반적으로 새로운 진단검사법은 비용, 정확성, 신속성, 실용성, 편리성 측면에서 기존의 방법에 비하여 적어도 동일하거나 우수할 때 인정되므로 검사키트를 시판하기 위해서는 키트의 민감도와 특이도를 정확하게 평가하고 이러한 정보를 사용자에게 제공해주어야 한다. 진단검사의 민감도와 특이도를 추정하는 경우 민감도와 특이도 추정치에 대하여 임상 혹은 역학적으로 수용할 수 있는 정밀도의 수준, 가설상의 민감도와 특이도 추정치, 연구 대상 모집단에서 질병의 유병률에 관한 정보를 필요로 한다(Alonzo와 Pepe, 1999; Buderer, 1996). 진단검사의 특성은 제3장, 비율의 신뢰구간은

제3장 5장에서 설명하였다. 본 절에서는 진단검사의 민감도와 특이도를 평가할 때 필요한 표본크기를 산정하는 방법을 설명한다.

13.1 진단검사 결과 분류

진단검사의 특성을 추정하는 전형적인 예는 이를테면 어느 연구자가 특정 질병을 진단하는 새로운 진단검사법의 민감도와 특이도를 추정한다고 할 때 몇 두를 선발하는 것이 적절한가 하는 것이다. 이러한 상황은 모집단에서 이 질병의 유병률이 20%라면 모집단에서 무작위로 선발된 표본에서도 동일한 유병률을 가정할 수 있기 때문에 표본에 대한 연구결과를 모집단으로 일반화할 수 있다.

진단검사 결과(test result)와 환자의 질병상태(disease status)가 이분형이라고 할 때 <그림 3-1>(제3장 참고)과 같은 분할표가 작성된다. 민감도, 특이도, 예측도(predictive value)는 비율(proportion) 자료이므로 추정치와 표준오차는 <표 13-1>과 같이 계산된다(제3장, 5장 참고).

〈표 13-1〉 진단검사의 특성과 계산방법

특성	추정치	표준오차
민감도 (Se)	$Se = \dfrac{a}{a+c}$	$\sqrt{\dfrac{Se(1-Se)}{a+c}}$
특이도 (Sp)	$Sp = \dfrac{d}{b+d}$	$\sqrt{\dfrac{Sp(1-Sp)}{b+d}}$
양성예측도 (PPV)	$PPV = \dfrac{a}{a+b}$	$\sqrt{\dfrac{PPV(1-PPV)}{a+b}}$
음성예측도 (NPV)	$NPV = \dfrac{d}{c+d}$	$\sqrt{\dfrac{NPV(1-NPV)}{c+d}}$

표준오차=standard error, TP=진양성, TN=진음성, FP=가양성, FN=가음성

따라서 표준오차(SE)를 이용하여 비율에 대한 95% 신뢰구간은 다음과 같이 계산된다.

$$95\% \text{ 신뢰구간: 추정치} \pm 1.96 \times SE$$

계산된 95% 신뢰구간은 "이 구간 내에 비율의 참값이 포함되는 것을 95% 확신할 수 있다"는 것을 의미한다(제5장, 6장 참고). 이 방법은 표본크기가 매우 크다는 가정을 전제로 하기 때문에 소표본(small sample)인 경우에는 이항분포를 이용한 정확 계산법 (exact method)을 사용해야 한다. 위의 식에서 95% 신뢰구간의 폭(width)을 나타내는 $1.96 \times SE$ 는 민감도, 특이도, 예측도 추정치의 정밀도가 되며 이 폭이 좁을수록 정밀도가 높고, 넓을수록 정밀도가 낮다는 것을 의미한다.

13.2 접근방법

13.2.1 정밀도

표본크기 산정에서 유병률을 고려한다는 것은 이들 추정치에 새로운 성분을 추가함으로써 정확도를 높이기 위함이다. 진단검사의 특성을 추정하는데 필요한 표본크기는 첫째, 신뢰구간의 폭(즉 임상적으로 수용할 수 있는 수준의 정밀도), 둘째, 모집단에서 관심을 두고 있는 질병의 유병률, 셋째, 민감도와 특이도에 대한 가설상의 값을 필요로 한다.

정밀도: 민감도와 특이도에 대하여 임상적으로 수용할 수 있는 수준의 95% 신뢰구간으로 이를테면 ±5% 혹은 ±10%와 같이 결정한다. 요구되는 신뢰구간의 폭이 좁을수록 (즉 정밀도가 높을수록) 표본크기는 증가하므로 적정수준을 지정한다.

유병률: <그림 3-1>에서 질병을 가지고 있는 개체 수($TP + FN$)와 질병이 없는 개체 수($FP + TN$)는 각각 민감도와 특이도 계산의 분모가 되기 때문에 이들 두 군의 크기는 신뢰구간의 폭에 영향을 미치고 결과적으로 총 표본크기에도 영향을 미친다. 민감도의 경우 유병률이 높을수록 요구되는 표본크기는 감소하고 특이도의 경우 유병률이 낮을수록 요구되는 표본크기는 감소한다.

가설상의 추정치: 신뢰구간의 폭은 민감도와 특이도에 대한 가설상의 추정치(기댓값)에 좌우된다. 표본크기를 고정시킬 때 민감도(혹은 특이도)가 50%일 때 신뢰구간의 폭이

최대가 되므로(제5장과 제6장 참고) 민감도나 특이도의 기댓값을 알지 못하는 경우에는 보수적으로 50%를 가정하여 최대의 표본크기를 결정한다.

단측검정과 양측검정: 많은 가설검정에서는 일반적으로 양측검정을 다루지만 경우에 따라서는 단측검정을 사용할 수 있으며, 동일한 검정력에서 단측검정을 사용할 때 표본크기가 감소한다(Knottnerus 2001; Karl 1989). 단측검정은 치료효과나 진단검사의 특성을 비교할 때 어느 한쪽 방향에만 관심을 두는 경우다. 이를테면 기존 키트 A와 새로 개발한 키트 B의 민감도(특이도)를 비교하는 연구에서 키트 B가 A와 차이가 있는지에 관심을 두기도 하지만, 키트 B의 민감도가 키트 A의 민감도와 적어도 동등한 수준이라는 것을 증명하는 것에 관심을 둘 수 있다. 전자는 전형적인 양측검정이지만 후자는 동등성(equivalence) 검정으로 단측검정에 해당한다. 따라서 연구를 계획할 때 어떠한 검정을 사용할 것인지를 분명히 설정하고 연구를 진행하는 것이 바람직하다(Altman 1993).

계산과정: 민감도를 추정하는 데 필요한 표본크기($N1$)는 특이도를 추정하는 데 필요한 표본크기($N2$)와 다르다. 민감도의 경우 요구하는 신뢰구간의 폭과 민감도의 기댓값을 알 때 질병을 가진 개체 수(환자군: $TP + FN$)를 계산한 후 이 값과 모집단에서의 기대유병률을 적용하여 민감도를 추정하는 데 필요한 표본크기($N1$)를 계산한다. 마찬가지로 특이도의 경우 먼저 질병이 아닌 개체 수(비환자군: $FP + TN$)를 계산한 후 특이도를 추정하는데 필요한 표본크기($N2$)를 계산한다. 총 표본크기(N)는 $N1$과 $N2$ 중 더 큰 값이다. 만일 예측도를 추정하는 것에 관심을 둔다면 표본크기는 양성과 음성 개체 수의 기대 비율, PPV 및 NPV에 대한 기대 추정치를 사용하여 동일한 방법으로 계산한다. 총 표본크기(N)를 계산하는 절차를 요약하면 다음과 같다.

단계 1: 모수지정
   W = 임상적으로 수용할 수 있는 95% 신뢰구간의 폭
   P = 모집단에서 유병률 추정치
   Se = 민감도
   Sp = 특이도

단계 2: 환자 수($TP+FN$) 계산

$$TP + FN = Z_{1-\alpha/2}^2 \frac{Se(1-Se)}{W^2}$$

여기에서 $Z_{1-\alpha/2}$는 유의수준 α에서 표준정규분포의 값이다. 예를 들어 양측검정에서 95% 신뢰구간을 지정하는 경우 $\alpha = 0.05$일 때 $Z_{1-0.05/2} = 1.96$이다(90% 신뢰구간을 지정하는 경우 $\alpha = 0.1$일 때 $Z_{1-0.1/2} = 1.645$임).

단계 3: 민감도($N1$) 추정에 필요한 표본크기 계산

$$N1 = \frac{TP+FN}{P}$$

단계 4: 비환자 수($FP+TN$) 계산

$$FP + TN = Z_{1-\alpha/2}^2 \frac{Sp(1-Sp)}{W^2}$$

단계 5: 특이도($N2$) 추정에 필요한 표본크기 계산

$$N2 = \frac{FP+TN}{1-P}$$

단계 6: $N1$과 $N2$ 중 더 큰 값을 총 표본크기(N)로 결정

총 표본크기는 유병률이 p인 모집단에서 민감도와 특이도를 $\pm W$ 이내로 추정하기 위하여 무작위로 선발해야 할 개체 수이다. <표 13-2>와 <표 13-3>은 다양한 유병률과 민감도에서 양측검정의 95% 신뢰구간 폭을 각각 $\pm 10\%$와 $\pm 5\%$로 추정하는 데 필요한 표본크기를 요약한 것이다. <표 13-4>와 <표 13-5>는 동일한 조건에서 특이도를 추정하는 데 필요한 표본크기이다. 이 표에서 극단의 조건에서는 표본크기가 매우 작게 계산되는데 이 경우 이항분포를 이용하여 정확 계산법으로 추정하는 것이 바람직하다. <그림 13-1>은 유병률과 민감도(특이도)에 따른 표본크기의 변화를 나타낸 것이다. 여기에서 보듯이 첫째, 민감도 추정에 필요한 표본크기는 유병률이 높을수록 감소하지만 특이도 추정에 필요한 표본크기는 유병률이 낮을수록 감소한다. 민감도나 특이도가 50%일 때 표본크기는 최대가 되고 셋째, 정밀도가 높을수록 표본크기는 증가한다.

〈표 13-2〉 지정한 유병률과 기대 민감도에서 95% 신뢰구간의 폭 ±10%를 달성할 수 있는 민감도 추정을 위한 표본크기

유병률 (%)	기대 민감도(%)									
	50	55	60	65	70	75	80	85	90	95
1	9,604	9,508	9,220	8,740	8,068	7,203	6,147	4,899	3,458	1,825
5	1,921	1,902	1,844	1,748	1,614	1,441	1,230	980	692	365
10	961	951	922	874	807	721	615	490	346	183
20	481	476	461	437	404	361	308	245	173	92
30	321	317	308	292	269	241	205	164	116	61
40	241	238	231	219	202	181	154	123	87	46
50	193	191	185	175	162	145	123	98	70	37
60	161	159	154	146	135	121	103	82	58	31
70	138	136	132	125	116	103	88	70	50	27
80	121	119	116	110	101	91	77	62	44	23
90	107	106	103	98	90	81	69	55	39	21

〈표 13-3〉 지정한 유병률과 기대 민감도에서 95% 신뢰구간의 폭 ±5%를 달성할 수 있는 민감도 추정을 위한 표본크기

유병률 (%)	기대 민감도(%)									
	50	55	60	65	70	75	80	85	90	95
1	38,416	38,032	36,880	34,959	32,270	28,812	24,587	19,593	13,830	7,300
5	7,684	7,607	7,376	6,992	6,454	5,763	4,918	3,919	2,766	1,460
10	3,842	3,804	3,688	3,496	3,227	2,882	2,459	1,960	1,383	730
20	1,921	1,902	1,844	1,748	1,614	1,441	1,230	980	692	365
30	1,281	1,268	1,230	1,166	1,076	961	820	654	461	244
40	961	951	922	874	807	721	615	490	346	183
50	769	761	738	700	646	577	492	392	277	146
60	641	634	615	583	538	481	410	327	231	122
70	549	544	527	500	461	412	352	280	198	105
80	481	476	461	437	404	361	308	245	173	92
90	427	423	410	389	359	321	274	218	154	82

〈표 13-4〉 지정한 유병률과 기대 특이도에서 95% 신뢰구간의 폭 ±10%를 달성할 수 있는 특이도 추정을 위한 표본크기

유병률 (%)	기대 특이도(%)									
	50	55	60	65	70	75	80	85	90	95
1	98	97	94	89	82	73	63	50	35	19
5	102	101	98	92	85	76	65	52	37	20
10	107	106	103	98	90	81	69	55	39	21
20	121	119	116	110	101	91	77	62	44	23
30	138	136	132	125	116	103	88	70	50	27
40	161	159	154	146	135	121	103	82	58	31
50	193	191	185	175	162	145	123	98	70	37
60	241	238	231	219	202	181	154	123	87	46
70	321	317	308	292	269	241	205	164	116	61
80	481	476	461	437	404	361	308	245	173	92
90	961	951	922	874	807	721	615	490	346	183

<표 13-5> 지정한 유병률과 기대 특이도에서 95% 신뢰구간의 폭 ±5%를 달성할 수 있는
특이도 추정을 위한 표본크기

유병률 (%)	기대 특이도(%)									
	50	55	60	65	70	75	80	85	90	95
1	389	385	373	354	326	292	249	198	140	74
5	405	401	389	368	340	304	259	207	146	77
10	427	423	410	389	359	321	274	218	154	82
20	481	476	461	437	404	361	308	245	173	92
30	549	544	527	500	461	412	352	280	198	105
40	641	634	615	583	538	481	410	327	231	122
50	769	761	738	700	646	577	492	392	277	146
60	961	951	922	874	807	721	615	490	346	183
70	1,281	1,268	1,230	1,166	1,076	961	820	654	461	244
80	1,921	1,902	1,844	1,748	1,614	1,441	1,230	980	692	365
90	3,842	3,804	3,688	3,496	3,227	2,882	2,459	1,960	1,383	730

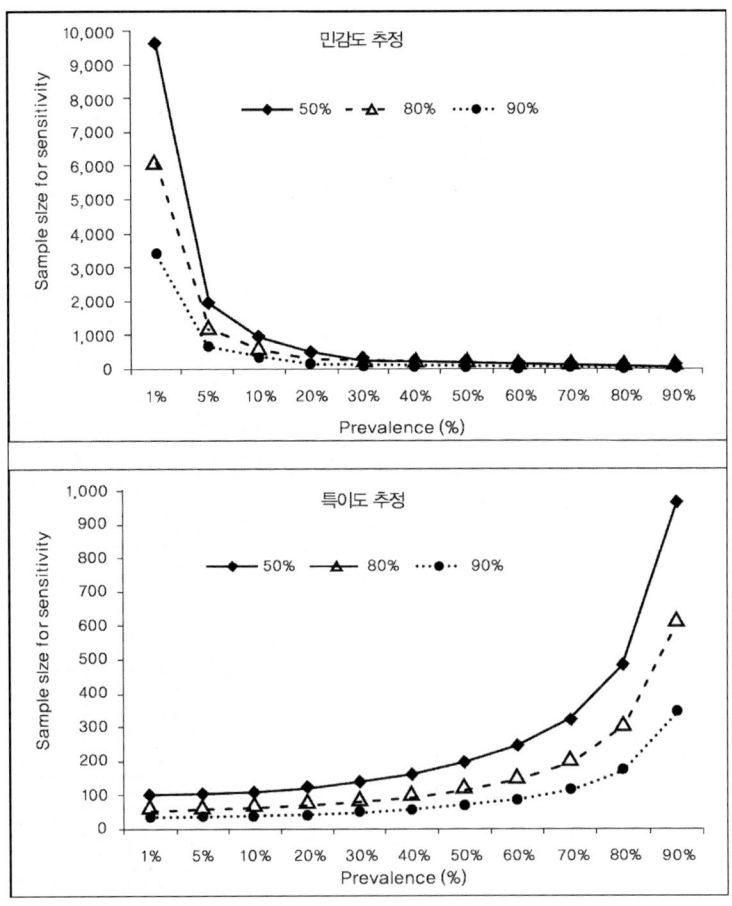

〈그림 13-1〉 유병률과 민감도(특이도)에 따른 표본크기의 변화

13.2.2 검정력

원리: 민감도 (특이도)의 정확도를 평가하기 위해서는 신뢰한계를 지정해야 한다. 즉 민감도의 $1-\alpha$ 신뢰하한 값(lower confidence limit)은 유의수준 α 와 단측검정(one-sided test)에서 연구자가 기대하는 민감도의 최소값으로 간주할 수 있다. 귀무가설과 대립가설은 다음과 같다.

$$H_0 : Se = Se_L \text{ 또는 } Sp = Sp_L$$
$$H_1 : Se > Se_L \text{ 또는 } Sp > Sp_L$$

정확도 평가에서는 흔히 신뢰상한(upper confidence limit)에는 관심을 두지 않은데 그 이유는 새로 개발한 검사의 민감도(특이도)가 기존 제품에 비하여 적어도 열등(inferior)하지 않다는 증거를 제시하는 것으로 충분하기 때문이다. 진단검사의 특성을 평가하는 방법으로 감염된 개체(환자군)와 감염되지 않은 개체(건강한 대조군)에 대한 정보(표준검사로 개별 동물의 감염상태를 알 수 있거나 흔히 표준혈청으로 양성과 음성시료)가 있는 경우 각 군에 필요한 연구 대상자를 별도로 선발할 수 있다. 보다 일반적인 상황은 모집단에서 개체별 감염상태를 알지 못하는 경우가 있다. 두 상황에 대하여 각각 살펴본다.

(i) 감염군과 대조군을 별도로 선발하는 경우

감염군: 검사의 민감도를 평가하는 데 필요한 감염 개체수는 표본에서 관찰된 비율을 모집단의 알려진 비율과 비교하는 단일 집단 비율 검정(제5장 참고)에 필요한 표본크기와 동일하다. 표본크기를 계산하기 위해서는 첫째, 새로운 검사의 기대 민감도(expected sensitivity, Se) 둘째, Se 와 최대로 허용할 수 있는 차이 (δ)가 $1-\alpha$ 신뢰하한 (단측검정) 이내에 포함될 확률 즉 검정력을 지정해야 한다. 여기에서 δ는 유효크기(effect size)이고, $Se-\delta$는 가설검정에서 알려진 비율이 된다. 이항분포에 대한 정규 근사성을 적용하면 표본크기를 계산할 수 있다. 제5장에서 설명한 단일 비율 $(p = Se)$에 대한 표본크기는 다음과 같다.

$$n = \frac{(z_{1-\alpha/2}\sqrt{p_0 q_0} + z_{1-\beta}\sqrt{p_1 q_1})^2}{(p_0 - p_1)^2}$$

여기에서 $p_0 = Se - \delta$, $q_0 = 1 - (Se - \delta)$, $p_1 = p$(연구자가 판단하는 허용 가능한 민감도의 최소값), $q_1 = 1 - p$를 대입하면 민감도의 정확도를 평가하는 데 필요한 표본크기 계산공식을 유도할 수 있다.

$$n = \frac{[z_{1-\alpha}\sqrt{(Se-\delta)[1-(Se-\delta)]} + z_{1-\beta}\sqrt{p(1-p)}]^2}{\delta^2}$$

이 공식은 단일 비율에 대한 표본크기 공식을 $Se - \delta$로 표현하고, 단측검정 ($z_{1-\alpha}$)을 적용한 것으로 동일한 공식이다. 제5장에서 설명하였듯이 기대 민감도 (특이도)가 1에 근사하면 정규 근사성이 적절하지 못하므로 이항분포에 근거한 정확계산법을 사용해야 한다.

대조군: 검사의 특이도를 평가하는 데 필요한 감염되지 않은 건강한 개체수는 민감도에서 설명한 내용과 동일하다.

유병률: 일반적으로 감염된 개체와 건강한 개체와 함께 공존하는 모집단에서 민감도와 특이도를 추정하는 경우가 많다. 이 경우 실제로 진단검사가 적용되는 표본에서의 유병률 (P)이 모집단에서의 유병률을 대표하기 위해서는 환자군 (N_c)과 대조군 (N_h)의 비율을 유병률로 보정해야 한다.

$$N_h = N_c \left[\frac{1-P}{p}\right]$$

이 공식에서 $P < 0.5$이라면 $N_h > N_c$가 된다. 이 경우 먼저 환자군의 최소 두수를 결정한 후 이 식을 사용하여 대조군의 수를 계산한다(Flahault 등, 2005). $P > 0.5$인 경우 먼저 대조군의 최소 두수를 결정한 후 이 식을 사용하여 환자군의 수를 계산한다.

(ii) 감염상태를 알지 못하는 경우

모집단에서 개별 동물에 대한 감염여부를 모르는 상황이 대부분이다. 이 경우 표본에 충분한 수의 환자와 건강한 개체가 포함되는 것을 보장하는(예를 들어 검정력 95% 이상) 표본크기를 계산해야 한다. 이 조건을 만족하기 위해서는 모집단에서의 유병률을 P라 하면 아래의 등식을 충족하는 최소 정수 값을 찾는 것이다. 여기에서 환자수 (N_c)나 대조군 수 (N_h)는 표 13-6 (검정력 90%), 표 13-7 (검정력 95%)에서 찾으면 된다.

$$P < 0.5: \quad \sum_{x=N_c}^{n} \binom{n}{x} P^x (1-P)^{n-x} \geq 0.95$$

$$P > 0.5: \quad \sum_{x=N_h}^{n} \binom{n}{x} P^x (1-P)^{n-x} \geq 0.95$$

이 표를 활용하는 방법은 예를 들어 본 장의 서두에서 제시한 예제의 경우 유병률 $p < 0.5$ 이므로 환자수를 먼저 계산하면 <표 13-7> (검정력 95%)에서 65두가 필요하고, 유병률을 적용하면 건강한 대조군 585두가 필요한 것으로 계산된다.

〈표 13-6〉 기대 민감도 (특이도)에 대한 감염 (대조군) 두수 (신뢰수준 95%, 검정력 90%, 단측검정, 정규 근사성)

기대 민감도	민감도에 대하여 허용 가능한 신뢰한계의 최소									
	0.50	0.55	0.60	0.65	0.70	0.75	0.80	0.85	0.90	0.95
0.60	210			804	195	83	44	26	16	10
0.65	91	203			753	180	75	39	22	13
0.70	49	87	191			686	161	66	33	18
0.75	30	46	80	176			601	137	54	25
0.80	19	27	42	72	156	589		498	109	40
0.85	13	17	24	36	62	131	484		378	76
0.90	9	11	14	20	30	49	102	362		239
0.95	5	7	8	11	15	21	34	67	221	
1.00	2	3	3	4	4	5	7	10	15	32

〈표 13-7〉 기대 민감도(특이도)에 대한 감염(대조군) 두수 (신뢰수준 95%, 검정력 95%, 단측검정, 정규 근사성)

기대 민감도	민감도에 대하여 허용 가능한 신뢰한계의 최소									
	0.50	0.55	0.60	0.65	0.70	0.75	0.80	0.85	0.90	0.95
0.60	266	1,056		1,012	244	103	54	32	19	12
0.65	115	257	1,012		947	225	93	48	27	15
0.70	63	110	244	947		860	200	80	39	20
0.75	38	59	103	225	860		751	169	65	29
0.80	25	35	54	93	200	751		621	133	46
0.85	17	22	32	48	80	169	621		468	90
0.90	11	15	19	27	39	65	133	468		291
0.95	7	9	12	15	20	29	46	90	291	
1.00	3	4	5	6	7	9	11	16	25	52

제Ⅲ부

혈청역학조사 계획 실습예제

1. 표본추출 전략

[사례 1]

어느 지역의 돼지 농장을 대상으로 전염성 질병 'A'에 대한 스크리닝 검사를 통하여 적어도 1개의 감염된 농장을 검출할 계획이다. 이 지역에는 총 10,000개의 농장이 있고 농장당 평균 사육두수는 100두이다. 질병 'A'의 유병률에 대한 정보가 부족하지만 대략적으로 20%로 추정되며, 방역당국은 총 10억 원의 예산을 투입할 예정이며 혈액 시료 1건을 채취하는 데 5,000원이 소요되고 건당 15,000의 검사비가 소요된다.

Q1: 농장당 동일한 건수의 혈액시료를 채취할 때 20%의 유병률에서 본 조사계획을 진행시키는 것이 타당한가?

Q2: 만일 유병률이 50%이라면 본 조사를 진행시키는 것이 타당한가?

[사례 2]

어느 국가의 국립 연구기관에서 최근 소의 유사산과 관련이 있는 Neospora 감염 상황을 파악하기 위하여 전국적으로 우군수준 유병률(herd−level prevalence)과 개체수준의 유병률(animal−level prevalence)을 조사할 계획이다. 전국적으로 약 200,000개의 농장이 있고 농장당 평균 사육두수는 150두이다. 농장 간 유병률은 문헌고찰 결과 개체수준의 유병률은 20% 수준으로 조사되었다. 아래의 질문에 대하여 설명하시오.

Q1: 조사에 필요한 농장을 표본추출하는 가장 적절한 방법?

Q2: 우군수준의 유병률 추정에 필요한 우군 수?

Q3: 우군 내 개체우를 표본추출하는 방법?

Q4: 개체수준의 유병률 추정에 필요한 두수?

Q5: 조사에 필요한 총 표본크기?

Q6: 이 국가는 행정구역으로 볼 때 동부지역과 서부지역으로 구분된다. 동부지역은 전체 농장의 80%를 차지하고 서부지역은 나머지 20%를 차지하며, 서부지역에서는 소와 양을 함께 방목하는 경우가 매우 흔하지만 동부지역은 그렇지 않다. 문헌조사 결과 소와 양을 함께 방목하는 것은 Neospora 감염의 위험인자로 알려져 있다고 할 때 이러한 정보는 Q1에서 우군을 선발하는 방법에 어떠한 영향을 미치는지 설명하시오.

[사례 3]

소의 질병 'B'의 유병률에 대한 정보는 거의 알려져 있지 않아 국가 단위 방역 프로그램을 계획하는 데 어려움이 있다. 이 질병에 대하여 3명의 전문가로부터 기대유병률에 대한 추정치를 의뢰한 결과 전문가 1은 75%, 전문가 2는 50%, 전문가 3은 25%로 응답하였다. 모집단크기는 약 1,000,000두로 유병률 참값의 5% 이내로 추정하고자 한다.

Q1: 전문가 의견에 근거하여 표본크기를 계산하시오.

Q2: 전문가 1과 3이 제시한 유병률을 적용하여 표본크기를 계산하면 동일한 결과를 보이는데 그 이유는 무엇인지 설명하시오.

Q3: 유병률에 대한 정보가 전혀 없을 때 어느 수준으로 가정하여 표본크기를 계산하는 것이 적절한지 그 이유를 설명하시오.

[사례 4]

소의 바이러스성 질병 'X'에 대한 우군수준(herd−level)의 항체 양성률을 파악하기 위한 조사를 계획하고 있다. 이 질병은 두더지가 매개하여 전파되는 질병으로 현재까지 항체 양성률에 대한 연구가 이루어진 바 없다고 할 때 적절한 조사계획을 작성하시오.

[사례 5]

우리나라의 방역시책은 투자재원별로 가축방역사업과 가축질병근절 대책사업으로 구분된다. 가축방역사업은 국비와 지방비를 재원으로 하여 가축전염병 방역대책의 일환으로 추진되며, 본 사업은 국가방역기관(시도 가축위생시험소, 국립수의과학검역원) 주관으로 긴급방역 재료비, 예방약품, 예방접종시술비, 살처분보상금 및 도태장려금(구제역, 조류인플루엔자, 돼지콜레라, 부루세라병 등) 등을 지원하고 있다. 가축질병근절 대책사업은 구제역, 조류인플루엔자 등 특정 전염병의 재발방지와 근절을 목적으로 축산발전기금, 지방비와 단체, 업체 농가의 재원을 근거로 민간단체(가축위생방역본부, 농협중앙회, 관련협회 등) 주관으로 추진된다. 2006년도 농림수산식품부의 가축방역사업 계획 및 실시요령에 의하면 국비와 지방비를 합하여 연간 약 600억 원이 방역사업에 투자되고 있으며 이 중 31.7%가 예방주사, 검진 및 기생충구제 사업에 배정되어 있다. 2006년도 방역사업계획에 명시된 시·도별 질병별 혈청검사 건수가 사업의 목적을 달성하는 데 적절한지 평가하시오.

2. 유병률 추정

[사례 1]

경기도 소재 젖소 우군을 대상으로 요네병(paratuberculosis) 유병률을 파악하기 위한 조사를 계획하고 있다. 우군의 34%가 감염되어 있고, 유의수준 5%에서 우군 수준(herd-level) 유병률을 참값의 7.5% 이내에서 추정하고자 한다. 문헌에 의하면 감염된 우군 내 개체 수준의 유병률이 10%라고 할 때 조사의 목표를 달성할 수 있는 우군수와 우군 내 개체수를 계산하시오.

[사례 2]

　　국가 표준 실험실에서는 소의 질병 X(모집단 유병률 12%)에 대한 새로운 혈청학적 진단검사법을 도입하여 시도 방역지소의 실험실에 보급하였다. 보급 1년 시점에서 조사한 결과 대부분의 방역지소 실험실에서는 목표 수준 민감도인 95%를 유지하였으나 일부 실험실에서는 여전히 이 목표를 달성하지 못하고 있는 것으로 나타났다. 표준 실험실에서는 보급 2년 시점에서 목표 수준에 도달하는지를 재평가하고자 한다. 검사의 민감도가 적어도 80% 이상 유지되는 것을 95% 신뢰수준에서 95% 보장하기 위해서는 모집단의 유병률을 고려할 때 몇 개의 양성시료(positive sample)가 필요한지 계산하시오. 둘째, 목표 수준의 민감도를 85%와 90%로 각각 가정할 때 표본크기의 변화를 설명하시오.

[사례 3]

　　2008년도 기준으로 강원도 소재 338개 젖소 사육농가, 20,000두에 대하여 결핵병을 조사한 결과 유병률이 0.2%로 조사되었다고 할 때 Q1과 Q2에 대하여 계산하시오.
　　Q1: 이 자료에 근거할 때 첫째, 기대유병률의 참값을 95% 신뢰수준에서 ±0.5%의 오차한계 (margin of error)로 추정할 때 필요한 표본크기를 이항분포에 대한 정규분포 근사성과 정확 이항분포를 이용하여 각각 계산하시오.
　　Q2: 0.2%의 유병률을 95% 신뢰수준에서 검출하는 데 필요한 표본크기를 탈락률 20%와 10%를 가정하여 계산하시오.
　　Q3: 1,000두의 소를 사육하고 있는 어느 모집단에서 특정 질병의 유병률이 20%로 기대된다. 이러한 유병률 추정치가 참값의 ±5% 이내에서 추정되는 것을 95% 신뢰하는 데 필요한 표본크기를 유한모집단과 무한모집단을 가정하여 계산하시오.

[사례 4]

　　젖소 500두를 사육하는 농장에서 질병 'K'의 유병률을 파악하기 위한 단면연구를 계획하고 있다.
　　Q1: 이 농장에서 유병률이 1%로 추정될 때 적어도 1두의 감염된 개체를 검출하는 것을 95% 신뢰하는 데 필요한 표본크기를 계산하시오.
　　Q2: 실제로 농장에서 300두를 무작위로 선발하여 검사한 결과 유병률이 5%로 나타났을 때 유병률의 오차를 계산하시오.
　　Q3: 질병 'K'를 진단하는 데 사용하는 ELISA 검사의 민감도와 특이도가 각각 65%와 99%일 때 5%의 현성 유병률의 신뢰구간, 유병률의 참값과 신뢰구간을 각각 계산하시오.

[사례 5]

강원도의 backyard 산란계를 대상으로 전염성이 매우 높은 질병 'W'에 대한 혈청학적 유병률을 조사하는 연구를 수행할 예정이다. Backyard 계군의 사양 특성으로 볼 때 방역지소 관할 지역의 모든 backyard 가금을 집락 내 변동이 매우 작은 하나의 계군(flock)으로 간주하는 것이 적절하다고 판단하여 각 지소를 집락으로 간주한다고 하자. 80%의 기대유병률을 5%의 오차한계와 95% 신뢰수준으로 추정할 때 일단계 집락추출법을 이용한 조사계획을 작성하시오.

[사례 6]

다단계 표본추출법을 이용하여 우리나라에서 브루세라병의 유병률을 추정하는 조사를 계획하고 있다. 우군의 감염상황에 대한 사전 정보가 전혀 없어 ±10%의 기대 정확도를 달성하는 표본크기를 계산할 예정이다. 개체 수준에서는 적어도 1두의 감염된 개체를 검출하는 것이 목적이며 우군 내 유병률을 15%로 가정할 때 95% 신뢰수준에서 모집단크기에 따른 표본크기를 계산하시오.

[사례 7]

강원도의 젖소 우군에서 요네병(paratuberculosis)의 유병률을 파악하기 위환 조사를 계획하고 있다. 강원도에서 요네병에 대한 연구 보고가 없어 다른 지역에 대한 연구결과를 사용하였다. 즉 강원도와 경상북도는 지리적으로 인접하여 있고 사양특성이 유사하기 때문에 두 지역의 유병률도 동일할 것으로 가정하여, 강원도의 젖소 우군 중 34%가 감염되어 있을 것으로 추정하였다. 방역당국은 95% 신뢰수준에서 우군수준의 유병률의 참값을 7.5% 이내에서 파악하고자 한다. 한편 경상북도에서 최근 조사된 결과에 의하면 감염 우군 내 유병률 20%를 보고한바 있다. 강원도의 방역당국에서는 이 보다 더 낮은 유병률을 갖는 우군을 검출하기 위하여 유병률을 10%로 설정하고, ELISA 검사의 민감도를 64%로 가정할 때 조사의 목적을 달성할 수 있는 표본추출 계획을 작성하시오.

[사례 8]

강원도 소재 젖소를 대상으로 토착성 소백혈병(enzootic bovine leukosis)의 유병률을 추정하고자 한다. 2010년 2월 기준으로 338농가에서 약 22,092두의 젖소가 사육되고 있다<표 1>.

Q1: 95% 신뢰수준에서 감염농장 내 유병률 20%를 검출하는 것을 목표로 계획한다고 할 때 적절한 표본크기를 계산하시오.

Q2: 조사계획 시점에서 유병률에 대한 정보가 전혀 없어 선발된 우군 내 모든 개체를 검사하는 전략을 사용할 때 우군 수준(herd-level)의 표본추출 계획을 작성하시오(단, 분석에 필요한 기타 모수는 적절한 가정에 근거하여 계산함).

⟨표 1⟩ 방역지소별 사육농가 및 두수 분포		
방역지소	농장수	두수
본소(북부 포함)	143	10,038
동부	13	565
남부	156	7,855
중부	26	3,565
계	338	22,092

[사례 9]

방역당국에서는 특정 지역의 우군(1,105개)을 대상으로 이단계 집락추출법을 이용하여 소 질병 'X'의 유병률을 추정하는 조사를 계획하고 있다. 1차 추출단위로 우군의 50%가 감염되어 있을 때 95% 신뢰수준에서 ±10%의 기대 정확도를 달성하고자 한다. 우군 내에서 적어도 1두의 감염된 개체를 검출하는 것을 목표로 설정하여 감염우군 내 개체 수준에서의 기대 유병률은 15%로 추정된다. 이러한 가정을 충족하는 표본추출 계획을 작성하시오.

[사례 10]

Q1: 국내 양돈 농가를 대상으로 돼지의 신종 질병 'X'에 대한 혈청 유병률을 다단계추출법으로 조사하고자 한다. 우군 수준의 기대 유병률 50%을 10%의 정확도로 추정하며, 돈군 내 유병률이 20% 이상일 때 감염을 검출할 확률이 적어도 99%의 신뢰수준을 유지하는 데 필요한 표본크기를 계산하시오.

Q2: 조사결과 돈군 수준의 현성 유병률 43.8%(242/553), 돈군 내 유병률 43%를 얻었다. 민감도 95%, 특이도 99%인 진단검사를 사용하여 적어도 1두(k) 이상의 양성 개체가 확인될 경우 양성 돈군으로 판정할때(돈군당 평균 검사두수 15두) 돈군 수준의 민감도와 특이도, 돈군 수준 유병률을 계산하시오.

Q3: Q2와 동일한 가정에서 양성판정 기준을 2두 이상으로 설정할 때 돈군 수준의 민감도와 특이도, 돈군 수준 유병률을 계산하시오.

[사례 11]

Q1: 산란계에서 전염성기관지염(infectious bronchitis)은 전염성이 매우 높다. 충청북도 소재 산란계 사육 농장을 대상으로 유병률을 조사하기 위하여 집락표본추출을 이용할 때 적절한 표본추출 전략을 작성하시오.

Q2: 어느 연구자가 총 30개의 집락과 집락당 40수를 선발하여 총 1,200수의 혈청을 검사한 결과 80%의 유병률을 얻었고, 이 질병의 집락 내 상관계수가 0.2라고 할 때 조사결과에 대한 항체 유병률의 참값에 대한 정밀도를 계산하시오.

[사례 12]

전라북도 소재 비육 젖소 농장을 대상으로 바이러스성 설사병(BVD)의 혈청유병률을 파악하기 위하여 이단계 표본추출법을 이용한 단면연구에서 집락 당 동일한 크기의 표본을 선발하는 전략을 계획하고 있다. 우군수준의 기대유병률 28.8%를 ±5%의 정확도를 달성하는 표본크기를 계산하고자 한다. 또한 각 우군에서 적어도 1두의 양성개체를 검출하기 위하여 유병률 20%, 평균 우군크기 167두, design effect 2.0을 가정할 때 신뢰수준 95%에서 우군 당 선발두수를 계산하시오.

[사례 13]

방역당국에서는 경상남도 소재 젖소를 대상으로 아까바네병의 혈청학적 유병률을 파악하기 위하여 이단계 집락추출법에서 집락당 동일한 크기의 표본을 선발하는 계획을 구상하고 있다. 총 표본크기를 계산하기 위하여 유병률 28.8%, 신뢰수준 95%, 오차한계 5%를 가정하였다. 기존의 연구에서 아까바네병의 design effect는 3.0으로 보고되었지만 방역당국에서는 조사의 비용을 감안하여 2.0을 적용할 예정이다. 개체수준의 표본크기는 두수는 적어도 1두의 양성개체를 검출하기 위하여 유병률 20%, 신뢰수준 95%, 평균 우군크기 167두를 가정하였다. 이러한 가정에 근거할 때 조사의 목적을 달성할 수 있는 표본추출 계획을 작성하시오.

[사례 14]

소의 바이러스성 설사병(bovine viral diarrhea, BVD)은 지속적으로 감염된 소(persistently infected cattle, PI)가 우군 내에서 보독동물로 존재하면서 바이러스를 전파하며, 문헌에 의하면 0.5-2%의 유병률로 보고되어 있다. 전라남도의 방역당국은 젖소에서 BVD 바이러스 감염에 의한 경제적 손실을 평가할 계획이며 이를 위해서는 BVD 유병률 추정치가 필요하다. 농장 수 13,486개, 감염된 우군 내 PI 개체 수 1~5두(최빈 4두), 개체 수준에서의 기대 유병률 3%, 우군크기 5-80두(최빈 28두), 절대 정확도 1%를 가정할 때 우군 내 PI의 집락효과를 고려한 표본추출 계획을 작성하시오.

[사례 15]

> Q1: 어느 모집단에서 200두의 소를 선발하여 검사한 결과 26두가 질병 'X'에 양성반응을 보였을 유병률의 신뢰구간을 계산하시오.
>
> Q2: Q1에서 민감도와 특이도에 대한 불확실성을 감안하여 다른 연구로부터 얻은 정확도 자료를 사용할 수도 있다. 예를 들어 감염군 415두와 비감염군 359두를 대상으로 조사한 결과 민감도 28.9%, 특이도 95.3%를 얻었다고 가정할 때 유병률의 참값과 95% 신뢰구간을 계산하시오.
>
> Q3: 모집단에서 무작위로 30두를 선발하여 질병 'X'에 대하여 검사한 결과 모두 음성으로 확인되었다고 할 때 유병률 추정치의 95% 신뢰구간을 계산하시오.

[사례 16]

> 모집단크기가 250두인 어느 우군에서 50두를 선발하여 특정 질병에 대한 감염여부를 검사한 결과 10두가 양성으로 확인되었다고 가정할 때 유병률의 95% 신뢰구간을 계산하시오.

3. 감염개체 검출

[사례 1]

> 질병 'D'는 산란계에서 매우 치명적이다. 전염병예방법에 의하면 이 질병에 대한 계군의 감염여부는 10,000수당 3수를 선발하여 얻은 검사결과에 근거하도록 규정하고 있다. 검사결과 1수라도 양성이면 감염계군, 전 두수 음성일 때 비감염군으로 판정한다고 할 때 아래의 질문에 대하여 설명하시오.
>
> Q1: 3수 모두 검사음성일 때 계군에서 기대되는 양성 개체 수
>
> Q2: Q1의 계산결과에 근거할 때 법령에 명시된 3수의 검진수수의 타당성
>
> Q3: 계군의 65%가 양성이면 생산성에 심각한 손실이 발생한다고 가정할 때 계군의 65% 이상이 검사양성이라는 결론을 얻기 위한 표본크기

[사례 2]

> 어느 농장에 암소 100두, 송아지 30두, 양 20두가 사육되고 있고 이 농장에서 *Leptospira hardjo*에 대한 감염상태를 조사할 계획이다. 유병률이 약 10%라고 할 때 아래의 질문에 대하여 설명하시오.
>
> Q1: 감염여부를 확인하는 데 필요한 검진두수

Q2: 총 사육두수를 1,000두와 10,000두로 가정할 때 병원체 감염여부를 확인하는 데 필요한 검진두수

Q3: 감염여부를 확인하기 위한 축종당 검진두수

Q4: 유병률을 20%로 가정할 때 Q1~Q3 계산

Q5: Q1~Q4의 답변에 근거하여 우군에서 적어도 1두의 양성 개체를 검출하는 데 필요한 표본크기와 유병률의 관계

[사례 3]

Q1: 전라북도 소재 젖소에서 질병 'F'를 검출할 때 유병률 1%에서 99% 신뢰할 수 있는 표본크기를 계산하시오.

Q2: 문헌에 의하면 질병 'F'에 감염된 소의 10%는 전형적인 임상증상을 보이는 것으로 알려져 있다. 전라북도의 경우 이 질병에 감염된 소의 3%가 임상증상을 보인다고 할 때 질병 'F'를 검출하는 것을 99% 신뢰하기 위해서는 몇 두를 검사해야 하는지 Q1의 계산결과와 비교하시오.

4. 두 집단 비율 비교

[사례 1]

질병 'X'에 대한 두 종류의 치료법에 의한 재발률은 표준 치료군에서 40%, 신약 치료군에서 25%로 기대된다. 첫째, 표준 치료군의 대상자를 선발하는 것이 상대적으로 용이하여 $k = 0.5$와 둘째, $k = 1$로 가정할 때 유의수준 1%, 검정력 95%에서 본 연구에 필요한 표본크기를 계산하시오?

[사례 2]

어느 우군에서 특정 암 발생률이 소 100,000두당 150건으로 보고되었다. 비타민 A를 사료로 공급할 때 이 암에 대한 예방효과가 있는지 평가하기 위한 연구를 계획하고 있다. 대조군(p_1)에서는 일반 모집단의 발생률과 유사하고 치료군(p_2)에서는 약 20%의 감소효과를 보일 것으로 기대한다고 할 때 5% 유의수준 5%에서 80%의 검정력을 유지하는 표본크기를 계산하시오.

[사례 3]

소의 질병 X에 대하여 표준 항생제로 치료할 때 50%의 치료율을 보인다. 어느 연구자는 새로 개발된 항생제가 표준 항생제에 의한 치료율 보다 적어도 10%의 차이가 없다면 새로 개발된 항생제가 표준 항생제와 동등한 효과가 있는 것으로 판정할 계획이다. 신뢰수준 95%, 검정력 80%에서 연구의 목적을 달성할 수 있는 처리군당 필요한 표본크기를 계산하시오.

[사례 4]

Q1: 돼지 질병 X 진단용으로 사용되고 있는 혈청검사 A의 정확도는 95%로 비교적 높지만 검사를 위해 다소 복잡한 시료 처리과정을 필요로 한다. 어느 연구자는 시료 처리과정을 단순화시키고 검사 프로토콜을 일부 수정한 검사법을 개발하였다. 기존 검사법의 정확도에 비하여 10% 이상의 차이가 없을 때 기존 법사법과 동등한 수준으로 판정하고자 한다. 유의수준 5%, 검정력 95%에서 본 연구의 목적을 달성하는 데 필요한 시료의 개수를 계산하시오.

Q2: Q1에서 개정된 검사법을 적용하는 것이 시간과 비용을 절약할 수 있어 기존검사법에 필요한 표본크기의 2배를 할당하고자 한다. Q1과 동일한 가정에서 본 연구의 목적을 달성하는 데 필요한 시료의 개수를 계산하시오.

[사례 5]

질병 X를 진단하는 데 사용되는 기존 키트 A의 민감도와 특이도는 각각 90%와 95%이다. 어느 연구자는 이 질병을 진단하기 위해 키트 B를 새로 개발하였고, 이 키트의 민감도와 특이도가 적어도 85%와 90%로 기대될 때 키트 A와 적어도 동등한 수준으로 간주할 계획이다. 신뢰수준 95%, 검정력 80%를 가정할 때 민감도와 특이도의 동등성 검정에 필요한 표본크기를 계산하시오.

[사례 6]

Q1: 돼지 생식기호흡기 질병(PRRS)을 진단하는 데 사용하는 중합효소연쇄반응(PCR) 검사의 정확도가 실험실 근무경력에 따라 다소 차이를 보인다고 하자. 검사자의 숙련도를 향상시키기 위한 교육과정을 이수할 때 검사결과가 전문가 수준과 동일한 95%의 정확도를 보일 것으로 기대하고 있다. 예를 들어 전문가의 검사결과와 5% 이상의 차이를 보이지 않는다는 것을 80% 보장하기를 원한다면 몇 개의 시료가 필요한지 계산하시오.

Q2: Q1에서 PRRS를 진단하는 실험실 A와 B의 정확도는 각각 95%와 93%로 2%의 차이가 있는 것으로 추정하고 있다. 이러한 차이가 5% 이상이 아니라면 두 실험실 간 진단의 정확도에 차이가 없는 것으로 판단한다고 할 때 유의수준 5%, 검정력 80%에서 평가에 필요한 표본크기를 계산하시오.

Q1: 초음파검사의 민감도가 젖소의 난소질병과 자궁축농증 환자에서 차이가 있는지를 평가하고자 한다. 초음파검사의 민감도는 난소질병 환자에서 90%, 자궁축농증 환자에서 80%로 기대된다. 유의수준 5%, 검정력 80%를 가정할 때 각 실험군에 필요한 표본크기를 계산하시오.

Q2: 돼지의 급성전염병 X를 진단하는데 현재 사용하고 있는 키트 A의 특이도가 95%로 비교적 낮아 가양성 개체에 대한 확진검사에 비용과 시간이 소요되는 문제가 지속되고 있다. 어느 연구자가 질병 X 진단용으로 새로운 키트 B를 개발하여 특이도를 평가하고자 한다. 예를 들어 키트 B의 특이도가 99%로 기대된다고 할 때 키트 A와 B의 특이도에 차이가 있는지를 평가하는데 필요한 표본크기를 유의수준 1%, 검정력 90%에서 계산하시오.

[사례 8]

소의 전염성 질병 X에 감염된 개체를 도축할 때 장기에서 관찰할 수 있는 육안적 병변은 분명하지 않다. 전문적인 교육과정을 이수한 수의사는 95%, 교육과정을 이수하지 않을 경우 90%의 정확도를 보일 것으로 기대되며 두 군간 최소 5% 이상 차이를 보일 때 교육과정의 효과가 있는 것으로 판단하고 있다. 교육과정의 효과를 판정하는데 필요한 표본크기를 95% 신뢰수준과 양측검정에서 계산하시오.

5. 변화율 추정과 역치수준 비교

[사례 1]

아까바네병은 임신 소와 양에서 유산과 사산, 태아에서 관절만곡과 뇌수두증후군을 초래하는 질병으로 우리나라에서는 제3종 가축전염병으로 지정하여 관리하고 있다. 국내 연구에 의하면 아까바네병의 항체 양성률은 2005~2008년 기간 동안 평균 34%(범위 24.3~43.1%)를 보이고 있는 것으로 나타났다.

Q1: 항체 양성률이 10% 감소하였는지를 파악하고자 할 때 조사의 목적을 달성할 수 있는 적절한 표본크기를 계산하시오.

Q2: 만일 2009년도 조사에서 항체 양성률이 28%로 조사되었다고 가정할 때 항체 양성률의 참값을 계산하시오.

[사례 2]

> 어느 모집단에서 질병 'G'에 대한 기대유병률이 10%로 알려져 있다. 방역당국에서는 이 집단의 모든 개체를 대상으로 혈청학적 검사를 시행한 결과 유병률이 30%를 초과하면 백신접종 정책을 실시하고, 30% 이하로 발생하면 양성 개체를 도태하는 박멸 프로그램을 실시할 예정이다. 95% 신뢰수준과 90%의 검정력에서 조사의 목적을 달성할 수 있는 표본크기와 방역정책을 선택하는 데 필요한 양성 개체의 역치두수를 계산하시오.

[사례 3]

> 방역당국에서는 돼지열병 청정화 대책의 일환으로 백신접종률 대상 개체 중 90% 이상의 백신접종률을 달성하는 장기 목표를 설정하고 있다.
>
> Q1: 청정화 계획의 1단계에서는 백신접종률이 70% 이하인 농장을 선별하여 이들 농장에 대해서 행정조치를 취할 예정이다. 일차 목표 접종률 70%를 달성하였는지를 90% 신뢰하기 위해서는 각 농장에서 최소 몇 두를 검사해야 하는지 계산하시오.
>
> Q2: 백신 비접종률이 30% 이상이라는 가설을 검정하기 위해서는 역치두수를 몇 두로 설정하는 것이 바람직한지 유의수준 5%에서 계산하시오.

6. 발생률과 진단검사

[사례 1]

> 어느 소규모 모집단을 대상으로 특정 질병에 대한 추적조사를 수행한 결과 연간 발생률이 25%로 추정되었다. 이러한 발생률이 모집단에서 발생률의 참값 40%와 차이가 있는지 검정하기 위해서는 최소 몇 두가 필요한지 계산하시오.

[사례 2]

> 어느 연구자는 소의 특정 질병을 신속 진단하기 위하여 새로 개발한 키트의 민감도와 특이도를 평가할 계획이다. 정부의 강력한 방역정책으로 모집단에서 유병률이 현저히 감소하였을 것으로 판단되어 1%, 5%, 10%의 유병률을 가정한다. 새로 개발된 키트의 능력이 기존의 제품과 적어도 동등할 것이라고 판단되어 민감도와 특이도를 각각 93%와 98%로 가정할 때 몇 두를 대상으로 평가하는 것이 적절한지 계산하시오.

[사례 3]

강원도 소재 돼지농장에서 특정 질병의 유병률을 추정하기 위하여 975두의 혈청 시료(n)를 채혈한 후 하나의 풀에 15개의 시료(C)를 합병하여 총 65개의 풀(R)로 구성하였다. 아래의 질문에 대하여 유병률의 신뢰구간을 계산하시오.

Q1: 65개의 풀 중 30개의 풀이 양성결과(S)일 때

Q2: 65개의 풀 모두 검사음성일 때

[사례 4]

어느 연구자는 돼지생식기호흡기증후군(PRRS) 바이러스 항원을 검출하기 위한 ELISA 신속진단 키트를 개발하였다. 이 키트를 현장에 적용하기 이전에 키트검사에 의한 양성과 음성 판단기준(cut-off value)을 설정하고자 한다. 예비실험에서 키트의 민감도와 특이도가 각각 92%, 95%로 추정되었다고 할 때 95% 신뢰수준에서 3%의 오차한계를 만족하는데 필요한 표준(reference) 양성 혈청과 음성혈청 개수를 계산하시오.

[사례 5]

130두의 소에 대한 검사 결과 128두가 음성으로 판정되었다면 검사의 특이도는 98.5%이다. 특이도의 95% 신뢰구간을 계산하시오.

[사례 6]

어느 질병 'X'를 진단하는 검사의 민감도와 특이도가 각각 90%이고, 우군 내 유병률이 30%로 알려져 있다. 양성판정 기준을 1두로 가정할 때 이 검사의 우군수준에서의 민감도와 특이도를 계산하시오.

[사례 7]

질병 'X'를 진단하기 위하여 ELISA와 IFA 검사를 사용할 때 본문의 다중검사에서 설명한 전략 2를 적용할 때 아래의 정보를 사용하여 우군수준(herd-level)의 현성 유병률, 민감도, 특이도, 우군 수를 계산하시오.

민감도: $Se1 = 75\%$, $Se2 = 80\%$

특이도: $Sp1 = 100\%$, $Sp2 = 98.7\%$

우군 유병률(infected herd prevalence): 5%

우군 내 유병률(within-herd prevalence): $p = 25\%$

신뢰도: 99%

우군당 표본크기: $n = 5$

[사례 8]

FreeCalc 프로그램을 이용하여 다음의 두 자료에 대한 계산결과를 해석하시오.

Q1: 민감도=90%, 특이도=90%, 유병률=10%, 모집단크기=999,999

계산결과: 표본크기=202, 양성반응 두수 기준=27

Q2: 민감도=90%, 특이도=90%, 유병률=10%, 모집단크기=999,999

표본크기=202, 양성반응 역치두수=28

계산결과: 귀무가설 p=0.0716, 대립가설 p=0.0482

[사례 9]

[사례 6]의 예제에서 양성판정 역치기준을 1, 2, 3, 5두 이상으로 설정할 때 우군수준의 민감도와 특이도를 각각 계산하시오.

[사례 10]

우군검사에서 적어도 1두의 양성 개체가 확인될 때 감염군으로 판단하는 경우, 즉 역치두수가 $k = 1$일 때 우군검사의 민감도(HSe)와 특이도(HSp)는 다음과 같이 계산된다.

$$HSe: \quad p[(k \geq 1)|herd+] = 1 - \binom{n}{0} p_1^0 q_1^{n-0} = 1 - q_1^n = 1 - (1 - AP_{pos})^n$$

$$[p_1 = AP_{pos}, \ q_1 = 1 - p_1]$$

$$HSp: \quad p[(k = 0)|herd-] = \binom{n}{0} p_2^0 q_2^{n-0} = q_2^n = Sp^n$$

$$[p_2 = AP_{neg}, \ q_2 = 1 - p_2]$$

여기에서 역치두수가 $k \geq 2$일 때 HSe와 HSp를 계산하는 공식을 유도하시오.

[사례 11]

전염성이 매우 높은 소 질병 'X'를 혈청학적으로 진단하는 새로운 키트의 특성을 평가하고자 한다. 모든 연령의 소가 이 질병에 감수성을 보이며 문헌에 의하면 우군에서 질병 X가 유행하는 기간 중 소의 70%가 혈청검사에서 양성반응을 보이는 것으로 알려져 있다. 현재 이 질병을 진단하는데 사용하는 키트의 민감도와 특이도가 낮아 실용성에서 한계가 있다. 새로 개발한 키트의 민감도와 특이도가 적어도 85% (정밀도 ±5%)와 75% (정밀도 ±10%)로 추정된다고 할 때 키트의 특성을 평가하는데 필요한 95% 신뢰수준의 표본크기를 계산하시오.

[사례 12]

어느 국가에서는 소의 신종 질병 X에 대한 혈청학적 검사를 수행하고 있으며, 최근의 연구결과에 따라 혈청학적 양성판정 기준을 수정할 예정이다. 연구자는 변경된 기준을 적용할 때 혈청학적 검사의 민감도와 특이도를 추정하고자 한다. 지난 5년간 수행한 혈청검사 데이터베이스 기록을 검색한 결과 총 10,000건 중 이 질병으로 진단된 기록이 400건으로 확인되었다. 확인된 10,000건에 대한 진단의 정확성을 모두 확인하는 것이 불가능하여 검색결과 양성으로 확인된 400건과 나머지 9,600개의 음성 기록 중 1,000건을 무작위로 추출하여 총 1,400건의 검사기록부를 정밀 검토하였다. 변경된 기준을 적용할 때 양성 기록 400건 중 350건이 양성으로 분류되었고, 음성 기록 1,000건 중 20건이 양성으로 분류되었다. 이러한 결과에 의하면 혈청학적 검사의 양성예측도와 음성예측도는 각각 87.5%와 98.0%로 계산된다. 1,400건의 표본검사 결과에 근거할 때 전체 10,000건에 대한 혈청학적 검사의 민감도와 특이도를 추정하시오.

[사례 13]

돼지 질병 X 진단용으로 새로 개발된 진단키트의 민감도가 90%로 기대된다. 유병률이 10%인 모집단에서 이 키트의 민감도가 95% 신뢰수준에서 적어도 75% 이상이라는 것을 95% (검정력) 확신하기 위해서 감염 개체와 건강한 대조군 몇 두를 대상으로 평가해야 하는지 계산하시오.

[사례 14]

어느 지역에 소의 급성 전염성 질병 X가 발생하여 방역당국의 강력한 살처분 정책으로 추가 발생이 없는 것으로 판단된다. 현재 사용하고 있는 키트의 특이도를 보완한 새로운 진단키트 A를 개발하여 이 지역의 소 1,500두를 대상으로 질병 X의 비발생을 증명할 계획이다. 키트 A의 특이도가 99.5%로 기대된다고 할 때 특이도의 참값을 99% 신뢰수준에서 ±1%의 오차한계 (margin of error)로 추정하는 연구에 필요한 표본크기를 이항분포에 대한 정규분포 근사성과 정확 이항분포를 이용하여 각각 계산하시오.

소의 질병 'X'를 진단하기 위하여 3가지 검사 (A, B, C)를 사용할 예정이다. 각 검사의 민감도 (Se)와 특이도 (Sp)가 $Se_A = 87\%$, $Sp_A = 68\%$, $Se_B = 98.6\%$, $Sp_B = 99\%$, $Se_C = 95\%$, $Sp_C = 100\%$ 라 할 때 $A \rightarrow B \rightarrow C$ 순으로 연속시험 (serial testing)으로 진행할 경우 합동 (combined) 민감도와 특이도를 계산하시오.

7. 집락성

[사례 1]

비육우의 호흡기 질병에 대한 백신접종이 감염의 위험을 줄이는지를 알아보기 위한 연구를 수행하였다. 새로 개발된 백신을 접종할 때 현행 15%의 유병률이 10%로 낮아지는 것을 기대하고 있다.

Q1: 5%의 유병률 감소를 95% 확신하기 위해서 80%의 검정력을 가정할 때 필요한 표본크기를 계산하시오.

Q2: 1개의 축사에서 백신군과 위약군을 무작위로 할당하는 것이 어렵고 비육기간 내내 개별 동물을 관찰하는 것이 불가능하다면 축사를 관찰단위로 하여 백신군과 위약군으로 할당하는 대안을 고려할 수 있다. 만일 특정한 축사 내에서 호흡기 질병이 집락성(disease clustering)을 보이면서 발생한다면 이를 보정한 표본크기를 계산해야 한다. 비육우에서 축사의 집락성이 0.3이고, 축사당 사육두수가 50두일 때 표본크기를 계산하시오.

[사례 2]

어느 연구자는 기대유병률 50%를 10%의 정밀도로 추정하는 것을 95% 신뢰할 수 있는 유병률 조사를 계획하고 있다. 집락 내 상관계수(ρ) 0.05, 집락 수(k) 10으로 가정할 때 단순무작위추출과 집락추출에 필요한 총 표본크기를 각각 계산하시오.

[사례 3]

질병 'X'에 대하여 집락추출을 이용하여 혈청학적 조사를 시행할 계획이다. 이때 20개(b)의 집락과 집락당 30두(k)를 선발할 계획이라면 총 표본크기는 600두이다. Design effect(0.2)를 고려할 때와 고려하지 않을 때 이러한 표본추출 계획이 갖는 의미를 설명하시오.

[사례 4]

질병 'X'의 유병률을 조사하는 연구에서 20개의 집락을 선발하여 집락당 30두를 표본추출하고 집락 내 상관계수(ρ)가 0.2일 때 design effect(D)를 고려할 때와 고려하지 않을 때 유병률 참값의 표준편차 추정치를 비교하시오.

[사례 5]

유병률이 50%이고 집락 내 상관계수가 0.2인 질병 'X'에 대한 조사에서 집락당 10두를 선발할 때 유병률 추정치를 95% 신뢰수준에서 ±10% 이내로 추정하고자 할 때 필요한 집락의 수를 계산하시오.

[사례 6]

어느 지역을 6개의 집락으로 구분하여 3차에 걸친 유병률 조사를 수행하여 다음과 같은 결과를 얻었다고 할 때 유병률의 분산을 추정하시오.

집락	조사 수 (x_i)	반응 수 (y_i)	반응률 (y_i/x_i)
[1차 조사]			
1	2	2	1.00
2	7	5	0.70
3	4	3	0.75
4	6	3	0.50
5	4	1	0.25
6	3	0	0.00
계	26	14	
[2차 조사]			
1	10	2	0.20
2	10	5	0.50
3	10	3	0.30
4	10	3	0.30
5	10	1	0.10
6	10	2	0.20
계	60	16	

[3차 조사]			
1	10	2	0.20
2	10	7	0.70
3	10	4	0.40
4	10	6	0.60
5	10	4	0.40
6	10	3	0.30
계	60	26	

[사례 7]

 층화 이단계집락추출법(stratified 2-stage cluster sampling)을 사용하여 우리나라의 젖소에서 우결핵 유병률을 추정하기 위한 조사계획을 아래의 가정을 참고하여 작성하시오.
 <가정>
 ① 층화 이단계집락추출법은 우군의 크기에 비례하도록 계획한다.
 ② 방역지소를 집락으로 간주한다.
 ③ 집락당 선발 두수는 30두, 우결핵의 집락 내 상관계수 $\rho = 0.2$이다.
 ④ 우결핵 유병률은 0.2%이다.

8. 질병 청정증명

[사례 1]

 개별 농장 단위에서 돼지 질병 'X'에 대한 비발생 증명을 통하여 청정 농장을 인증할 계획이다. 이 질병은 모든 연령의 돼지가 감수성을 보이며 주로 동절기에 발생하는 특성을 보인다. 총 사육두수가 4,381두인 어느 농장에 종모돈 8두, 후보돈 67두, 임신돈 352두, 포유자돈 804두, 이유자돈 1,320두, 육성돈 710두, 비육돈 1,120두가 있다. 이 농장에 질병 'X'가 존재하지 않는다는 증거를 찾기 위한 조사계획을 작성하시오.

[사례 2]

 전술한 [사례 1]과 동일한 조건에서 계획 유병률 2%, 민감도 99.1%, 특이도 98.2%, 신뢰수준 95%, 검정력 80%를 가정할 때 표본크기를 계산하시오.

[사례 3]

어류를 양식하는 어느 농장이 질병 'X'에 대해 질병 청정인증을 받고자 한다. 이 질병은 전파 속도가 느리고 주로 겨울철에 성어단계에서 발생하여 심각한 경제적 손실을 초래한다. 이 농장 에는 출하단계의 성어가 4개의 탱크에 각각 양식되고 있고, 각 탱크에는 약 1,000~5,000마리가 있다. 이 질병을 진단하는 ELISA 검사의 민감도가 98%이고 특이도가 99.4%라고 할 때 질병 'X' 에 대하여 청정상태임을 증명하는 조사계획을 작성하시오.

[사례 4]

어느 지역에 구제역이 새로 발생하여 방역당국의 신속한 조치로 발생이 종식된 것으로 판단 된다. 당국에서는 구제역이 존재하는지를 확인하기 위하여 발생 2개월 후 관리지대(control zone) 내 265두(N)의 우군에 대한 혈청학적 검사를 할 계획이다. 구제역의 역학적 특성상 전염성이 매 우 높기 때문에 만일 우군에 감염이 존재한다면 적어도 30%(WHP)의 개체는 항체역가를 보유할 것으로 기대되고, 진단검사의 민감도(Se)와 특이도(Sp)를 각각 95%와 98%라고 할 때 조사의 목적 을 달성할 수 있는 표본크기를 계산하시오.

[사례 5]

[사례 4]에서 WHP=10%, Se=95%, Sp=98%, N=265, $\alpha=\beta=0.05$를 가정하고 64두를 선발하 여 검사한 결과 첫째, 2두의 양성 개체, 둘째, 5두의 양성 개체가 검출되었다고 가정할 때 이러 한 결과가 갖는 의미를 설명하시오.

[사례 6]

[사례 4]에서는 전염성이 매우 강한 구제역을 가정하였다. 전염성이 매우 약한 요네병에 대하 여 혈청학적 검사의 민감도와 특이도를 각각 60%와 99%, 유병률 2%를 가정할 때 청정상태를 증명하는 데 필요한 표본크기를 계산하시오.

[사례 7]

돼지 질병 'Y'는 전염성이 매우 빠르고 폐사율이 높아 감염될 경우 수일 내에 폐사한다. 비교 적 하절기에 발생률이 높지만 연중 발생이 가능하다. 약 2,302개 돼지농장에서 약 9,500,000두의 돼지가 사육되고 있는 어느 국가에서 이 질병에 대한 비발생 증명을 위한 조사를 계획한다고 할 때 표본추출 전략을 작성하시오.

[사례 8]

어느 지역에서 질병 'X'에 대한 감시활동 프로그램을 시행한 결과 양성 개체가 지난 수년간 검출되지 않았다. 방역당국에서는 이 지역에서 질병 'X'에 대한 비발생을 증명하기 위한 조사를 계획하고 있다. 과거의 혈청검사 기록에 의하면 14개 우군이 질병 'X'로 의심되는 고위험군으로 확인되었다. 이 질병의 역학적 특성으로 볼 때 전염성이 매우 높기 때문에 감염 우군 내 유병률은 30%, 우군 간 유병률은 40%로 추정된다. ELISA 검사의 민감도와 특이도가 96.1%와 99%이고, 이단계표본추출에서 우군수준의 민감도 95%와 특이도 99%를 달성할 수 있는 최적 표본크기를 계산하시오.

[사례 9]

총 8,532개의 우군이 있는 어느 국가는 특정 질병 'X'가 없다는 것을 증명하기 위한 조사를 계획하고 있다. 개체수준에서 민감도 94%, 특이도 90%인 스크리닝 검사를 사용하여 5%의 우군 간 유병률을 95%의 신뢰수준$(1 - \alpha)$과 검정력$(1 - \beta)$으로 질병의 존재를 검출할 예정이다. 질병이 존재한다면 우군 내 유병률은 적어도 20% 이상일 것으로 기대된다. 조사에 소요되는 예산이 한정되어 있어 총 200개 이상의 우군은 조사하기 어렵다고 가정할 때 비용을 고려한 최적 표본크기를 계산하시오.

[사례 10]

어느 국가에서 새우의 질병 'X'에 대하여 청정선언을 목표로 하고 있다. 이 질병은 특이적인 임상증상을 보이지는 않지만 전염성이 매우 높고 이환되면 수일 내로 폐사하며 연중 발생 가능하나 주로 늦은 여름에 발생한다. 이 국가에서 갑각류 산업은 소규모 양식농가들이 마을 단위로 모여 있는 특성을 보인다고 할 때 질병 'X'의 청정상태를 증명하는 조사계획을 작성하시오.

[사례 11]

어느 지역에서 소의 특정 외부기생충 A가 존재하지 않는다는 것을 증명하는 조사를 계획하고 있다. 이 지역에는 총 40개의 우군(stage 1)이 있고 각 우군에는 20-100두(평균 50두)의 소(stage 2)가 사육되고 있다. 감염된 소에서 분리한 기생충을 분류한 문헌에 의하면 기생충 A는 다른 2 종류의 외부기생충(B, C)과 복합 감염되는 경우가 흔한 것으로 알려져 있고, 본 조사에서는 기생충 A(stage 3)에 대한 비발생 증명에 관심을 두고 있다. 기생충이 우군에 유입되면 급속히 전파되고, 감염된 소는 흔히 번식능력 감퇴나 생산성 저하가 초래되며 중증으로 감염된 경우 폐사할 수 있다. 조사의 목적을 달성할 수 있는 3-stage 표본추출 계획을 아래의 가정에 근거하여 작성하시오.

<가정>

1. 감염된 소에 부착된 외부기생충 A의 밀도는 10-100개 (평균 50개)이다.

2. Stage 1과 2에서 외부기생충 A가 없다는 것을 95% 이상의 높은 수준으로 신뢰하기를 원하며 ($\alpha\ error = 0.05$, 비발생임에도 발생으로 잘못 판정할 가능성을 배제하기 위하여 모든 단계에 대하여 검정력을 100% ($\beta error = 0$)로 설정한다.

3. 각 단계 (stage)에서 감염여부를 판정하는 진단검사의 민감도와 특이도는 다음과 같다.

단계	민감도	특이도	제1형 오류	제2형 오류
1: herd	0.95	1.00	0.05	0.00
2: cattle	0.60-0.99	1.00	0.05	0.00
3: parasite	1.00	1.00	0.01-0.40	0.00

4. 표본크기 계산을 위하여 각 단계별 계획 유병률 (design prevalence)은 stage 1에서 5, 10, 25, 50, 75%, stage 2에서 30, 40, 50, 60, 70, 80%, stage 3에서 7, 15, 25%로 설정한다.

참고문헌

Agresti A, Coull B. Approximate is better than exact for interval estimation of binomial proportions. Am Stat 52: 119 - 126, 1998.

Alonzo TA, Pepe MS. Using a combination of reference tests to assess the accuracy of a new diagnostic test. Stat Med 18: 2987 - 3003, 1999.

Altman DG. Practical statistics for medical research. London, England: Chapman and Hall, 1993.

Altman DG, Machin D, Bryant TN, Gardner MJ. Statistics with confidence. 2nd ed. 2000.

Alton GD, Pearl DL, Bateman KG, McNab WB, Berke O. Factors associated with whole carcass condemnation rates in provincially - inspected abattoirs in Ontario 2001 - 2007: implications for food animal syndromic surveillance. BMC Vet Res 6: 42, 2010.

Armitage P, Berry G. Statistical methods in medical research. 3rd ed. London: Blackwell, 1994.

Audigé L, Beckett S. A quantitative assessment of the validity of animal - health surveys using stochastic modelling. Prev Vet Med 38: 259 - 276, 1999.

Audigé L, Doherr MG, Wagner B. Use of simulation models in surveillance and monitoring systems. In: Animal disease surveillance and survey systems: methods and applications(Salman MD ed). Blackwell Publishing, 2003.

Beam CA. Strategies for improving power in diagnostic radiology research. Am J Radiol 159: 631 - 637, 1992.

Bennett S, Woods T, Liyanage WM, Smith DL. A simplified general method for cluster - sampling surveys of health in developing countries. World Health Stat Q 44: 98 - 106, 1991.

Benschop J, Spencer S, Alban L et al. Bayesian zero - inflated predictive modelling of herd - level Salmonella prevalence for risk - based surveillance. Zoonoses Public Health 57(Suppl 1): 60 - 70, 2010.

Bernard F, Vincent C, Matthieu L et al. Tuberculosis and brucellosis prevalence survey on dairy cattle in Mbarara milk bason (Uganda). Prev Vet Med 67: 267-281, 2005.

Boelaert F, Deluyker H, Maes D, Godfroid J et al. Prevalence of herds with young sows seropositive to pseudoradbies(Aujeszkey's disease) in northern Belgium. Prev Vet Med 41: 239 - 255, 1999.

Borchardt SM, Ritger KA, Dworkin MS. Categorization, prioritization, and surveillance of potential bioterrorism agents. Infect Dis Clin North Am 20: 213 - 225, 2006.

Brenner H, Gefeller O. Variation of sensitivity, specificity, likelihood ratios and predictive values with disease prevalence. Stat Med 16: 981 - 991, 1997.

Buderer NMF. Statistical methodology: I. Incorporating the prevalence of disease into the sample size calculation for sensitivity and specificity. Acad Emerg Med 3: 895 - 900, 1996.

Cameron A. Survey toolbox for livestock diseases. A practical manual and software package for active surveillance in developing countries. Australian Centre for International Agricultural Research, 1999.

Cameron AR, Baldock FC. Two - stage sampling in surveys to substantiate freedom from disease. Prev Vet Med

34: 19 − 30, 1998a.

Cameron AR, Baldock FC. A new probability formula for surveys to substantiate freedom from disease. Prev Vet Med 34: 1 − 17, 1998b.

Cameron A, Gardner I, Doherr MG, Wagner B. Sampling considerations in surveys and monitoring and surveillance systems. In: Animal disease surveillance and survey systems: methods and applications(Salman MD ed). Blackwell Publishing, 2003.

Campbell MJ, Julious SA, Altman DJ. Estimating sample sizes for binary, ordered categorical, and continuous outcomes in two group comparisons. BMJ 311: 1145-1148, 1995.

Campbell MK, Thomson S, Ramsay CR, MacLennan GS, Grimshaw JM. Sample size calculator for cluster randomized trials. Comput Biol Med 34: 113-125, 2004.

Cannon RM, Roe RT. Livestock disease surveys: A field manual for veterinarians. Australian Government Publishing Service, Canberra, 1982.

Cannon RM. Sense and sensitivity: designing surveys based on an imperfect test. Prev Vet Med 49: 141 − 163, 2001.

Connett JE, Smith JA, McHugh RB. Sample size and power for pair-matched case-control studies. Stat Med 6: 53-59, 1987.

Carpenter TE, Gardner IA. Simulation modeling to determine herd − level predictive values and sensitivity based on individual − animal sensitivity and specificity and sample size. Prev Vet Med 27: 57 − 66, 1996.

Christensen J. Epidemiological concepts regarding disease monitoring and surveillance. Acta Vet Scand 94(suppl) 94: 11 − 16, 2001.

Christensen J, Gardner IA. Herd − level interpretation of test results for epidemiologic studies of animal diseases. Prev Vet Med 45: 83 − 106, 2000.

Cochran WG. Sampling techniques. 3rd ed, Wiley, New York, 1977.

Condon GC, Healy SP, Farajollahi A. Sentinel chicken coop modification for canopy − level arbovirus disease surveillance. J Am Mosq Control Assoc 25: 390 − 393, 2009.

Dafni UG, Tsiodras S, Panagiotakos D et al. Algorithm for Statistical Detection of Peaks − Syndromic Surveillance System for the Athens 2004 Olympic Games. MMWR 53(Suppl): 86 − 94, 2004.

Daly S. Simple SAS macros for the calculation of exact binomial and poisson confidence limits. Comput Biol Med 22: 351-361, 1992.

Dekker A. Herd sensitivity in relation to test sensitivity in swine vesicular disease serological tests. Rev Sci Tech 24: 1077 − 1083, 2005.

Del Rocio Amezcua M, Pearl DL, Friendship RM, McNab WB. Evaluation of a veterinary − based syndromic surveillance system implemented for swine. Can J Vet Res 74: 241 − 251, 2010.

Dendukuri N, Rahme E, Belisle P, Joseph L. Bayesian sample size determination for prevalence and diagnostic test studies in the absence of a gold standard test. Biometrics 60: 388 − 397, 2004.

DiGiacomo RF, Koepsell TD. Sampling for detection of infection or disease in animal populations. J Am Vet Med Assoc 189: 22 − 23, 1986.

Doherr MG, Audigé L. Monitoring and surveillance for rare health − related events: a review from the veterinary perspective. Phil Trans Roy Soc Lond B 356: 1097 − 1106, 2001.

Dohoo I, Martin W, Stryhn H. Veterinary epidemiologic research. AVC Inc., Charlottetown, Canada, 2003.

Donald A. Prevalence estimation using diagnostic tests when there are multiple, correlated disease states in the same animal or farm. Prev Vet Med 15: 125 − 145, 1993.

Donald AW, Gardner IA, Wiggins AD. Cut − off points for aggregate herd testing in the presence of disease clustering and correlation of test errors. Prev Vet Med 19: 167 – 187, 1994.

Donner A. Statistical methodology for paired cluster designs. Am J Epidemiol 126: 972 – 979, 1987.

Dufour B. Technical and economic evaluation method for use in improving infectious animal disease surveillance networks. Vet Res 30: 27 – 37, 1999.

Dugan VG, Yabsley MJ, Tate CM et al. Evaluation of White – Tailed Deer(Odocoileus virginianus) as natural sentinels for Anaplasma phagocytophilium. Vectoe Borne Zoonotic Dis 6: 192 – 207, 2006.

EC(European Commission). Requirements for statistically authoritative BSE/TSE surveys. Scientific Steering Committee 29-30 Nov 2001.

Elbers ARW, Stegman JA, de Jong MF et al. Estimating sample sizes for a two – stage sampling survey of seroprevalence of pseudorabies virus(PRV) – infected swine at a regional level in the Netherlands. Vet Q 17: 92 – 95, 1995.

Elbers ARW, Stegeman A. Marked reduction of the prevalence of pseudorabies virus – infected pigs in pig dense regions of the Netherlands during the first year of a nation – wide vaccination campaign. Vet Q 18: 65 – 67, 1996.

Farver TS, Thomas C, Edson RK. An application of sampling theory in animal disease prevalence survey design. Prev Vet Med 3: 463 – 473, 1985.

Fisher LD, Van Belle G. Biostatistics: a methodology for the health sciences. John and Wiley & Sons Inc., New York, pp.847 – 850, 1993.

Flahault A, Cadilhac M, Thomas G. Sample size should be performed for design accuracy in diagnostic test studies. J Clin Epidemiol 58: 859-862, 2005.

Fleiss JL. Statistical methods for rates and proportions. 2nd ed. New York: John Wiley & Sons, 1981.

Fosgate GT. Modified exact sample size for a binomial proportion with special emphasis on diagnostic test parameter estimation. Stat Med 24: 2857-2866, 2005.

Fosgate GT. Practical sample size calculations for surveillance and diagnostic investigations. J Vet Diagn Invest 21: 3-14, 2009.

IAEA. Performance indicators for rinderpest surveillance. International Atomic Energy Agency, Vienna. IAEA – TECDOC – 1261, 2001.

Gardner IA, Carpenter TE, Leontides L, Parsons TE. Financial evaluation of vaccination and testing alternatives for control of parvovirus – induced reproductive failure in swine. J Am Vet Med Assoc 208: 863 – 869, 1996.

German RR, Lee LM, Horan JM, Milstein RL, Pertowski CA, Waller MN; Guidelines Working Group Centers for Disease Control and Prevention(CDC). Updated guidelines for evaluating public health surveillance systems: recommendations from the Guidelines Working Group. MMWR 27: 1 – 35, 2001.

Glickman LT, Moore GE, Glickman NW, et al. Purdue University – Banfield national companion animal surveillance program for emerging and zoonotic diseases. Vector Borne Zoonotic Dis 6: 14 – 23, 2006.

Goetghebeur E, Liinev J, Boelaert M et al. Diagnostic test analyses in search of their gold standard: latent analyses with random effects. Stat Methods Med Res 9:231 – 248, 2000.

Gohm DS, Thür B, Audigé L, Hofmann MA. A survey of Newcastle disease in Swiss laying – hen flocks using serological testing and simulation modelling. Prev Vet Med 38: 277 – 288, 1999.

Greiner M, Gardner IA. Application of diagnostic tests in veterinary epidemiologic studies. Prev Vet Med 45: 43 – 59, 2000.

Griner M, Dekker A. On the surveillance for animal diseases in small herds. Prev Vet Med 70: 223 – 234, 2005.

Gu W, Novak RJ. Short report: detection probability of arbovirus infection in mosquito populations. Am J Trop Med Hyg 71: 636−638, 2004.

Hadorn DC, Rüfenacht J, Hauser R et al. Risk−based design of repeated surveys for the documentation of freedom from non−highly contagious diseases. Prev Vet Med 56: 179−192, 2002.

Hanley JA, Lippman−Hand A. If nothing goes wrong, is everything all right? Interpreting zero numerators. JAMA 249: 1743−1745, 1983.

Hilden J. A further comment on estimating prevalence from the result of a screening test. Am J Epidemiol 109: 721−722, 1979.

Humphry RW, Cameron A, Gunn GJ. A practical approach to calculate sample size for herd prevalence surveys. Prev Vet Med 65: 173−188, 2004.

Huzurbazar S, Van Campen H, McLean MB. Sample size calculations for Bayesian prediction of bovine viral−diarrhoea−virus infection in beef herds. Prev Vet Med 62: 217−232, 2004.

Jacobson RH. Validation of serological assays for diagnosis of infectious diseases. Rev Sci Tech 17: 469−486, 1998.

James AD. Guide to epidemiological surveillance for rinderpest. Rev Sci Tech 17: 796−809, 1998.

Johnson D. The triangular distribution as a proxy for the beta distribution in risk analysis. J Roy Stat Soc Series D 46: 387−398, 1997

Johnson−Ifearulundu Y, Kaneenet JB, Lloyd JW. Herd−level economic analysis of the impact of paratuberculosis on dairy herds. J Am Vet Med Assoc 214: 822−825, 1999.

Jones R, Kelly L, England T et al. A quantitative risk assessment for the importation of brucellosis−infected breeding cattle into Great Britain from selected countries. Prev Vet Med 63: 51−61, 2004.

Jones SR, Carley S, Harrison M. An introduction to power and sample size estimation. Emerg Med J 20: 453-458, 2003.

Jordan D. Aggregate testing for the evaluation of Johne's disease herd status. Aust Vet J 73: 16−19, 1996.

Jordan D, McEwen SA. Herd−level test performance based on uncertain estimates of individual test performance, individual true prevalence and herd true prevalence. Prev Vet Med 36: 187−209, 1998.

Jovanovic BD, Levy PS. A look at the rule of three. Am Stat 51: 137−139, 1997.

Julious SA, Campbell MJ, Altman DG. Estimating sample sizes for continuous, binary, and ordinal outcomes in paired comparisons: practical hints. J Biopharm Stat 9: 241-251, 1999.

Karl E. Peace, The alternative hypothesis: one-sided or two-sided? J Clin Epidemiol 1989; 42: 473-476.

Killip S, Mabfoud Z, Pearce K. What is an intracluster correlation coefficient? crucial concepts for primary care researchers. Ann Fam Pract 2: 204-208, 2004.

Kline RL, Brothers TA, Brookmeyer R, Aeger S, Quinn TC. Evaluation of human immunodeficiency virus(HIV) seroprevalence surveys using pooled sera. J Clin Microbiol 27: 1449−1452, 1989.

Knopf L, Schwermer H, Stärk KD. A stochastic simulation model to determine the sample size of repeated national surveys to document freedom from bovine herpesvirus 1(BoHV−1) infection. BMC Vet Res 18;3:10, 2007.

Knottnerus JA, Bouter LM. The ethics of sample size: two-sided testing and one-sided thinking. J Clin Epidemiol 2001; 54: 109-110.

Knottnerus JA, Muris JW. Assessment of the accuracy of diagnostic tests: the cross-sectional study. J Clin Epidemiol 2003; 56: 1118-1128.

Kraemer HC. Evaluating medical tests: objective and quantitative guidelines. Sage Publications. 1992.

Leech FB, Sellers KC. Statistical epidemiology in veterinary science. New York, MacMillan Co., 1979.

Levy PS, Lemeshow S. Sampling of populations: methods and applications. 3rd ed. John Wiley, New York, 1999.

Lew RA, Levy RS. Estimation of prevalence on the basis of screening tests. Stat Med 8: 1225 – 1230, 1989.

Locksley L, Branscum AJ, Collins MT, Gardner IA. Frequentist and bayesian approaches to prevalence estimation using examples from Johne's disease. Anim Health Res Rev 9: 1 – 23, 2008.

Lohr SL. Sampling: design and analysis. Duxbury Press, 1999.

Loscalzo JL. Pilot trials in clinical research of what value are they? Circulation 119: 1694 – 1696, 2009.

Louis TA. Confidence intervals for a binomial parameter after observing no successes. Am Stat 35: 154, 1981.

Lwanga SK, Lemeshow S. Sample size determination in health studies. A practical manual. World Health Organization. 1991.

MacDiarmid SC. Future options for brucellosis surveillance in New Zealand beef herds. N Z Vet J 36: 39 – 42, 1988.

Marchevsky N, Held JR. Probability of introducing diseases because of false negative test results. Am J Epidemiol 130: 611 – 614, 1989.

Marchevsky N. Errors in prevalence estimates in population studies: a practical method for calculating real prevalence. Zoonosis 16: 98-109, 1974.

Machin D, Campbell MJ, Tan SB, Tan SH. Sample size tables for clinical studies. 3rd ed, Wiley-Blackwell, 2009.

Marcus PI, Girshick T, van der Heide L, Sekellick MJ. Super – sentinel chickens and detection of low – pathogenicity influenza virus. Emerg Infect Dis 13: 1608 – 1610, 2007.

Martin SW. Estimating disease prevalence and the interpretation of screening test results. Prev Vet Med 2: 463 – 472, 1984.

Martin SW, Shoukri M, Thorburn MA. Evaluating the health status of herds based on tests applied to individuals. Prev Vet Med 14: 33 – 43, 1992.

Martin PAJ, Cameron A. Documenting freedom from avian influenza. report on International EpiLab Project 4. Copenhagen, Denmark, 2002.

Martin DH, Nsuami M, Schachter J, et al. Use of multiple nucleic acid amplification tests to define the infected – patient "gold standard" in clinical trials of new diagnostic tests for *Chlamydia trachomatis* infections. J Clin Microbiol 42; 4749 – 4758, 2004.

McCluskey BJ, Burgess B, Glover J et al. Use of sentinel chickens to evaluate the effectiveness of cleaning and disinfection procedures in noncommercial poultry operations infected with exotic Newcastle disease virus. J Vet Diagn Invest 18: 296-299, 2006.

McCluskey BJ. Chapter 8: Use of sentinel herds in monitoring and surveillance system. In: Animal disease surveillance and survey systems: methods and applications(Salman MD ed). Blackwell Publishing, 2003.

McDermott JJ, Schukken YH, Shoukri MM. Study design and analytic methods for data collected from clusters of animals. Prev Vet Med 18: 175 – 191, 1994.

McDermott JJ, Kadohira M, O'Callaghan CJ, Shoukri MM. A comparison of different models for assessing variations in the sero – prevalence of infectious bovine rhinotracheitis by farm, area and district in Keyna. Prev Vet Med 32: 219 – 234, 1997.

Mellau LS, Nonga HE, Karimuribo ED. A slaughterhouse survey of lung lesions in slaughtered stocks at Arusha, Tanzania. Prev Vet Med 97: 77 – 82, 2010.

Mellor DJ, Love S, Walker R, Gettinby G, Reid SW. Sentinel practice – based survey of the management and health of horses in northern Britain. Vet Rec 149: 417 – 423, 2001.

Muskens J, Barkema HW, Russchen et al. Prevalence and regional distribution of paratuberculosis in dairy herds in the Netherlands. Vet Microbiol 77: 253-261, 2000.

Newcombe RG. Two-sided confidence intervals for the single proportion: comparison of seven methods. Stat Med 17: 857-872, 1998.

Newman TB. If almost nothing goes wrong, is almost everything all right? Interpreting small numerators. JAMA 274: 1013, 1995.

OIE(World Organization for Animal Health). Terrestrial animal health code. Section 1. Chapter 1.4. Animal health surveillance. Paris, 2010a.

OIE(World Organization for Animal Health

). Manual of diagnostic tests and vaccines for terrestrial animals 2010. 9th ed. Paris, 2010b.

Okura H, Nielsen SS, Toft N. Prevalence of Mycobacterium avium subsp. paratuberculosis infection in adult Danish non-dairy cattle sampled at slaughter. Prev Vet Med 94: 185-190, 2010.

Ortiz S, López V, Villatoro D, López P, Dávila JC, Martínez-Suárez JN. A 3-year surveillance of the genetic diversity and persistence of Listeria monocytogenes in an Iberian pig slaughterhouse and processing plant. Foodborne Pathog Dis 7:1177-1184, 2010.

Otte MJ, Gumm ID. Intra-cluster correlation coefficients of 20 infections calculated from the results of cluster-sample. Prev Vet Med 31: 147-150, 1997.

Paisley LG, Tharaldsen J, Jarp J. A simulated surveillance program for bovine paratuberculosis in dairy herds in Norway. Prev Vet Med 44: 141-151, 2000.

Racolz V, Griot C, Stärk KDC. Sentinel surveillance systems with special focus on vector-borne diseases. Animal Hlth Res Rev 7: 71-79, 2006.

Rahme E, Joseph L. Estimating the prevalence of a rare disease: adjusted maximum likelihood. Statistician 47: 149-158, 1998.

Ramsay GC, Black PF, Baldock FC. Assessing herd status for infectious disease using abattoir sampling. In: Morton J.(ed) Epodemiology Chapter, Australian College of veterinary Scientists Proceedings. Australian Veterinary Association Annual conference, Melbourne, May 21-26, 1995. Australian College of Veterinary Scientists, Indooroopilly, pp.68-70, 1995.

Revie CW, Gettingby G, Treasurer JW, Wallace C. Evaluating the effect of clustering when monitoring the abundance of sea lice populations in farmed Atlantic salmon. J Fish Biol 66: 773-783, 2005.

Rizzoli A, Rosà R, Rosso F, Buckley A, Gould E. West Nile virus circulation detected in northern Italy in sentinel chickens. Vector Borne Zoonotic Dis 7: 411-417, 2007.

Robertson ID, Blackmore DK. Abattoir data as a source of epidemiological information: a neglected resource. Proceedings of the 4th International Symposium on Veterinary Epidemiology and Economics, 18-22 November 1985, Singapore pp.377-381, 1985.

Royston P. Exact conditional and unconditional sample size for pair-matched studies with binary outcome. Stat Med 12: 699-712, 1993.

Rogan WJ, Gladen B. Estimating prevalence from the results of a screening test. Am J Epidemiol 107: 71-76, 1978.

Rosner B. Fundamentals of biostatistics. 6th ed. Duxbury press, 2006.

Roudsari B, Fowler R, Nathens A. Intracluster correlation coefficient in multicenter childhood trauma studies. Inj Prev 13: 344-347, 2007.

Rüfenacht J, Schaller P, Audigé L, Strasser M, Peterchans E. Prevalence of cattle infected with bovine viral diarrhea virus in Switzerland. Vet Rec 147: 413－417, 2000.

Saliki JT. The role of diagnostic laboratories in disease control. Ann N Y Acad Sci 916: 134－138, 2000.

Scheaffer RL, Mendenhall W, Ott RL. Elementary survey sampling. 5th ed. Duxbury Press, 1996.

Schmitt BJ. Veterinary diagnostic laboratories and their support role for Veterinary Services. Rev Sci Tech 22: 533－536, 2003.

Schwermer H, Reding I, Hadorn DC. Risk－based sample size calculation for consecutive surveys to document freedom from animal diseases. Prev Vet Med 92: 366－372, 2009.

Scott－Orr H. Surveillance for bovine tuberculosis: the efficiency of an abattoir traceback system. Proceedings of the 4th International Symposium on Veterinary Epidemiology and economics 18－22 November 1985, Singapore pp.374－376, 1985.

Shai H, Khurshid A. A note on confidence intervals for the hypergeometric parameter in analyzing biomedical data. Comput Biol Med 25: 35-38, 1995.

Shoukri MM, Edge VL. Statistical methods for health sciences. CRC Press, Boca Raton, 1995.

Snedecor GW, Cochran WG. Statistical methods. 8th ed, Ames, Iowa: Iow State University Press, 1989.

Snow L, Newson S, Musgrove A et al. Risk－based surveillance for H5N1 avian influenza virus in wild birds in Great Britain. Vet Rec 161: 775－781, 2007.

Solis－Calderon JJ, Segura－Correa VM, Segura－Correa JC. Bovine viral diarrhoea virus in beef cattle herds of Yucatan, Mexico: seroprevalence and risk factors. Prev Vet Med 72: 253－262, 2005.

Stärk KD. Quality assessment of animal disease surveillance and survey system. In: Animal disease surveillance and survey systems: methods and applications(Salman MD ed). Blackwell Publishing, 2003.

Suess EA, Gardner IA, Johnson WO. Hierarchical Bayesian model for prevalence inferences and determination of a country's status for an animal disease. Prev Vet Med 55: 155－171, 2002.

Thijs JC, Van Zwet AA, Thijs WJ, et al. Diagnostic tests for *Helicobacter pylori*: a prospective evaluation of their accuracy, without selecting a single test as the gold standard. Am J Gastroenterol 91; 2125－2129, 1996.

Thrusfield M. Veterinary epidemiology. 3rd ed. pp.228－246, Blackwell, 2005.

Thurmond MC. Conceptual foundations for infectious disease surveillance. J Vet Diagn Invest 15: 501－514, 2003.

Tschopp R, Schelling E, Hattendorf J, Aseffa A, Zinsstag J. Risk factors of bovine tuberculosis in cattle in rural livestock production systems of Ethiopia. Prev Vet Med 89: 205－211, 2009.

USGS. Surveillance strategies for detecting chronic wasting disease in free－ranging deer and elk. USGS－National Wildlife Health Center, Madison, Wisconsin, 2003.

Valenstein PN. Evaluating diagnostic tests with imperfect standards. Am J Clin Pathol 93: 252－258, 1990.

van Belle G. Statistical Rules of Thumb. Wiley－Interscience, 2nd ed. 2008.

van Metre DC, Barkey DQ, Salman MD, Morley PS. Development of a syndromic surveillance system for detection of disease among livestock entering an auction market. J Am Vet Med Assoc 234: 658－664, 2009.

Verdugo C, Cardona CJ, Carpenter TE. Simulation of an early warning system using sentinel birds to detect a change of a low pathogenic avian influenza virus(LPAIV) to high pathogenic avian influenza virus(HPAIV). Prev Vet Med 88: 109－119, 2009.

Vourc'h G, Bridges VE, Gibbens J, et al. Detecting emerging disease in farm animals through clinical observations. Emerg Infect Dis 12: 204－210, 2006.

Wagner B, Gardner I, Cameron A, Doherr MG. Statistical analysis of data from surveys, monitoring, and surveillance systems. In: Animal disease surveillance and survey systems: methods and applications (Salman MD ed).

Blackwell Publishing, 2003.

Wagner B, Salman MD. Strategies for two−stage sampling designs for estimating herd−level prevalence. Prev Vet Med 66: 1 − 17, 2004.

WHO(World Health Organization). Protocol for the evaluation of epidemiological surveillance systems. Geneva. HO/EMC/DIS/97.2, 1997.

Williams MS, Ebel ED, Wagner BA. Monte Carlo approaches for determining power and sample size in low− prevalence applications. Prev Vet Med 82: 151 − 158, 2007.

Wilson EB. Probable inference, the law of succession, and statistical inference. J Am Stat Assoc 22: 209 − 212, 1927.

Youden WJ. Index for rating diagnostic tests. Cancer 3: 32 − 35, 1950.

Zar JH. Biostatistical analysis, 3rd ed., Prentice − Hall Int, 1996.

Ziller M, Selhorst T, Teuffert J, Kramer M, Schlüter H. Analysis of sampling strategies to substantiate freedom from disease in large areas. Prev Vet Med 52: 333 − 343, 2002.

국문색인

영문색인

박선일 ───

서울대학교 수의과대학 학사
서울대학교 보건대학원 석사 (역학)
서울대학교 수의과대학 박사 (수의내과학)
콜로라도 주립대학교 수의임상역학 박사후 연구원
현) 강원대학교 수의과대학 교수/동물의학종합연구소장

주한미군병원(121st GeneralHOhospital, USFK) 역학과장
국립수의과학검역원 자문위원
한국임상수의학회 학술위원
한국수의공중보건학회 편집위원
LG생명과학 기술고문
외교통상부 한─EU FTA 상품분과 (SPS) 자문위원
국립수의과학검역원 가축위생겸임연구관
중앙가축방역협의회 위원
국무총리실 식품안전정책위원회 전문위원
한국과학기술정보연구원 강원지역 협의회 자문위원

박최규 ───

건국대학교 축산대학 수의학과 학사
건국대학교 축산대학 수의학과 석사 (예방수의학)
충남대학교 수의과대학 박사 (예방수의학)
현) 국립수의과학검역원 질병진단센터 바이러스진단연구실장

국립수의과학검역원 역학조사과 역학분석실장
한국양돈수의사회 부회장
한국수의공중보건학회 총무위원장
한국수의공중보건학회 학술위원
우수정액처리업체 인증위원회 인증위원
종돈장 종합평가위원회 평가위원
돼지개량 네트워크 운영위원회 운영위원
양돈협회 방역대책위원회 전문위원
경기도 양돈산학연협력단 기술전문위원

문운경 ———

국립경상대학교 수의과대학 학사
국립경상대학교 수의과대학 석사(예방수의학)
국립경상대학교 수의과대학 박사(예방수의학)
현) 국립수의과학검역원 역학조사과 역학분석실장

공군사령부 군견 자문위원
가축전염병 역학조사 분석실장
환경과학원 야생동물 질병 자문위원
경상대학교 수의과대학 겸임교수
경상남도 가축질병 자문위원
농림수산식품부 양돈특화사업단 겸임연구관
대한양돈협회 방역대책위원
한국수의병리학회부회장

가/축/질/병 모니터링 시스템과 혈청역학조사

초 판 인 쇄 | 2011년 4월 25일
초 판 발 행 | 2011년 4월 25일

지 은 이 | 박선일 · 박최규 · 문운경
펴 낸 이 | 채종준
펴 낸 곳 | 한국학술정보㈜
주   소 | 경기도 파주시 교하읍 문발리 파주출판문화정보산업단지 513-5
전   화 | 031) 908-3181(대표)
팩   스 | 031) 908-3189
홈 페 이 지 | http://ebook.kstudy.com
E - m a i l | 출판사업부 publish@kstudy.com
등   록 | 제일산-115호(2000. 6. 19)

ISBN   978-89-268-2105-3 93490 (Paper Book)
            978-89-268-2106-0 98490 (e-Book)